概率论与数理统计（经管版）

主　编　王雪茹
副主编　高文军　温立书　田万福
吕振华　王晓硕　孙　旭

北京理工大学出版社
BEIJING INSTITUTE OF TECHNOLOGY PRESS

内 容 简 介

本书是结合经济管理类学生的学习基础和教学特点编写而成的，全书以通俗易懂的语言全面系统地介绍了概率论与数理统计的基本知识，内容包括随机事件及其概率、随机变量的分布与数字特征、多维随机变量、数理统计的基本概念、参数估计与假设检验、回归分析与方差分析。每章配有习题、课程文化，书末附有软件体验和各章习题的参考答案。

本书理论系统，举例丰富，讲解透彻，难度适宜，适合作为普通高等院校经济管理类有关专业的“概率论与数理统计”课程的教材使用，也可供部分专科院校选用为同类课程教材，还可作为相关专业人员和广大教师的参考用书。

图书在版编目（CIP）数据

概率论与数理统计：经管版/王雪茹主编．--北京：北京理工大学出版社，2023.4

ISBN 978-7-5763-2238-5

Ⅰ．①概…　Ⅱ．①王…　Ⅲ．①概率论-高等学校-教材 ②数理统计-高等学校-教材　Ⅳ．①O21

中国国家版本馆 CIP 数据核字（2023）第 056765 号

出版发行／北京理工大学出版社有限责任公司
社　　址／北京市海淀区中关村南大街 5 号
邮　　编／100081
电　　话／（010）68914775（总编室）
　　　　　（010）82562903（教材售后服务热线）
　　　　　（010）68944723（其他图书服务热线）
网　　址／http：//www. bitpress. com. cn
经　　销／全国各地新华书店
印　　刷／唐山富达印务有限公司
开　　本／787 毫米×1092 毫米　1/16
印　　张／16
字　　数／376 千字
版　　次／2023 年 4 月第 1 版　2023 年 4 月第 1 次印刷
定　　价／88.00 元

责任编辑／李　薇
文案编辑／李　硕
责任校对／刘亚男
责任印制／李志强

前 言

本书全面贯彻落实党的二十大精神，党的二十大报告明确提出了“加快实施创新驱动发展战略”“加快实现高水平科技自立自强”“集聚力量进行原创性引领性科技攻关”“增强自主创新能力”. 本书在继承原有的概率论与数理统计的经典内容基础上进行了创新，并结合经济管理类学生的学习基础和教学特点，以适应经济管理类学生学习的需要.

全书以通俗易懂的语言全面系统地介绍了概率论与数理统计的基本知识：内容包括随机事件及其概率、随机变量的分布与数字特征、多维随机变量及其分布、数理统计的基本概念、参数估计与假设检验、回归分析6章，每章分若干节，每章配有习题，课程文化，书末附有软件体验和习题的参考答案.

随着课程改革建设的深入，校本课程开发已成为课程革新的焦点，校本教材是独具特色的地方教材，是依据学生的成长规律与学校的办学优势，自主开发的课程系统，教学内容更具有灵活性和针对性.“概率论与数理统计”不仅是理工科有关专业的基础课，也是经济与管理专业的基础课.

本书的特点如下：

(1) 将课程定位于经济与管理专业人才培养. 培养学生在学习中不断积累，做生活中的有心人，使概率论与数理统计的学习变成非常有趣的事情，突出应用性、实用性.

(2) 以能力为本，重视动手能力的培养，突出教育特色. 本着理论知识“易学、实用、会用”的原则，重点加强了与实际关联密切的教学内容，强调学生实际工作能力的培养.

(3) 为了使学生成为一个对社会有用的人，提高学生解决实际问题的动手能力，本书增加了部分内容相关的软件体验环节.

(4) 数学知识的功能不只是训练人的计算能力，还要通过相关的数学文化影响学生的人格品质和人文精神，提高思维素质，提升学生的综合素质，所以本书介绍了一些概率论与数理统计发展各时期的重要数学家.

(5) 为了学生继续深造的需求，本书将历年考研试题做了考研题汇总，知识点集中，以便有考研需求的学生集中整理和复习相关的知识点.

全书内容共6章，第1~3章是概率论部分，第4~6章是数理统计部分，其中第1章由王雪茹执笔，第2章由田万福执笔，第3章由温立书执笔，第4章由王晓硕执笔，第5章由高文军执笔，第 6 章由孙旭执笔，附录 A、附录 C、“课程文化”栏目由吕振华执笔，附录 B 由王雪茹执笔，附录 D 由田万福执笔. 全书由王雪茹统稿.

由于编者水平有限，书中错误之处在所难免，敬请广大同仁和读者指正.

编　者

2022 年 5 月

目 录

第 1 章

随机事件及其概率

研究背景

概率论与数理统计是研究和揭示随机现象的统计规律的一门数学学科，既是重要的基础理论，又是实践性很强的应用科学．概率论是 17 世纪因保险事业发展而产生的，与博弈实践有关；数理统计学源于对天文和测地学中的误差分析及中世纪欧洲流行的黑死病的统计．数理统计是以概率论为基础，研究如何收集、分析、解释数据，以提取信息、建立模型并进行推断和预测，为寻求规律和作出决策提供依据的一门学科．概率论与数理统计学的密切联系就是基于统计数据的随机性.

世界上有些事物的变化，有确定的因果关系，即在一定条件下必然发生．例如，下象棋，每局的胜负得失，一步一步地分析起来，因果关系是清楚的；每天早晨太阳从东方升起；人从地面向上抛起的石块经过一段时间必然落到地面；同性电荷必定互相排斥等．这类现象称为**必然现象**. 但也存在着大量的随机现象，例如，打麻将的输赢，包含了很多难以预料的偶然因素，即随机性；用同一门炮向同一目标射击，各次弹着点不尽相同，在一次射击之前无法预测弹着点的确切位置．这类现象称为**不确定现象**. 有趣的是，数学不但长于表达处理确定的因果关系，而且也能表达处理被偶然因素支配的不确定现象，从偶然中发现规律．不确定现象在一定条件下可能出现这样的结果，也可能出现那样的结果，而在试验或观察之前不能预知确切的结果．但人们经过长期实践并深入研究之后，发现这类现象在大量重复试验或观察下，其结果往往会表现出某种规律性，这就是**统计规律性**. 例如，抽样检查一大批电子元件，每次抽查的一件可能是合格品，也可能是次品，检验之前无法预先确定是哪一个结果，但在多次抽查之后，次品出现的比率(即在抽查中出现的次品件数与抽查总件数的比值)将在整批电子元件的次品率附近摆动，这就是统计规律性.

这种在个别试验中其结果呈现出不确定性，在大量重复试验中其结果又具有统计规律性的现象，称之为**随机现象**. 概率论就是研究和揭示随机现象统计规律性的，它也是数理统计的基础，同时是很多机器学习模型的支撑.

研究意义

概率论与数理统计是应用最广泛的数学学科之一，与人类活动的各个领域都有关联，从产品设计到工艺选定，从生产控制到质量检验，都使用概率论与数理统计的理论与方法．它在金融、贸易、保险行业中的金融统计，医院的医药统计和生物统计，以及国家统计部门研究等各方面都有重要的应用．总之，工农业生产、医学与生物学、经济生活等方方面面都有概率论与数理统计的身影．

学习目标

本章学习随机事件及其概率的定义和性质，古典概型，条件概率，事件的独立性，以及伯努利试验．理解样本空间、随机事件的概念和事件间的关系与基本运算，理解概率论的统计定义和公理化定义，以及古典概型和条件概率的概念；掌握加法公式、减法公式、逆事件的概率公式、乘法公式、全概率公式和贝叶斯公式等．

通过本章内容的学习，学生应能够计算生活中遇到的某些简单事件的概率，对具体与抽象、特殊与一般等辩证关系有初步的了解，培养批判性、创新性的学习思维，提高数学修养和科学修养．

1.1 随机试验和随机事件

1.1.1 随机试验

为了研究和揭示随机现象的统计规律性，我们需要对随机现象进行大量重复的观察、测量或实验．我们把对随机现象的观察、测量、实验称为随机试验，简称为试验，记为 E. 下面举一些试验的例子．

E_1：抛一枚硬币，观察正面 H、反面 T 出现的情况．

E_2：观察某电话交换台每日收到的呼叫次数．

E_3：在一批灯泡中任意抽出一只，测试它的寿命．

E_4：记录某地一昼夜的最高温度和最低温度．

这些试验具有以下共同的特点．

(1)可重复性：试验可以在相同的条件下重复地进行多次，甚至进行无限多次．

(2)可观测性：每次试验的可能结果不止一个，并且所有可能结果都是明确的、可以观测的．

(3)随机性：每次试验出现的结果是不确定的，在试验之前无法预先确定究竟会出现哪一个结果．

本书中以后提到的试验都是指随机试验．我们是通过研究随机试验来讨论随机现象的统计规律性的．

1.1.2 样本空间和随机事件

对于随机试验，尽管在每次试验之前不能预知试验的结果，但试验的所有可能结果组成的集合是已知的．将随机试验 E 的所有可能结果组成的集合称为 E 的样本空间，记为 Ω. 样本空间中的元素，即随机试验 E 的每个结果，称为样本点，记为 ω.

例如，(1)抛掷一枚硬币，观察正面 H 和反面 T 出现的情况，则该试验的样本空间为

$$\Omega=\{H,\ T\}$$

(2)将一枚硬币抛掷三次，观察正面 H 出现的次数，则试验的样本空间为

$$\Omega=\{0, 1, 2, 3\}$$

(3)将一枚硬币抛掷三次，观察正面 H、反面 T 出现的情况，则试验的样本空间为

$$\Omega=\{HHH, HHT, HTH, THH, HTT, THT, TTH, TTT\}$$

(4)抛掷一枚骰子，观察出现的点数，则该试验的样本空间为

$$\Omega=\{1, 2, 3, 4, 5, 6\}$$

(5)某机场咨询电话在一天内收到的电话次数可能是 0，1，2，…，则试验的样本空间为

$$\Omega=\{0, 1, 2, \cdots\}$$

(6)考察某一大批同型号电子元件的使用寿命(单位：h)，则试验的样本空间为

$$\Omega=[0, +\infty)$$

在实际问题中，当进行随机试验时，人们常关心满足某种条件的那些样本点所组成的集合．例如，若规定某种电子元件的寿命(h)小于 1 000 为次品，则在(6)中我们关心该电子元件的寿命是否有 $t\geqslant 1\,000$. 满足这一条件的样本点组成样本空间 $\Omega=[0, +\infty)$ 的一个子集：$A=\{t \mid t\geqslant 1\,000\}$. 这一结果在重复试验中有时出现有时不出现．我们称 A 为 Ω 的一个随机事件．显然，当且仅当子集 A 中的一个样本点出现时，有 $t\geqslant 1\,000$.

一般地，我们称随机试验 E 的样本空间 Ω 的子集为 E 的随机事件，简称事件．通常用大写字母 A，B，C 等表示．在每次试验中，当且仅当这一子集中的一个样本点出现时，称这一事件发生.

在上面例子的(3)中，事件 A_1：“第一次出现的是 H”，即

$$A_1=\{HHH, HHT, HTH, HTT\}$$

事件 A_2：“三次出现同一面”，即

$$A_2=\{HHH, TTT\}$$

在(6)中，事件 A_3：“寿命小于 500 h”，即

$$A_3=\{t: 0\leqslant t<500\}$$

1.1.3　几个特殊事件

基本事件　由一个样本点组成的集合．例如，(1)中有两个基本事件 $\{H\}$ 和 $\{T\}$；(4)中有 6 个基本事件 $\{1\}$，$\{2\}$，$\{3\}$，$\{4\}$，$\{5\}$，$\{6\}$.

必然事件　在每次试验中必然发生的事件．例如，在(4)中{点数小于 7}为必然事件；由于每次试验的结果都是样本空间 Ω 中的样本点，因此样本空间 Ω 也是必然事件.

不可能事件　空集 $\varnothing$ 也是 Ω 的子集，它不包含任何样本点，在每次试验中都不可能发生.

1.1.4　随机事件的关系及运算

1. 事件间的关系与事件的运算

事件是一个集合，因而事件间的关系与事件的运算自然按照集合论中集合之间的关系和集合运算来处理．这里需要注意的是理解事件的关系及运算的概率含义.

下面给出这些关系和运算在概率论中的提法.

设试验 E 的样本空间为 Ω，A，B，$A_k(k=1, 2, \cdots)$ 是 Ω 的随机事件.

1)事件的包含关系

若事件 A 发生时事件 B 一定发生，则称事件 B 包含事件 A，记作 $A \subset B$. 其直观表示如图 1-1 所示，其中矩形表示样本空间 Ω，圆 A 和圆 B 分别表示事件 A 与事件 B.

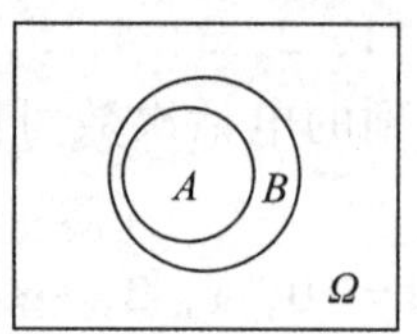

图 1-1

显然，样本空间包含任何随机事件.

如果事件 A 和事件 B 相互包含，即 $A \subset B$ 且 $B \subset A$，则称事件 A 与事件 B 相等，记作 $A=B$.

事件 A 与事件 B 相等，表明 A 和 B 是样本空间 Ω 的同一子集，实际上是同一个事件.

特别地，对任意事件 A，有 $\varnothing \subset A \subset \Omega$.

2)事件的和运算

如果事件 A 和事件 B 至少有一个发生，则称这样的一个事件为事件 A 与事件 B 的并事件或和事件，记作 $A \cup B$，有

$$A \cup B=\{\text{事件 } A \text{ 发生或事件 } B \text{ 发生}\}=\{\omega: \omega \in A \text{ 或 } \omega \in B\}$$

其直观表示如图 1-2 中的阴影部分.

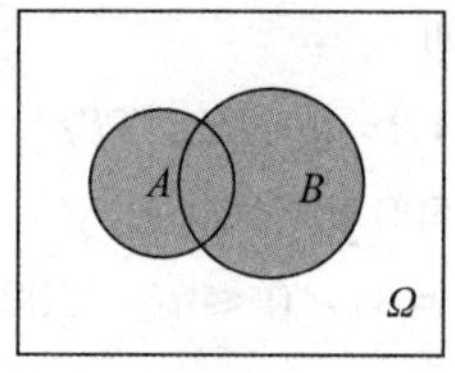

图 1-2

事件的和运算可以推广到多个事件的情形：

$$\bigcup_{i=1}^{n} A_i=\{\text{事件 } A_1, A_2, \cdots, A_n \text{ 中至少有一个发生}\}$$

$$\bigcup_{i=1}^{\infty} A_i=\{\text{事件 } A_1, A_2, \cdots \text{ 中至少有一个发生}\}$$

特别地，对任意事件 A，有

$$A \cup A=A, A \cup \varnothing=A, A \cup \Omega=\Omega$$

3)事件的交运算

如果事件 A 和事件 B 同时发生，则称这样的一个事件为事件 A 与事件 B 的交事件或积事件，记作 $A \cap B$ 或 AB，有

$$A \cap B=\{\text{事件 } A \text{ 发生且事件 } B \text{ 发生}\}=\{\omega: \omega \in A \text{ 且 } \omega \in B\}$$

其直观表示如图 1-3 中的阴影部分.

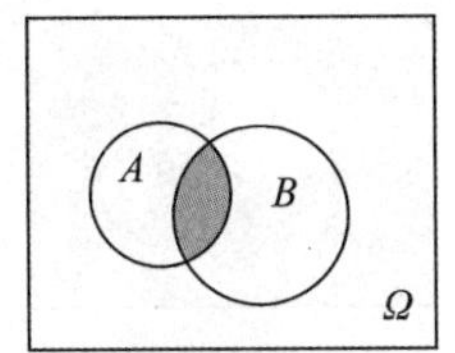

图 1-3

事件的交运算也可以推广到多个事件的情形：

$$\bigcap_{i=1}^{n} A_i = \{事件 A_1,\ A_2,\ \cdots,\ A_n 同时发生\}$$

$$\bigcap_{i=1}^{\infty} A_i = \{事件 A_1,\ A_2,\ \cdots 同时发生\}$$

特别地，对任意事件 A，有

$$A \cap A = A,\ A \cap \varnothing = \varnothing,\ A \cap \Omega = A$$

4) 事件的差运算

如果事件 A 发生而事件 B 不发生，则称这样的一个事件为事件 A 与事件 B 的差事件，记作 $A - B$，有

$$A - B = \{事件 A 发生但事件 B 不发生\} = \{\omega:\ \omega \in A 且 \omega \notin B\}$$

其直观表示如图 1-4 中的阴影部分.

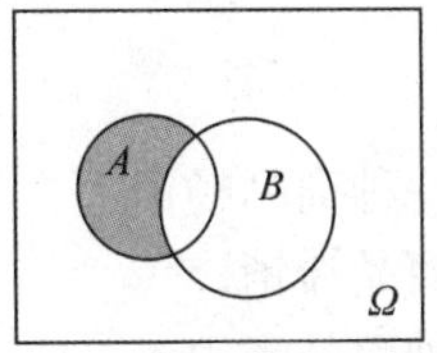

图 1-4

特别地，对任意事件 A 有

$$A - A = \varnothing,\ A - \varnothing = A,\ A - \Omega = \varnothing$$

5) 事件的互不相容(互斥)关系

如果事件 A 和事件 B 在同一次试验中不能同时发生，则称事件 A 与事件 B 是互不相容的，或称事件 A 与事件 B 是互斥的，即 $A \cap B = \varnothing$. 基本事件是两两互斥的 . 其直观表示如图 1-5 中的 A 和 B 所示.

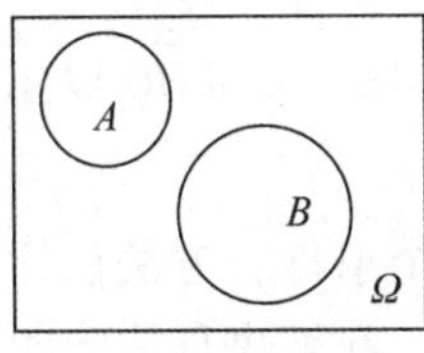

图 1-5

6) 对立事件

如果 $A \cup B = \Omega$ 且 $A \cap B = \varnothing$，则称事件 A 与事件 B 互为逆事件，又称事件 A 与事件 B 互为对立事件 . 这指的是在每次试验中，事件 A 和事件 B 必有且仅有一个发生 . A 的对立事件记为 $\overline{A} = \Omega - A$. 显然，$\overline{\overline{A}} = A$. 其直观表示如图 1-6 中的 A 和 B 所示.

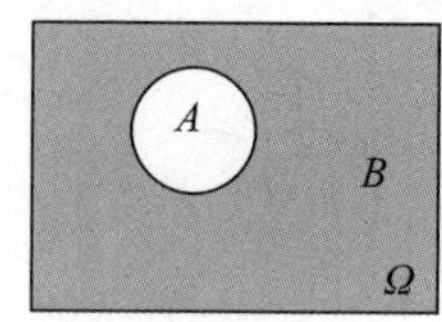

图 1-6

2. 事件运算的性质

类似于集合的运算，事件的运算有如下的运算规律.

(1)交换律：$A \cup B = B \cup A$，$A \cap B = B \cap A$.

(2)结合律：$A \cup (B \cup C) = (A \cup B) \cup C$，$A \cap (B \cap C) = (A \cap B) \cap C$.

(3)第一分配律：$A \cap (B \cup C) = (A \cap B) \cup (A \cap C)$，

第二分配律：$A \cup (B \cap C) = (A \cup B) \cap (A \cup C)$.

(4)第一对偶律：$\overline{A \cup B} = \bar{A} \cap \bar{B}$，

第二对偶律：$\overline{A \cap B} = \bar{A} \cup \bar{B}$.

对于有限个和可数个随机事件，以上的运算规律也是成立的.

【例 1-1】A 表示事件“甲种产品畅销”，B 表示事件“乙种产品畅销”，C 表示事件“丙种产品畅销”，用上述三个事件的运算分别表示下列各事件：

(1)甲种商品滞销；

(2)甲、乙、丙三种商品都畅销；

(3)甲、乙、丙三种商品至少有一种商品畅销；

(4)甲、乙两种商品畅销而丙种商品滞销；

(5)甲、乙、丙三种商品恰有两种商品畅销；

(6)甲、乙、丙三种商品至少有两种商品畅销；

(7)甲、乙、丙三种商品最多有一种商品畅销；

(8)甲、乙、丙三种商品最多有两种商品畅销；

(9)甲、乙、丙三种商品至少有一种商品滞销；

(10)甲、乙、丙三种商品都滞销.

解 (1) $\bar{A}$；(2) ABC；(3) $A \cup B \cup C$；(4) $AB\bar{C}$；(5) $AB\bar{C} \cup \bar{A}BC \cup A\bar{B}C$；(6) $AB \cup BC \cup AC$ 或 $AB\bar{C} \cup \bar{A}BC \cup A\bar{B}C \cup ABC$；(7) $A\bar{B}\bar{C} \cup \bar{A}B\bar{C} \cup \bar{A}\bar{B}C \cup \bar{A}\bar{B}\bar{C}$ 或 $\overline{AB \cup AC \cup BC}$；(8) $\bar{A}BC \cup A\bar{B}C \cup AB\bar{C} \cup \bar{A}\bar{B}C \cup \bar{A}B\bar{C} \cup A\bar{B}\bar{C} \cup \bar{A}\bar{B}\bar{C} = \overline{ABC}$；(9) $\bar{A} \cup \bar{B} \cup \bar{C}$；(10) $\bar{A}\bar{B}\bar{C}$.

用几个其他事件的运算来表示一个事件，方法往往不唯一，如例 1-1 中的(7)，读者应学会用不同方法表达同一个随机事件. 在解决具体问题时，特别是进行概率计算时，常常根据需要选择其中一种表示，读者可对比此问题多多练习.

【例 1-2】证明下列关系式：

$$A \cup B = A \cup (B - A) = (A - B) \cup (B - A) \cup (A \cap B)$$

证 $A \cup (B - A) = A \cup (B \cap \bar{A}) = (A \cup B) \cap (A \cup \bar{A}) = (A \cup B) \cap \Omega = A \cup B$；

$(A - B) \cup (B - A) \cup (A \cap B) = \{(A \cap \bar{B}) \cup (B \cap \bar{A})\} \cup AB$

$$= \{ \{A \cup (B \cap \bar{A}) \} \cap \{\bar{B} \cup (B \cap \bar{A}) \} \} \cup AB$$
$$= \{ (A \cup B) \cap (\bar{B} \cup \bar{A}) \} \cup AB$$
$$= \{(A \cup B) \cap \overline{AB}\} \cup AB$$
$$= \{(A \cup B) \cup AB\} \cap \{\overline{AB} \cup AB\} = A \cup B$$

得证.

1.2　随机事件的概率

在一个随机试验的样本空间中，可能有许多随机事件．一个事件在一次试验中可能发生，也可能不发生，具有随机性．如果在大量重复试验中观测这些事件，则有的事件发生的可能性大些，有的事件发生的可能性小些，有些事件发生的可能性大小近似相等，这些事件发生的可能性大小呈现出一定的规律性．为了刻画随机事件发生的可能性大小，人们引进了随机事件的频率这一概念.

1.2.1　频率

1. 频率的定义

定义 1.1　设在相同的条件下进行的 n 次试验中，事件 A 发生了 n_A 次，则称 n_A 为事件 A 发生的频数，称比值 $\frac{n_A}{n}$ 为事件 A 发生的频率，记作 $f_n(A)$，即

$$f_n(A) = \frac{n_A}{n}$$

事件 A 的频率反映了事件 A 在 n 次试验中发生的频繁程度．频率越大，表明事件 A 发生得越频繁，从而可知事件 A 在一次试验中发生的可能性越大.

2. 频率的性质

由定义 1.1，易知频率具有如下基本性质：

(1) $0 \leqslant f_n(A) \leqslant 1$；

(2) $f_n(\Omega) = 1$；

(3) 若 A_1，A_2，…，A_k 是两两互不相容的事件(即当 $i \neq j$ 时，有 $A_iA_j = \varnothing$，i，$j = 1$，2，…，k)，则

$$f_n(A_1 \cup A_2 \cup \cdots \cup A_k) = f_n(A_1) + f_n(A_2) + \cdots + f_n(A_k)$$

由定义 1.1 可知，频率 $f_n(A)$ 具有波动性，但又依赖于试验次数 n 及每次试验的结果．由于试验结果具有随机性，因此频率也具有随机性．并且当 n 较小时，频率的波动性较大．当 n 增大时，频率将会怎样变动呢?

大量的试验表明，在相同的条件下重复进行 n 次试验，当 n 增大时，事件 A 的频率 $f_n(A)$ 呈现出稳定性，稳定地在某一常数 p 附近摆动．我们用这一常数 p 表示事件 A 发生的可能性大小，称为事件 A 的概率，记为 $P(A)$，即

$$P(A) = p$$

当 n 很大时，可以用频率 $f_n(A)$ 作为概率 $P(A)$ 的近似值.

但是，这样的定义虽然适合所有试验，也比较直观，然而在数学上很不严密．因为其依据是重复试验次数很多时频率呈现出的稳定性．何谓“很多”？10 000 次相对于 1 000 次来说是很多了，但相对于 100 000 次来说它又很少了．试验次数究竟要多到怎样的程度才能算“很多”呢？所以我们有必要给出一个严密的对各种情况都适用的定义，以使得概率论这座大厦有牢固的基础.

为了获得逻辑严密的概率定义，科学家们经过了 3 个多世纪的不懈努力，直到 20 世纪 30 年代初，苏联数学家安德烈·尼古拉耶维奇·柯尔莫哥洛夫(Andrey Nikolaevich Kolmogorov)才给出了严谨的概率的公理化定义．这一公理体系是从客观实际中抽象出来的，既概括了概率的古典定义、几何定义及统计定义的基本特性，又避免了各自的局限性和含混之处．这一公理体系一经提出，便迅速获得举世公认．到此，概率论的理论基础才真正建立起来．它的出现是概率论发展史上的一个里程碑，为现代概率论的蓬勃发展打下了坚实的基础.

1.2.2 概率

1. 概率的公理化定义

定义 1.2 设随机试验 E 的样本空间为 Ω，若对于 E 的每一个事件 A，有唯一的实值函数 $P(A)$ 和它对应，并且这个事件的函数 $P(A)$ 满足以下条件，

(1)非负性：对于任一事件 A，有 $P(A)\geqslant 0$.

(2)规范性：对于必然事件 Ω，有 $P(\Omega)=1$.

(3)可列可加性：对于两两互不相容的事件，即对于 $A_iA_j=\varnothing$，$i\neq j$，$i,j=1,2,\cdots$，有

$$P(A_1\cup A_2\cup\cdots)=P(A_1)+P(A_2)+\cdots \tag{1-1}$$

则称 $P(A)$ 为事件 A 的概率.

根据定义 1.2，可以得到概率的一些重要性质.

2. 概率的基本性质

(1) $P(\varnothing)=0$.

证 因为 $\varnothing=\varnothing\cup\varnothing\cup\cdots$，由概率的可列可加性，即式(1-1)，得

$$P(\varnothing)=P(\varnothing)+P(\varnothing)+\cdots$$

由概率的非负性知，$P(\varnothing)\geqslant 0$，故由上式知 $P(\varnothing)=0$.

(2)**(有限可加性)** 若 $A_1,A_2,\cdots,A_n$ 是两两互不相容的事件，则有

$$P(A_1\cup A_2\cup\cdots\cup A_n)=P(A_1)+P(A_2)+\cdots+P(A_n) \tag{1-2}$$

这一性质称为概率的有限可加性.

证 令 $A_i=\varnothing(i=n+1,n+2,\cdots)$，则 $A_iA_j=\varnothing$，$i\neq j$，$i,j=1,2,\cdots$，由式(1-1)及性质(1)得

$$\begin{aligned}P(A_1\cup A_2\cup\cdots\cup A_n)&=P\left(\bigcup_{k=1}^{\infty}A_k\right)\\&=\sum_{k=1}^{\infty}P(A_k)=\sum_{k=1}^{n}P(A_k)+0\\&=P(A_1)+P(A_2)+\cdots+P(A_n)\end{aligned}$$

(3)**(对立事件的概率)** 对于任一事件 A，有

$$P(\overline{A}) = 1 - P(A) \tag{1-3}$$

证　因 $A \cup \overline{A} = \Omega$ 且 $A\overline{A} = \varnothing$，由性质(2)及概率的规范性，得

$$1 = P(\Omega) = P(A \cup \overline{A}) = P(A) + P(\overline{A})$$

即

$$P(\overline{A}) = 1 - P(A)$$

(4)设 A，B 是两个事件，若 $A \subset B$，则有

$$P(B - A) = P(B) - P(A) \tag{1-4}$$

$$P(A) \leqslant P(B) \tag{1-5}$$

证　由 $A \subset B$ 知 $B = A \cup (B - A)$，且 $A(B - A) = \varnothing$，由性质(2)得

$$P(B) = P(A) + P(B - A)$$

即

$$P(B - A) = P(B) - P(A)$$

又由概率的非负性，知 $P(B - A) \geqslant 0$，则

$$P(A) \leqslant P(B)$$

(5)对于任一事件 A，有 $P(A) \leqslant 1$.

证　因 $A \subset \Omega$，由性质 4 得

$$P(A) \leqslant P(\Omega) = 1$$

(6)(**加法公式**)　对于任意两个事件 A 与 B，有

$$P(A \cup B) = P(A) + P(B) - P(AB) \tag{1-6}$$

证　因 $A \cup B = A \cup (B - AB)$，且 $A(B - AB) = \varnothing$，$AB \subset B$，故由式(1-2)及式(1-4)得

$$P(A \cup B) = P(A) + P(B - AB) = P(A) + P(B) - P(AB)$$

式(1-6)可以推广到有限个随机事件的情形.

设 A_1，A_2，A_3 为任意 3 个事件，则有

$$P(A_1 \cup A_2 \cup A_3) = P(A_1) + P(A_2) + P(A_3) - P(A_1A_2) - P(A_2A_3) - P(A_1A_3) + P(A_1A_2A_3)$$

一般地，对于任意 n 个事件 A_1，A_2，$\cdots$，A_n，可以用归纳法证得

$$P(A_1 \cup A_2 \cup \cdots \cup A_n) = \sum_{i=1}^{n} P(A_i) - \sum_{1 \leqslant i < j \leqslant n} P(A_iA_j) + \sum_{1 \leqslant i < j < k \leqslant n} P(A_iA_jA_k) + \cdots + (-1)^{n-1}P(A_1A_2\cdots A_n)$$

(7)(**减法公式**)　对于任意两个事件 A 与 B，有

$$P(B - A) = P(B) - P(AB) \tag{1-7}$$

证　因 $B - A = B - AB$，$AB \subset B$，由性质(4)得

$$P(B - A) = P(B - AB) = P(B) - P(AB)$$

【例 1-3】设 A，B，C 是同一试验中的 3 个事件，并且 $P(A) = P(B) = P(C) = \dfrac{1}{3}$，$P(AB) = P(AC) = \dfrac{1}{8}$，$P(BC) = 0$，求

(1) $P(\bar{A})$；(2) $P(B-A)$；(3) $P(B\cup C)$；(4) $P(A\cup B\cup C)$.

解

(1) $P(\bar{A})=1-P(A)=1-\frac{1}{3}=\frac{2}{3}$;

(2) $P(B-A)=P(B)-P(AB)=\frac{1}{3}-\frac{1}{8}=\frac{5}{24}$;

(3) $P(B\cup C)=P(B)+P(C)-P(BC)=\frac{1}{3}+\frac{1}{3}-0=\frac{2}{3}$;

(4)因为 $ABC\subset BC$，从而有 $0\leqslant P(ABC)\leqslant P(BC)=0$，因此 $P(ABC)=0$. 由概率的加法公式得

$$
\begin{aligned}
P(A\cup B\cup C)&=P(A)+P(B)+P(C)-P(AB)-P(AC)-P(BC)+P(ABC)\\
&=\frac{1}{3}+\frac{1}{3}+\frac{1}{3}-\frac{1}{8}-\frac{1}{8}-0+0=\frac{3}{4}
\end{aligned}
$$

【例 1-4】 在一个住宅小区中，有 60%的住户订了牛奶，有 80%的住户订了酸奶，有 50%的住户既订了牛奶又订了酸奶．从该小区随机抽取一住户，求以下事件的概率：(1)他家至少订了其中一种奶制品；(2)他家没有订任何一种奶制品.

解　设事件 A 表示“他家订了牛奶”，事件 B 表示“他家订了酸奶”，则

$$P(A)=0.6,\ P(B)=0.8,\ P(A\cap B)=0.5$$

(1) P(他家至少订了其中一种奶制品) $=P(A\cup B)=P(A)+P(B)-P(A\cap B)=0.6+0.8-0.5=0.9$.

(2) P(他家没有订任何一种奶制品) $=1-P(A\cup B)=1-0.9=0.1$.

1.3　古典概型

若随机试验具有两个特点：

(1)试验的样本空间只包含有限个样本点；

(2)试验中每个基本事件发生的可能性相同，

则称这种试验为等可能概型．等可能概型是大量存在的，它在概率论发展初期曾是主要的研究对象，所以也称为古典概型．等可能概型的一些概念具有直观、容易理解的特点，有着广泛的应用.

下面我们来讨论古典概型中事件概率的计算公式.

设试验 E 是古典概型，样本空间为 $\Omega=\{\omega_1,\omega_2,\cdots,\omega_m\}$，则基本事件 $\{\omega_1\}$，$\{\omega_2\}$，…，$\{\omega_m\}$ 两两互不相容，且

$$\Omega=\{\omega_1\}\cup\{\omega_2\}\cup\cdots\cup\{\omega_m\}$$

由于在试验中每个基本事件发生的可能性相同，结合概率的有限可加性，于是

$$1=P(\Omega)=P(\{\omega_1\}\cup\{\omega_2\}\cup\cdots\cup\{\omega_m\})=P(\{\omega_1\})+P(\{\omega_2\})+\cdots P(\{\omega_m\})$$

因此

$$P(\{\omega_1\})=P(\{\omega_2\})=\cdots=P(\{\omega_m\})=\frac{1}{m}$$

如果事件 A 包含 k 个基本事件，即 $A=\{\omega_{i1}\}\cup\{\omega_{i2}\}\cup\cdots\cup\{\omega_{ik}\}$，其中 i_1，i_2，…，i_k 是 1，2，…，m 中某 k 个不同的数，则有

$$P(A)=P(\{\omega_{i1}\}\cup\{\omega_{i2}\}\cup\cdots\cup\{\omega_{ik}\})=P(\{\omega_{i1}\})+P(\{\omega_{i2}\})+\cdots+P(\{\omega_{ik}\})=\frac{k}{m}$$

即

$$P(A)=\frac{A\text{包含的基本事件数}}{\Omega\text{包含的基本事件总数}} \tag{1-8}$$

式(1-8)就是古典概型中事件 A 的概率的计算公式．由这一公式可知，要计算古典概型中事件 A 的概率，只需算出样本空间 Ω 包含的基本事件总数及事件 A 包含的基本事件个数．这时常常用到加法原理、乘法原理及排列组合公式(这部分内容可参考附录).

【例 1-5】 同时掷两颗骰子，计算向上的点数之和为 5 的概率.

解　**(1)判断类型.**

由于骰子投出任何一个点数的可能性相同，因此本题属于古典概型问题.

(2)表示事件.

设 A 表示向上的点数之和为 5. 为了更直观地计算该问题的结果，我们把两颗骰子标记上记号 1，2，因为掷一颗骰子的结果有 6 种，所以点数出现的情况如表 1-1 所示.

表 1-1

1 号骰子	2 号骰子					
	1	2	3	4	5	6
1	(1，1)	(1，2)	(1，3)	(1，4)	(1，5)	(1，6)
2	(2，1)	(2，2)	(2，3)	(2，4)	(2，5)	(2，6)
3	(3，1)	(3，2)	(3，3)	(3，4)	(3，5)	(3，6)
4	(4，1)	(4，2)	(4，3)	(4，4)	(4，5)	(4，6)
5	(5，1)	(5，2)	(5，3)	(5，4)	(5，5)	(5，6)
6	(6，1)	(6，2)	(6，3)	(6，4)	(6，5)	(6，6)

(3)计算样本空间和事件中包含的基本事件数.

通过表格我们知道该问题的样本空间包含基本事件总数 m 为 36，而事件 $A=\{(1,4),(2,3),(3,2),(4,1)\}$，所以

$$P(A)=\frac{4}{36}=\frac{1}{9}$$

例 1-5 写出了样本空间的每一个样本点，以及欲求概率的事件所包含的基本事件数，从而算得样本空间包含的基本事件总数 m 及事件包含的基本事件数 k，最后算得事件的概率．但在计算古典概率时，往往并不需要这样做．实际上，只要分析清楚试验的基本事件是什么，直接计算出基本事件总数 m 及事件所包含的基本事件数 k 就可以了.

【例 1-6】 袋中装有 10 个小球，其中 6 个红球，4 个白球，从袋中任取两次，每次随机地取一个，分别采取放回抽样和不放回抽样模式，求下列事件的概率：

(1)取得的两个球都是白球；

(2)取得的两个球颜色相同；

(3)至少取得一个白球.

解 **(1)判断类型.**

因为袋中小球规格相同，故取到每个小球的概率相同，所以本题属于古典概型问题.

(2)表示事件.

设 A 表示取得的两个球都是白球，B 表示取得的两球颜色相同，C 表示至少取得一个白球，$\overline{C}$ 表示取得的两个都是红球.

(3)计算样本空间和事件中包含的事件数.

放回抽样

样本空间中含基本事件总数 $m=10\times10=100$，事件 A 含基本事件数 $m_A=4\times4=16$，事件 B 含基本事件数 $m_B=6\times6+4\times4=52$，事件 C 含基本事件数 $m_C=4\times6\times2+4\times4=64$，于是有

$$P(A)=\frac{16}{100}=\frac{4}{25},\ P(B)=\frac{52}{100}=\frac{13}{25},\ P(C)=\frac{64}{100}=\frac{16}{25}$$

不放回抽样

样本空间中含基本事件总数 $m=10\times9=90$，事件 A 含基本事件数 $m_A=4\times3=12$，事件 B 含基本事件数 $m_B=6\times5+4\times3=42$，事件 C 含基本事件数 $m_C=4\times6\times2+4\times3=60$，于是有

$$P(A)=\frac{12}{90}=\frac{2}{15},\ P(B)=\frac{42}{90}=\frac{7}{15},\ P(C)=\frac{60}{90}=\frac{2}{3}$$

注意 产品抽样方式通常有两种：(1)放回抽样，即每一次取完一件放回，搅匀后再取另一件；(2)不放回抽样，即第一次取一件不放回，第二次从剩余的产品中再取一件.

此外，请读者思考，由于抽样方式不同，是否会导致同一事件的概率不同？可以看出，本题中，由于小球数量较少，放回抽样和不放回抽样一定会导致同一事件的概率不同；但是在产品抽样调查中，一般采取不放回抽样．由于产品数量很大，抽样产品相对总量很小，这时放回抽样和不放回抽样对于计算同一事件的概率误差较小，可忽略不计.

【例 1-7】(随机抽样模型)有 N 件产品，其中 D 件次品，现从 N 件产品中任取 $n(n\leqslant N)$ 件产品，求恰有 k 件次品的概率.

解 **(1)判断类型.**

因为产品规格相同，故取到每件产品的概率相同，所以本题属于古典概型问题.

(2)表示事件.

设 A 表示 N 件产品中任取 $n(n\leqslant N)$ 件，恰有 k 件次品.

(3)计算样本空间和事件中包含的事件数.

放回抽样

样本空间中含基本事件总数 $m=\underbrace{N\times N\times\cdots\times N}_{n个}=N^n$，事件 A 含基本事件数 $m_A=\mathrm{C}_n^k\underbrace{D\times D\times\cdots\times D}_{k个}\underbrace{(N-D)\times(N-D)\times\cdots\times(N-D)}_{n-k个}=\mathrm{C}_n^kD^k(N-D)^{n-k}$，于是有

$$P(A)=\mathrm{C}_n^k\frac{D^k(N-D)^{n-k}}{N^n}=\mathrm{C}_n^k\left(\frac{D}{N}\right)^k\left(1-\frac{D}{N}\right)^{n-k}$$

概率论中称上式为二项分布的概率公式.

不放回抽样

样本空间中含基本事件总数 $m=N\times(N-1)\times\cdots\times(N-n+1)=\mathrm{C}_N^n$，事件 A 含基本事件数 $m_A=\mathrm{C}_D^k\mathrm{C}_{N-D}^{n-k}$，于是有

$$P(A)=\frac{\mathrm{C}_D^k\mathrm{C}_{N-D}^{n-k}}{\mathrm{C}_N^n}$$

概率论中称上式为超几何分布的概率公式.

【例 1-8】 设在某一箱子内装有同种类型的电子元件 100 个，其中有 95 个合格品，5 个不合格品．从箱子内任取 4 个电子元件，则其中恰好有 1 个不合格品的概率是多少？

解 (1)**判断类型.**

因为产品规格相同，故取到每件产品的概率相同，所以本题属于古典概型问题.

(2)**表示事件.**

设 A 表示从箱子内任取 4 个电子元件，其中恰好有 1 个不合格品.

(3)**计算样本空间和事件中包含的事件数.**

从 100 个电子元件中任取 4 个，所有可能的取法共有 C_{100}^4 种，每一种取法所得的结果为一基本事件．在 5 个不合格品中任取 1 个，所有可能的取法有 C_5^1 种．在 95 个合格品中任取 4-1=3 个，所有可能的取法有 C_{95}^3 种．由乘法原理可知在 100 个电子元件中任取 4 个，其中恰好有 1 个不合格品的取法共有 $\mathrm{C}_5^1\mathrm{C}_{95}^3$ 种，于是所求事件 A 的概率为

$$P(A)=\frac{\mathrm{C}_5^1\mathrm{C}_{95}^3}{\mathrm{C}_{100}^4}\approx 0.176$$

【例 1-9】(**随机分配模型**)将 n 个小球随机地放入 $N(n\leqslant N)$ 个盒子中，试求每个盒子至多有一个小球的概率(设盒子的容量不限).

解 (1)**判断类型.**

因为每个小球放入每个盒子的可能性相同，所以本题属于古典概型问题.

(2)**表示事件.**

设 A 表示每个盒子至多有一个小球.

(3)**计算样本空间和事件中包含的事件数.**

样本空间中含基本事件总数 $m=\underbrace{N\times N\times\cdots\times N}_{n\text{个}}=N^n$，事件 A 含基本事件数 $m_A=N\times(N-1)\times\cdots\times(N-n+1)$，于是有

$$P(A)=\frac{\mathrm{A}_N^n}{N^n}=\frac{N\times(N-1)\times\cdots\times(N-n+1)}{N^n}$$

注意 有许多实际问题和本例具有相同的数学模型，一个典型代表就是有趣的“生日问题”．这个问题的结果可能会出乎很多人的预料(详情参见本章习题 1-16).

【例 1-10】 某接待站在某一周曾接待过 12 次来访，已知所有 12 次接待都是在周二和周四进行的，问是否可以推断接待时间是有规定的？

解 假设接待站的接待时间没有规定，而各来访者在一周的任一天中去接待站是等可能

的，那么，12 次接待来访者都在周二、周四的概率为

$$\frac{2^{12}}{7^{12}} = 0.000\ 000\ 3$$

人们在长期的实践中总结得到“概率很小的事件在一次试验中实际上几乎是不发生的”(称之为实际推断原理，同时也是**假设检验问题**的理论依据). 现在概率很小的事件在一次试验中竟然发生了，因此有理由怀疑假设的正确性，从而推断接待站不是每天都接待来访者，即认为其接待时间是有规定的.

1.4 条件概率

1.4.1 条件概率实例

在许多问题中，除了要考虑事件 B 发生的概率 $P(B)$ 外，还要考虑在事件 A 已经发生的条件下，事件 B 发生的概率. 先看一个例子.

【例 1-11】 在 100 件某种产品中有 5 件不合格品，其中 3 件是次品，2 件是废品. 从 100 件产品中任取 1 件，求：(1)取出的是废品的概率 p_1；(2)已知取出的是不合格品，它是废品的概率 p_2.

解 设 A 表示事件“取出的一件是不合格品”，B 表示事件“取出的一件是废品”.

(1) $p_1 = P(B) = \frac{2}{100} = \frac{1}{50}$.

(2) p_2 是在事件 A 已经发生的条件下事件 B 发生的概率. 由于不合格品有 5 件，其中有 2 件废品，因此

$$p_2 = \frac{2}{5}$$

由本例可见 $p_1 \neq p_2$. 为了区别，把 p_2 叫作在事件 A 发生的条件下事件 B 发生的条件概率，记为 $P(B|A)$.

由于 AB 表示事件“取到的一件既是不合格品又是废品”，而在 100 件产品中是不合格品并且是废品的有 2 件，因此 $P(AB) = \frac{2}{100}$. 由于在 100 件产品中有 5 件不合格品，因此 $P(A) = \frac{5}{100}$. 我们有

$$P(B|A) = p_2 = \frac{2}{5} = \frac{\frac{2}{100}}{\frac{5}{100}} = \frac{P(AB)}{P(A)}$$

一般地，有下面的定义.

定义 1.3 设 A 和 B 是两个事件，且 $P(A) > 0$，称

$$P(B|A) = \frac{P(AB)}{P(A)} \tag{1-9}$$

为在事件 A 已经发生的条件下，事件 B 发生的条件概率，记作 $P(B|A)$.

容易验证，条件概率 $P(B|A)$ 符合概率定义中的 3 个条件.

(1) 非负性：对任意事件 B，有 $P(B|A) > 0$.

(2) 规范性：对于必然事件 Ω，有 $P(\Omega|A) = 1$.

(3) 可列可加性：对于两两互不相容的事件 B_1，B_2，…，有

$$P(\bigcup_{i=1}^{\infty} B_i | A) = \sum_{i=1}^{\infty} P(B_i | A)$$

不仅如此，类似于概率性质的讨论，可由条件概率的 3 个基本性质推导出其他一些性质.

例如：

$$P(\varnothing | A) = 0$$

$$P(\overline{B} | A) = 1 - P(B | A)$$

$$P(B_1 \cup B_2 | A) = P(B_1 | A) + P(B_2 | A) - P(B_1B_2 | A)$$

求条件概率的方法常常有两种：定义法和缩小样本空间法.

【例 1-12】 掷 3 颗骰子，已知所得 3 个数都不一样，求含有 1 点的概率.

解　解法一(定义法)　设事件 A 表示掷出含有 1 的点数，事件 B 表示掷出 3 个点数都不一样，于是

$$P(B) = \frac{\mathrm{A}_6^3}{6^3} = \frac{5}{9},\ P(AB) = \frac{\mathrm{C}_3^1\mathrm{A}_5^2}{6^3} = \frac{5}{18}$$

根据条件概率公式得

$$P(A|B) = \frac{P(AB)}{P(B)} = \frac{\frac{5}{18}}{\frac{5}{9}} = \frac{1}{2}$$

解法二(缩小样本空间法)　直接算出事件 B 中所含样本点个数，并在事件 B 中找到属于事件 A 的样本点个数即可，有

$$P(A|B) = \frac{\mathrm{C}_5^2}{\mathrm{C}_6^3} = \frac{1}{2}$$

【例 1-13】 设 10 个考题签，其中 4 个题难答，2 人参加抽签，甲先抽，乙次之，已知甲先抽走难答签的情况下，求乙抽到难答签的概率.

解　解法一(定义法)　设事件 A 表示甲抽走难答签，事件 B 表示乙抽走难答签，则

$$P(B|A) = \frac{P(AB)}{P(A)} = \frac{\frac{4 \times 3}{10 \times 9}}{\frac{4}{10}} = \frac{3}{9} = \frac{1}{3}$$

解法二(缩小样本空间法)

$$P(B|A) = \frac{3}{9} = \frac{1}{3}$$

两种方法对比，在计算题中，缩小样本空间法通常更简便.

1.4.2 乘法公式

设 $P(A)>0$，由条件概率的定义1.3，易得

$$P(AB)=P(B|A)P(A) \tag{1-10}$$

式(1-10)称为乘法公式.

式(1-10)容易推广到多个事件的积事件的情况．例如，设 A，B，C 为事件，且 $P(AB)>0$(由 $P(AB)>0$ 可推得 $P(A)\geqslant P(AB)>0$)，则有

$$P(ABC)=P(C|AB)P(B|A)P(A)$$

一般地，设 A_1，A_2，…，A_n 为 n 个事件，$n\geqslant 2$，且 $P(A_1A_2\cdots A_{n-1})>0$，则有

$$P(A_1A_2\cdots A_n)=P(A_n|A_1A_2\cdots A_{n-1})P(A_{n-1}|A_1A_2\cdots A_{n-2})\cdots P(A_2|A_1)P(A_1)$$

【例1-14】 设10个考题签，其中4个题难答，3人参加抽签，甲先抽，乙次之，丙最后，求：

(1)甲未抽到难答签而乙抽到难答签的概率；

(2)甲、乙、丙均抽到难答签的概率.

解 设事件 A 表示甲抽走难答签，事件 B 表示乙抽走难答签，事件 C 表示丙抽走难答签.

解法一

(1) $P(\bar{A}B)=P(\bar{A})P(B|\bar{A})=\dfrac{6}{10}\times\dfrac{4}{9}=\dfrac{4}{15}$;

(2) $P(ABC)=P(A)P(B|A)P(C|AB)=\dfrac{4}{10}\times\dfrac{3}{9}\times\dfrac{2}{8}=\dfrac{1}{30}$.

解法二

本题是古典概型问题，因此

(1) $P(\bar{A}B)=\dfrac{6\times 4}{10\times 9}=\dfrac{4}{15}$;

(2) $P(ABC)=\dfrac{4\times 3\times 2}{10\times 9\times 8}=\dfrac{1}{30}$.

当然，本例提醒读者，不仅要掌握乘法公式，而且在计算时需要不拘泥于形式．因为本题不仅可以用乘法公式解决，还可以用最基本的古典概型来讨论，只是出发点不同，但都能达到相同的目的.

1.4.3 全概率公式

在计算比较复杂的事件的概率时，我们经常根据事件在不同情况或不同原因或不同途径下发生而将复杂事件分解成互不相容的比较简单的事件的和，分别计算出这些简单事件的概率后，利用概率的可加性得到所求的概率．这也正是全概率公式的思想.

为了介绍全概率公式，我们首先引进样本空间划分的概念.

定义1.4 设 Ω 为试验 E 的样本空间，B_1，B_2，…，B_n 为 E 的一组事件．若

(1) $B_iB_j=\varnothing$，$i\neq j$，i，$j=1$，2，…，n;

(2) $B_1 \cup B_2 \cup \cdots \cup B_n = \Omega$,

则称 B_1, B_2, $\cdots$, B_n 为样本空间 Ω 的一个**划分**.

若 B_1, B_2, $\cdots$, B_n 是样本空间的一个划分，那么，对每次试验，事件 B_1, B_2, $\cdots$, B_n 中必有且仅有一个发生．另外，样本空间的划分也不是唯一的，一般根据问题的实际情况，很容易找到 Ω 的一个划分.

定理 1.1　设 Ω 为试验 E 的样本空间，A 为 E 的事件，B_1, B_2, $\cdots$, B_n 为 Ω 的一个划分，且 $P(B_i) > 0(i=1, 2, \cdots, n)$，则

$$P(A) = P(A \mid B_1)P(B_1) + P(A \mid B_2)P(B_2) + \cdots + P(A \mid B_n)P(B_n) \qquad (1-11)$$

式(1-11)称为全概率公式.

证　因为

$$A = A\Omega = A(B_1 \cup B_2 \cup \cdots \cup B_n) = AB_1 \cup AB_2 \cup \cdots \cup AB_n$$

由假设 $P(B_i) > 0(i=1, 2, \cdots, n)$，且 $(AB_i)(AB_j) = \varnothing$, $i \neq j$, i, $j=1, 2, \cdots, n$，得

$$\begin{aligned} P(A) &= P(AB_1) + P(AB_2) + \cdots + P(AB_n) \\ &= P(A \mid B_1)P(B_1) + P(A \mid B_2)P(B_2) + \cdots + P(A \mid B_n)P(B_n) \end{aligned}$$

从定义的介绍很容易总结出全概率公式应用的特点，当很多实际问题中的 $P(A)$ 不易求得时，其中必然有 Ω 的一个划分 B_1, B_2, $\cdots$, B_n，并且 $P(B_i)$ 和 $P(A \mid B_i)$ 或为已知，或容易求得，从而就可以用全概率公式求出 $P(A)$.

【例 1-15】 甲袋中有 5 只白球，7 只红球，乙袋中有 4 只白球，2 只红球，从两个袋中任取一袋，然后从取到的袋中任取一球，求取到的球是白球的概率.

解　将事件"取到白球"根据取到哪袋的情况分解成互不相容的两部分，分别计算其概率再求和.

设事件 B 表示取到的是甲袋，事件 $\overline{B}$ 表示取到的是乙袋，事件 A 表示取到的是白球，故

$$P(A) = P(AB) + P(A\overline{B}) = P(B)P(A \mid B) + P(\overline{B})P(A \mid \overline{B})$$

根据题意可知

$$P(B) = \frac{1}{2}, \ P(A \mid B) = \frac{5}{12}, \ P(A \mid \overline{B}) = \frac{4}{6}$$

于是有

$$P(A) = \frac{1}{2} \times \frac{5}{12} + \frac{1}{2} \times \frac{4}{6} = \frac{13}{24}$$

【例 1-16】 某车间有 3 个班组生产同一种产品，生产的产品没有任何区别的标志，被均匀地混合在一起．已知这 3 个组的产量分别占总产量的 30%，50%和 20%，这 3 个组的产品的次品率(某一组产品的次品率是指从该组生产的产品中随机地抽取 1 件是次品的概率)分别为 0.02、0.01 和 0.01. 现从该车间的产品中任取 1 件，则抽取到次品的概率是多少?

解　将事件"抽取到次品"根据 3 个车间的情况分解成互不相容的 3 部分.

设 B_i 表示事件"任取的 1 件产品是第 i 组生产的" $(i=1, 2, 3)$，A 表示事件"任取的 1 件产品是次品"，由题设可知

$$P(B_1) = 0.30, \ P(B_2) = 0.50, \ P(B_3) = 0.20$$

$$P(A \mid B_1) = 0.02,\ P(A \mid B_2) = 0.01,\ P(A \mid B_3) = 0.01$$

由全概率公式可得

$$P(A) = \sum_{i=1}^{3} P(B_i) P(A \mid B_i) = 0.30 \times 0.02 + 0.50 \times 0.01 + 0.20 \times 0.01 = 0.013$$

1.4.4 贝叶斯公式

全概率公式给出一个计算某些事件概率的公式．若事件 A 是在两两互不相容的事件 B_1，B_2，…，B_n 中某一个发生的情况下而发生的，并且知道各个事件 B_i 发生的概率 $P(B_i)$ 和在事件 B_i 已经发生的条件下事件 A 发生的条件概率 $P(A \mid B_i)(i=1,\ 2,\ \cdots,\ n)$，则由全概率公式可以算得事件 A 发生的概率 $P(A)$．我们把事件 B_1，B_2，…，B_n 看作是导致事件 A 发生的原因，$P(B_i)$ 称为先验概率，它反映出各种原因发生的可能性大小，一般可以从以往经验得到，在试验之前就已知道．现在我们来考虑与之相反的问题，做一次试验，若事件 A 发生了，我们要考察所观察到的事件发生的各种原因、情况或途径的可能性，则条件概率 $P(B_i \mid A)$ 这一信息将有助于探讨事件 A 发生的原因．条件概率 $P(B_i \mid A)$ 称为后验概率，它使得我们在试验之后对各种原因发生的可能性大小有进一步的了解.

定理 1.2 设 Ω 为试验 E 的样本空间，A 为 E 的事件，B_1，B_2，…，B_n 为 Ω 的一个划分，且 $P(B_i) > 0(i=1,\ 2,\ \cdots,\ n)$，则

$$P(B_i \mid A) = \frac{P(A \mid B_i)P(B_i)}{\sum_{j=1}^{n} P(A \mid B_j)P(B_j)},\ i=1,\ 2,\ \cdots,\ n \tag{1-12}$$

式(1-12)称为贝叶斯(Bayes)公式，也称为逆概率公式.

证 由条件概率的定义及全概率公式可得

$$P(B_i \mid A) = \frac{P(B_iA)}{P(A)} = \frac{P(A \mid B_i)P(B_i)}{\sum_{j=1}^{n} P(A \mid B_j)P(B_j)},\ i=1,\ 2,\ \cdots,\ n$$

【例 1-17】 设有 3 种类型的硬币，分别是硬币 B_1，B_2，B_3，3 种硬币 B_1，B_2，B_3 投出正面的概率分别是 0.5，0.6，0.9，现在有 2 枚硬币 B_1，2 枚硬币 B_2，1 枚硬币 B_3，从 5 枚硬币中随机取一枚投掷一次，发现这次投出了正面，问这枚硬币最有可能是硬币 B_1，B_2，B_3 中的哪一种？

解 设 A 表示投出了正面，先验概率为 $P(B_1)=0.4$，$P(B_2)=0.4$，$P(B_3)=0.2$.

由题意有

$$P(A \mid B_1) = 0.5,\ P(A \mid B_2) = 0.6,\ P(A \mid B_3) = 0.9$$

已知投一次投出了正面的情况下，我们要求这枚硬币是哪种类型的，就是求 $P(B_1 \mid A)$，$P(B_2 \mid A)$，$P(B_3 \mid A)$.

所以，首先求出 $P(A)$：

$$\begin{aligned} P(A) &= P(B_1)P(A \mid B_1) + P(B_2)P(A \mid B_2) + P(B_3)P(A \mid B_3) \\ &= 0.4 \times 0.5 + 0.4 \times 0.6 + 0.2 \times 0.9 = 0.62 \end{aligned}$$

于是

$$P(B_1 \mid A) = \frac{P(AB_1)}{P(A)} = \frac{0.4 \times 0.5}{0.62} = \frac{20}{62} = \frac{10}{31}$$

$$P(B_2 \mid A) = \frac{P(AB_2)}{P(A)} = \frac{0.4 \times 0.6}{0.62} = \frac{24}{62} = \frac{12}{31}$$

$$P(B_3 \mid A) = \frac{P(AB_3)}{P(A)} = \frac{0.2 \times 0.9}{0.62} = \frac{18}{62} = \frac{9}{31}$$

由计算结果可以看出，已知投出一次正面的情况下，这枚硬币最有可能是硬币 B_2.

本问题中 $P(B_1 \mid A)$，$P(B_2 \mid A)$，$P(B_3 \mid A)$ 为后验概率．后验概率是根据观察到的结果，对之前的先验概率作出修正．在机器学习的特征的处理过程中，可以将一些分类特征根据后验概率做替换，实现特征的连续化.

【例 1-18】 某电子设备制造厂所用的元件是由 3 家元件制造厂提供的．根据以往的记录有表 1-2 中的数据.

表 1-2

元件制造厂	次品率	提供元件的份额
1	0.02	0.15
2	0.01	0.80
3	0.03	0.05

设这 3 家工厂的产品在仓库中是均匀混合的，且无区别的标志.

(1) 在仓库中随机地取一只元件，求它是次品的概率；

(2) 在仓库中随机地取一只元件，若已知取到的是次品，为分析此次品出现在何厂，需求出此次品分别由 3 家工厂生产的概率.

解　设 A 表示“取到的是一只次品”，$B_i(i=1,2,3)$ 表示“所取到的产品是由第 i 家工厂提供的”．易知，B_1，B_2，B_3 是样本空间 Ω 的一个划分，且有

$$P(B_1) = 0.15,\ P(B_2) = 0.80,\ P(B_3) = 0.05$$

$$P(A \mid B_1) = 0.02,\ P(A \mid B_2) = 0.01,\ P(A \mid B_3) = 0.03$$

(1) 由全概率公式可得

$$P(A) = P(A \mid B_1)P(B_1) + P(A \mid B_2)P(B_2) + P(A \mid B_3)P(B_3) = 0.0125$$

(2) 由贝叶斯公式可得

$$P(B_1 \mid A) = \frac{P(A \mid B_1)P(B_1)}{P(A)} = \frac{0.02 \times 0.15}{0.0125} = 0.24$$

$$P(B_2 \mid A) = \frac{P(A \mid B_2)P(B_2)}{P(A)} = \frac{0.01 \times 0.80}{0.0125} = 0.64$$

$$P(B_3 \mid A) = \frac{P(A \mid B_3)P(B_3)}{P(A)} = \frac{0.03 \times 0.05}{0.0125} = 0.12$$

以上结果表明，这只次品来自第 2 家工厂的可能性最大.

【例 1-19】 假定一种病毒在某地人群中的感染率是 0.004. 检查时由于技术及操作过程可能失误等原因，使得感染者未必有阳性反应而健康者也可能呈现出阳性．有一种检验方法的效果是：P（阳性 | 感染者）= 0.95，P（阴性 | 健康者）= 0.98. 现在对这一地区进行随机抽查，某人的检查结果是阳性，问他的确是病毒感染者的概率是多少？

解　设 A 表示“这个人的确是病毒感染者”，B 表示“检查结果呈阳性”，需要计算

$P(A \mid B)$.

A 与它的对立事件构成样本空间的划分，根据题意，$P(A)=0.004$，$P(\bar{A})=0.996$，$P(B \mid A)=0.95$，$P(\bar{B} \mid \bar{A})=0.98$，所以 $P(B \mid \bar{A})=1-0.98=0.02$，根据全概率公式，有

$$\begin{aligned} P(B) &= P(A)P(B \mid A)+P(\bar{A})P(B \mid \bar{A}) \\ &= 0.004 \times 0.95+0.996 \times 0.02=0.023\,72 \end{aligned}$$

根据贝叶斯公式，检查结果呈阳性的情况下他的确是病毒感染者的概率为

$$P(A \mid B)=\frac{P(AB)}{P(B)}=\frac{0.004 \times 0.95}{0.004 \times 0.95+0.996 \times 0.02}=0.160$$

1.5 事件的独立性

设 A，B 是试验 E 的两个事件，若 $P(A)>0$，则可以定义条件概率 $P(B \mid A)$. 将 $P(B \mid A)$ 与 $P(B)$ 比较，可能有如下两种情形：$P(B \mid A) \neq P(B)$ 或 $P(B \mid A)=P(B)$. 前者表明事件 B 的概率因“事件 A 发生”而有了变化. 后者表明事件 B 的概率不受“事件 A 发生”这个条件的影响，利用乘法公式可得

$$P(AB)=P(B \mid A)P(A)=P(A)P(B)$$

【例 1-20】 设试验 E 为“掷一颗均匀的骰子观察点数出现的情况”. 设事件 A 为“点数小于 5”，事件 B 为“点数为偶数”.

解 由古典概型和条件概率的计算可得

$$P(A)=\frac{4}{6},\ P(B)=\frac{3}{6}$$

$$P(B \mid A)=\frac{1}{2},\ P(AB)=\frac{1}{3}$$

在这里我们看到 $P(B \mid A)=P(B)$，而 $P(AB)=P(A)P(B)$. 事实上，由题意，显然事件 B 的发生不会受到事件 A 的影响. 故而我们给出两个事件相互独立的定义.

定义 1.5 设 A，B 是两个事件，如果满足等式

$$P(AB)=P(A)P(B) \tag{1-13}$$

则称事件 A 与事件 B 是相互独立的，简称 A，B 独立.

注意，若 $P(A)>0$，$P(B)>0$，则 A，B 相互独立与 A，B 互不相容不能同时成立.

此外，还有如下定理和性质.

定理 1.3 设 A，B 是两事件，若 $P(A)>0$，则 A，B 相互独立的充分必要条件是 $P(B \mid A)=P(B)$.

证 定理的结论是显然的.

定理 1.4 若事件 A 与事件 B 相互独立，则事件 A 与 $\bar{B}$，$\bar{A}$ 与 B，$\bar{A}$ 与 $\bar{B}$ 也相互独立.

证 因为

$$A=A(B \cup \bar{B})=AB \cup A\bar{B}$$

而 $(AB)(A\bar{B})=\varnothing$，且 A 与 B 相互独立，因此

$$P(A)=P(AB)+P(A\overline{B})=P(A)P(B)+P(A\overline{B})$$

于是

$$P(A\overline{B})=P(A)-P(A)P(B)=P(A)[1-P(B)]=P(A)P(\overline{B})$$

因此 A 与 $\overline{B}$ 相互独立．由对称性可得 $\overline{A}$ 与 B 相互独立.

由于

$$P(\overline{A}\cap\overline{B})=P(\overline{A\cup B})=1-P(A\cup B)=1-P(A)-P(B)+P(AB)$$

且 $P(AB)=P(A)P(B)$，因此

$$\begin{aligned}P(\overline{A}\cap\overline{B})&=1-P(A)-P(B)+P(AB)=1-P(A)-P(B)+P(A)P(B)\\&=[1-P(A)][1-P(B)]=P(\overline{A})P(\overline{B})\end{aligned}$$

于是 $\overline{A}$ 与 $\overline{B}$ 相互独立.

事件的独立性的概念可推广到多个事件.

定义 1.6　设 A，B，C 是 3 个事件，若同时满足：

$$P(AB)=P(A)P(B)$$
$$P(AC)=P(A)P(C)$$
$$P(BC)=P(B)P(C)$$

则称事件 A，B，C **两两相互独立**. 若事件 A，B，C 两两相互独立，且满足等式

$$P(ABC)=P(A)P(B)P(C)$$

则称事件 A，B，C **相互独立**.

一般地，设 A_1，A_2，…，A_n 是 $n(n\geqslant 2)$ 个事件，若对于其中任意 2 个，任意 3 个，…，任意 n 个事件的积事件的概率，都等于各事件概率之积，则称事件 A_1，A_2，…，A_n **相互独立**.

注意：(1)若 A_1，A_2，…，$A_n(n\geqslant 2)$ 相互独立，则其中任意 $k(2\leqslant k\leqslant n)$ 个事件也是相互独立的；

(2)若 A_1，A_2，…，$A_n(n\geqslant 2)$ 相互独立，则将 A_1，A_2，…，A_n 中任意多个事件换成其对立事件，所得到的 n 个事件依然相互独立.

【例 1-21】一个元件(或系统)能正常工作的概率称为元件(或系统)的可靠性．如图 1-7 所示，设有 4 个独立工作的元件 1，2，3，4 按先串联再并联的方式连接(称为串并联系统). 设第 i 个元件的可靠性为 $p_i(i=1，2，3，4)$，试求系统的可靠性.

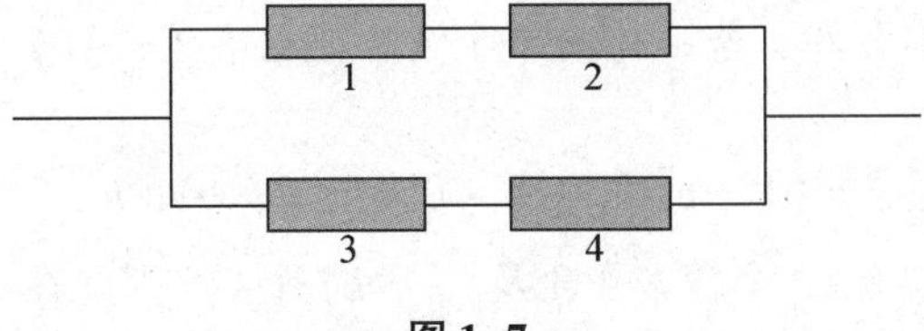

图 1-7

解　以 $A_i(i=1，2，3，4)$ 表示事件“第 i 个元件正常工作”，以 A 表示事件“系统正常工作”.

系统由两条线路组成，当且仅当至少有一条线路中的两个元件均正常工作时这一系统正常工作，故有

$$A = A_1A_2 \cup A_3A_4$$

由事件的独立性，得系统的可靠性为

$$\begin{aligned} P(A) &= P(A_1A_2) + P(A_3A_4) - P(A_1A_2A_3A_4) \\ &= P(A_1)P(A_2) + P(A_3)P(A_4) - P(A_1)P(A_2)P(A_3)P(A_4) \\ &= p_1p_2 + p_3p_4 - p_1p_2p_3p_4 \end{aligned}$$

【例 1-22】 一个大学生毕业给 4 家单位各发出一份求职信，假定这些单位彼此独立，通知他去面试的概率分别是 $\frac{1}{2}$，$\frac{1}{3}$，$\frac{1}{4}$，$\frac{1}{5}$. 这个学生至少有一次面试机会的概率是多大?

解 设 A 表示该学生至少有一次面试机会，考虑对立事件，一次面试机会都没有记为 $\overline{A}$，则

$$P(\overline{A}) = \frac{1}{2} \times \left(1 - \frac{1}{3}\right) \times \left(1 - \frac{1}{4}\right) \times \left(1 - \frac{1}{5}\right) = \frac{1}{5}$$

故

$$P(A) = 1 - P(\overline{A}) = 1 - \frac{1}{5} = \frac{4}{5}$$

事件的相互独立性在概率计算的简化和证明中有广泛应用，它是概率论重要的基本概念之一. 由事件独立可知，如果诸事件是独立的，则关于它们的概率计算也将是很简便的.

1.6 伯努利试验

设试验 E 只有两个可能结果: A 及 $\overline{A}$ (由事件 A 是否发生，依此方式划分，试验总是有两个可能结果)，则称 E 为**伯努利(Bernoulli)试验**. 设 $P(A) = p(0 < p < 1)$，此时 $P(\overline{A}) = 1 - p$. 将 E 独立重复地进行 n 次，则称这一串循环重复的独立试验为 **n 重伯努利试验**.

这里“重复”是指在每次试验中 $P(A) = p$ 保持不变；“独立”是指各次试验的结果互不影响.

n 重伯努利试验是一种很重要的数学模型，它有广泛的应用，是研究最多的模型之一.

n 重伯努利试验的基本事件可记为

$$\omega = \omega_1 \omega_2 \cdots \omega_n$$

其中 $\omega_i(1 \leqslant i \leqslant n)$ 或者为 A 或者为 $\overline{A}$，即 ω 是从 A 及 $\overline{A}$ 中每次取 1 个，独立地重复取 n 次的一种排列，共有 2^n 个基本事件. 若 ω 中有 k 个 A，则必有 $(n - k)$ 个 $\overline{A}$，由独立性可得这一基本事件的概率为

$$p^k(1 - p)^{n-k},\ k = 0,\ 1,\ 2,\ \cdots,\ n$$

由于在 2^n 个基本事件中共有 C_n^k 个含 k 个 A 及 $(n - k)$ 个 $\overline{A}$，因此在 n 次独立重复试验中，事件 A 恰好发生 k 次的概率 $P_n(k)$ 为

$$P_n(k) = C_n^k p^k(1 - p)^{n-k},\ k = 0,\ 1,\ 2,\ \cdots,\ n$$

记 $q = 1 - p$，即有

$$P_n(k) = C_n^k p^k q^{n-k},\ k = 0,\ 1,\ 2,\ \cdots,\ n$$

由于 $C_n^k p^k q^{n-k}$ 是二项式 $(p + q)^n$ 的展开式中含有 p^k 的那一项，因此上面所求得的计算概率

$P_n(k)$ 的公式又称为**二项分布的概率公式**.

【例 1-23】某车间有 5 台同类型的机床，每台机床配备的电动机功率为 10 kW. 已知每台机床工作时，平均每小时实际开动 12 min，且各台机床开动与否是相互独立的．如果为这 5 台机床提供 30 kW 的电力，求这 5 台机床能够正常工作的概率.

解　由于 30 kW 电力可以同时供给 3 台机床开动，因此在 5 台机床中同时开动的台数不超过 3 台时都能够正常工作，而有 4 台或 5 台机床同时开动时不能正常工作．因为事件“每台机床开动”的概率为 $\frac{12}{60}=\frac{1}{5}$，事件“每台机床不开动”的概率为 $\frac{4}{5}$，所以 5 台机床能够正常工作的概率为

$$1-P_5(4)-P_5(5)=1-\mathrm{C}_5^4\left(\frac{1}{5}\right)^4\cdot\frac{4}{5}-\left(\frac{1}{5}\right)^5\approx 0.993$$

在本例中，5 台机床不能正常工作的概率大约是 0.007，而在 8 h 内不能正常工作的时间仅约为 $480\times0.007=3.36$ min， 因此可以认为提供 30 kW 的电力可基本上保证 5 台机床正常工作.

一般认为，发生概率 $\leqslant 0.05$ 的一个随机事件就可以称为是小概率事件．假如做一次试验，那么一个小概率事件在这一次试验中实际上是几乎不发生的．如果不停重复试验，只要它不是不可能事件，最终这个事件都会必然发生.

小　结

通过本章的学习，我们可以从两个方面对本章知识点作总结.

1. 基本概念

本章介绍了随机试验、样本空间、基本事件、必然事件、不可能事件、随机事件及事件间的关系，可以帮助我们在分析问题时，对问题首先有一个清晰的表述．接着介绍了概率的公理化定义、等可能概型、条件概率等概念.

随机试验：具有以下特点的试验称为随机试验，记为 E.

(1) 可重复性：试验可以在相同的条件下重复地进行多次，甚至无限多次.

(2) 可观测性：每次试验的可能结果不止一个，并且所有可能结果都是明确的、可以观测的.

(3) 随机性：每次试验出现的结果是不确定的，在试验之前无法预先确定究竟会出现哪一个结果.

样本空间：随机试验 E 的所有可能结果组成的集合称为 E 的样本空间，记为 Ω.

基本事件：由一个样本点组成的集合，记为 $\{\omega\}$.

必然事件：在每次试验中都必然发生的事件，记为 Ω.

不可能事件：在每次试验中都不可能发生的事件，记为 $\varnothing$.

随机事件：随机试验 E 的样本空间 Ω 的子集为 E 的随机事件，简称事件．通常用大写字母 A，B，C 等表示.

事件间的关系：$A\subset B$，$A=B$，$A\cup B$，$A\cap B$，$A-B$，事件的互不相容 $A\cap B=\varnothing$，事件的独立性 $P(AB)=P(A)P(B)$， 对立事件 $A\cup\overline{A}=\Omega$ 且 $A\cap\overline{A}=\varnothing$.

2. 基本公式

加法公式：任意两个事件 A 与 B，$P(A\cup B)=P(A)+P(B)-P(AB)$.

任意三个事件 A_1，A_2，A_3，$P(A_1\cup A_2\cup A_3)=P(A_1)+P(A_2)+P(A_3)-P(A_1A_2)-P(A_2A_3)-P(A_1A_3)+P(A_1A_2A_3)$.

减法公式：任意两个事件 A 与 B，$P(B-A)=P(B)-P(AB)$.

逆事件公式：任意事件 A，$P(\overline{A})=1-P(A)$.

乘法公式：$P(AB)=P(B|A)P(A)$；$P(ABC)=P(C|AB)P(B|A)P(A)$.

等可能概型公式：$P(A)=\dfrac{A\text{包含的基本事件数}}{\Omega\text{包含的基本事件总数}}$.

条件概率：$P(B|A)=\dfrac{P(AB)}{P(A)}$.

设 Ω 为试验 E 的样本空间，A 为 E 的事件，B_1，B_2，…，B_n 为 Ω 的一个划分，且 $P(B_i)>0(i=1,2,\cdots,n)$，则

全概率公式：$P(A)=P(A|B_1)P(B_1)+P(A|B_2)P(B_2)+\cdots+P(A|B_n)P(B_n)$；

贝叶斯公式：$P(B_i|A)=\dfrac{P(A|B_i)P(B_i)}{\sum\limits_{j=1}^{n}P(A|B_j)P(B_j)}$，$i=1,2,\cdots,n$.

习　题

1-1　写出下列各试验的样本空间.

(1)记录一个班级一次高数考试的平均成绩.

(2)观察一支股票某日的价格(收盘价).

(3)生产产品直到有 10 件正品为止，记录生产产品的总件数.

(4)在单位正方形内任取一点，记录它的坐标.

(5)对某工厂出厂的产品进行检查，合格的记上“正品”，不合格的记上“次品”，如连续查出 2 个次品就停止检查，或检查 4 个产品就停止检查，记录检查的结果.

1-2　设 $P(A)=0.4$，$P(B)=0.25$，$P(A-B)=0.25$，求 $P(AB)$，$P(A\cup B)$，$P(B-A)$，$P(\overline{A}\,\overline{B})$.

1-3　设 $P(A)=0.4$，$P(B\overline{A})=0.2$，$P(C\overline{A}\,\overline{B})=0.1$，求 $P(A\cup B\cup C)$.

1-4　$P(A)=P(B)=P(C)=\dfrac{1}{4}$，$P(AB)=P(BC)=0$，$P(AC)=\dfrac{1}{8}$，求 A、B、C 至少有一个发生的概率.

1-5　$P(A)=P(B)=P(C)=\dfrac{1}{4}$，$P(AB)=0$，$P(AC)=P(BC)=\dfrac{1}{16}$，求 A、B、C 全不发生的概率.

1-6　设 $P(A)=0.4$，$P(B)=0.4$，当事件 A、B 相互独立时，求 $P(A\cup\overline{B})$.

1-7　设事件 A、B 相互独立，且 $P(A\cup B)=0.7$，$P(A)=0.4$，求 $P(B)$.

1-8　设 $P(A)=\frac{1}{2}$，$P(B|A)=\frac{1}{4}$，$P(A|B)=\frac{1}{2}$，求 $P(A\cup B)$.

1-9　$P(A)=0.5$，$P(B)=0.6$，$P(B|A)=0.8$，求 $P(A\cup B)$.

1-10　$P(A)=0.4$，$P(A\cup B)=0.7$，当事件 A、B 互不相容时，或当事件 A、B 相互独立时，$P(B)$ 分别是多少？

1-11　设事件 A、B 相互独立，且事件 A 和 B 都不发生的概率为 $\frac{1}{9}$，事件 A 发生 B 不发生的概率和事件 B 发生 A 不发生的概率相等，求 $P(A)$.

1-12　某国经济可能面临 3 个问题：A_1 表示高通胀，A_2 表示高失业，A_3 表示低增长. 假设 $P(A_1)=0.12$，$P(A_2)=0.07$，$P(A_3)=0.05$，$P(A_1\cup A_2)=0.13$，$P(A_1\cup A_3)=0.14$，$P(A_2\cup A_3)=0.10$，$P(A_1\cap A_2\cap A_3)=0.01$，求：

(1) 该国不出现高通胀的概率；

(2) 该国同时面临高通胀、高失业的概率；

(3) 该国出现滞胀(即低增长且高通胀)的概率；

(4) 该国出现高通胀、高失业但却高增长的概率；

(5) 该国至少出现两个问题的概率；

(6) 该国最多出现两个问题的概率.

1-13　袋中装有 5 个红球，3 个白球，2 个黑球，从中任取 3 个球，求其中恰有 1 个红球、1 个白球和 1 个黑球的概率.

1-14　从 0，1，2，3，4，5，6，7，8，9 这 10 个数中随机取 5 个数，设取出的 5 个数中 A 表示没有 1 与 9，B 表示有 0 与 5，C 表示最大的是 6，D 表示恰有 2 个大于 5，E 表示恰有 4 个小于 6，当取数方式是不放回时，求上述事件的概率.

1-15　在 1 200 件产品中，有 300 件次品，900 件正品，任取 200 件，求：(1) 恰有 90 件次品的概率；(2) 至少有 2 件次品的概率.

1-16　假设每个人的生日在一年 365 天中的任一天是等可能的，即都等于 $\frac{1}{365}$，那么随机选取 $n(n\leqslant 365)$ 个人，求他们中至少有两人的生日相同的概率.

1-17　袋中装有 5 个球，其中 3 个白球，2 个红球，从中随机取球两次，每次随机取一个，分别采取放回式抽样和不放回抽样，求：

(1) 取到的两个球都是白球的概率；

(2) 至少取得一个白球的概率.

1-18　100 件产品中有 25 件次品，随机不放回(依次)抽出 4 件，求仅后两件是次品的概率和有两件次品的概率.

1-19　剧院售票处有 $2n$ 个人排队买票，其中 n 个人只有 50 元一张的钞票，其余 n 个人只有 100 元一张的钞票. 开始售票时售票处无零钱可找，而每个人只买一张 50 元的戏票. 求售票处不会找不出钱的概率.

1-20　甲、乙、丙 3 位教授竞选校长，他们所得票数分别为 60 张、30 张、10 张，求在计票过程中甲的票数总比乙与丙的票数之和多且乙的票数总比丙的多的概率.

1-21　老张的妻子一胎生了 3 个孩子，求：

(1) 老大是女孩的概率；

(2)已知老大是女孩，另两个孩子都是女孩的概率.

1-22　设一批产品中一、二、三等品各占60%、30%、10%，现从中任取一件，结果不是三等品，求取到的产品是一等品的概率.

1-23　某人有6把钥匙，其中3把大门钥匙，但是他忘记了哪3把是大门钥匙，只好不放回随机试开．求他第 $k(1 \leqslant k \leqslant 4)$ 次才打开大门的概率和在3次内打开大门的概率各是多少.

1-24　设在10个同一型号的原件中有7件一等品，从这些原件中不放回地连续取3次，每次取一个原件，求：

(1)3次都取得一等品的概率；

(2)3次中至少有一次取得一等品的概率.

1-25　某厂有4个车间生产同一种产品，其产量分别占总产量的0.15，0.2，0.3，0.35，各车间的次品率分别为0.05，0.04，0.03，0.02. 有一用户买了该厂1件产品，经检查是次品，用户按规定进行了索赔．厂长要追究生产车间的责任，但是该产品是哪个车间生产的标志已经脱落，问厂长应如何追究生产车间的责任？

1-26　某病被诊断出的概率为0.95，无该病误诊有该病的概率为0.002，如果某地区患该病的比例为0.001，现随机选该地区一人，诊断患有该病，求该人确实患有该病的概率.

1-27　要验收一批产品，共100件，从中随机取3件来检测，且每件产品检测是相互独立的．如果3件中有1件不合格，就拒绝接收这批产品．如果这批产品有2件不合格，且1件不合格的产品被检测出的概率为0.95，而1件合格品被误检为不合格品的概率为0.01. 求被检测的3件产品中至少有1件不合格的概率和该批产品被接收的概率.

1-28　一射手对同一目标独立地进行4次射击，若至少命中一次的概率为 $\frac{80}{81}$，求该射手的命中率.

1-29　甲、乙两人独立地对同一目标射击一次，其命中率分别为0.6，0.5，现已知目标被命中，求它是甲射中的概率.

1-30　一份密码由3个人独立去破译，他们能破译出的概率分别是 $\frac{1}{3}$、$\frac{1}{4}$、$\frac{1}{5}$，求该密码被破译出的概率.

1-31　某高校为了预防某种疾病，每年都要对全校师生员工抽血普查1次．医务人员为了节省化验经费和时间，常将若干血清混合在一起进行化验．如果每个人血清中含有该病毒的概率为0.4%，求100个人混合血清中含有该病毒的概率(设每个人是否含有该病毒是独立的).

1-32　设有5个独立工作的元件1，2，3，4，5，按图1-8的方式连接，设第 i 个元件的可靠性为 $p(i=1，2，3，4，5)$，试求系统的可靠性.

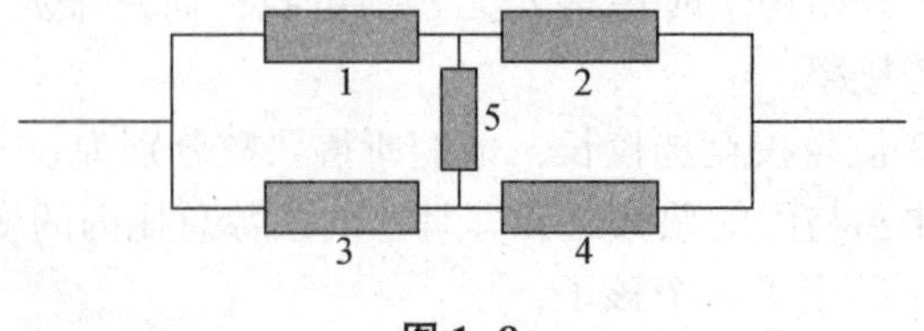

图1-8

课程文化 1　概率论的起源与发展

概率论起源于赌博中的问题．1654 年，法国贵族迪默勒向数学家帕斯卡提出了一个赌博问题．该问题考虑如何在一场未完成的赌局中分配赌注．帕斯卡和费尔玛一起讨论这个“分赌注”问题．他们频繁通信，相互交流，围绕着赌博中的数学问题开始了深入的研究，得到了很多重要结论．后来这些问题被荷兰数学家惠更斯获悉，他开始了独立研究．1657 年，惠更斯完成了《论机会游戏的计算》一书，这是公开发表的最早的概率论著作．从此，概率论登上了历史舞台.

1714 年，雅各布·伯努利发表了《推测术》. 该书证明了著名的“大数定律”. 所谓“大数定律”，简单地说，就是当实验次数很大时，事件出现的频率与概率有较大偏差的可能性很小．这一定理第一次在单一的概率值与众多现象的统计度量之间建立了演绎关系，构建了从概率论通向更广泛应用领域的桥梁．因此，伯努利被称为概率论的奠基人．继伯努利之后，法国数学家棣莫弗于 1718 年发表了《机遇论》. 该书提出了概率乘法法则，以及“正态分布”和“正态分布律”的概念，为“中心极限定理”的建立奠定了基础．经过伯努利和棣莫弗的努力，数学方法被有效地应用于概率研究之中，这就把概率论的特殊发展同数学的一般发展联系起来了．18 世纪法国浦丰在《或然算术试验》中，把概率和几何结合起来，开始了几何概率的研究.

19 世纪初期，拉普拉斯的工作推动了概率论的巨大进步．他是这一时期概率论发展的集大成者，他的经典著作《概率的分析理论》，总结了这一时代的概率研究．这部著作明确地表述了概率的基本定义和定理，严格证明了棣莫弗-拉普拉斯定理，建立了误差理论和最小二乘法．这部著作的显著特色在于广泛而灵活地运用了数学分析的方法．早期的概率论被当作组合数学的一部分，拉普拉斯的方法改革使概率论成为分析数学的一部分，从而为现代概率论的发展开辟了新途径.

后来，高斯和泊松等人进一步地发展了概率论．高斯确立了最小二乘法和误差论的基础；泊松推广了大数定律，引入十分重要的“泊松分布”. 俄国的切比雪夫提出大数定律的一般公式．1917 年伯恩斯坦首先提出并发展了概率论的公理化结构，建立了关于独立随机变量之和的中心极限定理.

从 17 世纪到 19 世纪，一大批著名数学家对概率论的发展作出了杰出的贡献．在这段时间里，概率论的发展简直到了使人着迷的程度．但是，随着概率论中各个领域获得大量成果，以及概率论在其他基础学科和工程技术上的应用，由拉普拉斯给出的概率定义的局限性很快便暴露了出来，甚至无法适用于一般的随机现象．到 20 世纪初，概率论的一些基本概念，诸如概率等尚没有确切的定义，概率论作为一个数学分支，缺乏严格的理论基础．为概率论确定严密的理论基础的是数学家柯尔莫哥洛夫．1933 年，他发表了著名的《概率论的基本概念》，该书首次将概率论建立在严格的公理基础上，标志着概率论发展新阶段的开始，具有划时代的意义，为以后的概率论的迅速发展奠定了基础.

20 世纪以来，由于物理学、生物学、工程技术、农业技术和军事技术发展的推动，概率论飞速发展，理论课题不断扩大与深入，应用范围大大拓宽．在最近几十年中，概率论的方法被引入各个工程技术学科和社会学科．目前，概率论在近代物理、自动控制、地震预报和气象预报、工厂产品质量控制、农业试验和公用事业等方面都得到了重要应用．有越来越多的概率论方法被引入经济、金融和管理科学领域，概率论成为它们的有力工具．概率论的创立与发展的过程也极大地推动了数学思想和方法的发展，尤其是形成了独具特色的概率论思想方法.

课程文化2　安德烈·尼古拉耶维奇·柯尔莫哥洛夫(1903—1987)

安德烈·尼古拉耶维奇·柯尔莫哥洛夫是20世纪苏联最杰出的数学家，也是20世纪世界上为数极少的几个最有影响的数学家之一．他的研究几乎遍及数学的所有领域，他的诸多成果具有开创性.

柯尔莫哥洛夫是现代概率论的开拓者之一．柯尔莫哥洛夫与辛钦共同把实变函数的方法应用于概率论．1933年，柯尔莫哥洛夫的专著《概率论的基本概念》出版，这是一部具有划时代意义的巨著．书中建立了概率论的严密公理体系，在公理的框架内系统地给出了概率论理论体系，而且提出并证明：相容的有限维概率分布族决定无穷维概率分布的“相容性定理”，解决了随机过程的概率分布的存在问题．提出了现代的一般的条件概率和条件期望的概念并导出了它们的基本性质，使马尔可夫过程及很多关于随机过程的概念得以严格地定义并论证．柯尔莫哥洛夫的工作奠定了近代概率论的基础，使概率论建立在完全严格的数学基础之上．20世纪20年代，柯尔莫哥洛夫在概率论方面还做了关于强大数律、重对数律的基本工作：他和辛钦成功地找到了具有相互独立的随机变量的项的级数收敛的充分必要条件；他成功地证明了大数法则的必要充分要件；证明了在项上加上极宽的条件时独立随机变量的重对数法则；得到了在独立同分布项情形下强大数法则的充分必要条件.

柯尔莫哥洛夫是随机过程论的奠基人之一．20世纪30年代，他建立了马尔可夫过程的两个基本方程．他的卓越论文《概率论的解析方法》为现代马尔可夫随机过程论和揭示概率论与常微分方程及二阶偏微分方程的深刻联系奠定了基础．他还创立了具有可数状态的马尔可夫链理论．他找到了连续的分布函数与它的经验分布函数之差的上确界的极限分布，这个结果是非参数统计中分布函数拟合检验的理论依据，成为统计学的核心之一．1949年，格涅坚科和柯尔莫哥洛夫发表了专著《相互独立随机变数之和的极限分布》，这是一部论述20世纪30年代以来，柯尔莫哥洛夫和辛钦等以无穷可分律和稳定律为中心的独立随机变量和的弱极限理论的总结性著作．在20世纪三四十年代之交，柯尔莫哥洛夫建立了希尔伯特空间几何与平稳随机过程和平稳随机增量过程的一系列问题之间的联系，给出了这两种过程的谱表示，完整地研究了它们的结构及平稳随机过程的内插与外推问题等．他的平稳过程的结果(N. 维纳也得到了平行的结果)创造了一个全新的随机过程论的分支，在科学和技术上有广泛的应用；而他的关于平稳增量随机过程的理论对于各向同性湍流的研究有深刻的影响．20世纪60年代，他还将概率论用于研究语言学并取得了具有启发性的成果，即作诗的概率方法和用概率实验法确定俄语语音的熵．他还开创了预报理论.

课程文化 3　布莱士 · 帕斯卡(Blaise Pascal，1623—1662)

布莱士 · 帕斯卡是法国数学家、物理学家、哲学家、散文家 . 1623 年，帕斯卡出生在法国奥维涅省的克莱蒙费朗，在兄弟姐妹中排行第三，也是家中唯一的男孩 . 帕斯卡 4 岁时，母亲不幸去世 . 父亲艾基纳是当地法庭的庭长，博学多才，对数学有浓厚兴趣，对他的早期教育影响很大 . 他自幼聪颖，求知欲极强，12 岁就发现了三角形的内角和等于 180°. 1631 年帕斯卡随家移居巴黎，16 岁开始便随父亲参加巴黎数学家和物理学家小组(法国巴黎科学院的前身)的学术活动，这段经历让帕斯卡眼界大开 . 17 岁时，帕斯卡开始研究德扎尔格关于综合射影几何的经典工作，并完成了数学水平很高的《圆锥曲线论》.

1642 年，为了减轻他父亲计算税务收支的负担，帕斯卡设计并制作了一台能自动进位的加减法计算装置，被称为世界上第一台数字计算器，为以后的计算机设计提供了基本原理 . 1654 年，他开始研究几何方面的数学问题，在无穷小分析上深入探讨了不可分原理，得出求不同曲线所围面积和重心的一般方法，并以积分学的原理解决了摆线问题，于 1658 年完成《论摆线》. 他的论文手稿对莱布尼茨建立实积分学有很大启发 . 在研究二项式系数性质时，帕斯卡完成了《算术三角形》. 对于文中给出的二项式系数展开，后人称为“帕斯卡三角形”.

帕斯卡还被公认为是概率论的先驱 . 一个酷爱赌博的贵族向帕斯卡提出如下问题：基于赢得赌局的概率，提前结束游戏的玩家如何在给定现在赌局的情形下公平地分赌注 . 帕斯卡敏锐察觉到这个问题所蕴含的重要意义，他开始通过书信与费马讨论这个赌金分配问题，由此诞生了近代数学一个伟大的分支——概率论 . 费马和帕斯卡完成的分析和概率的工作给莱布尼茨提出无穷小微积分奠定了基础.

1662 年 8 月 19 日，帕斯卡逝世，终年 39 岁 . 为了纪念帕斯卡，后人用他的名字命名压强的单位.

课程文化 4　皮耶 · 德 · 费马(Pierre de Fermat，1601—1665)

费马，法国著名数学家，被誉为“业余数学家之王”.

费马生性内向，谦抑好静，不善推销自己，因此他生前极少发表自己的论著，甚至连一部完整的著作也没有出版 . 他发表的一些文章，也总是隐姓埋名 . 费马著名的《数学论集》是他去世后由其长子将其笔记、批注及书信整理成书而出版的 . 如今我们早已意识到时效性对于科学的重要，即使在 17 世纪，这个问题也是突出的 . 费马的数学研究成果不能及时发表，得不到传播和发展，并不只是其个人的名誉损失，还影响了那个时代数学前进的步伐.

早在古希腊时期，偶然性与必然性及其关系问题便引起了众多哲学家的兴趣与争论，但是对其有数学的描述和处理却是 15 世纪以后的事 . 16 世纪早期，意大利的卡尔达诺等数学家研究了骰子中的博弈机会，探求赌金的分配问题 . 到了 17 世纪，法国的帕斯卡和费马研究了意大利的帕乔里的著作《摘要》，建立了通信联系，从而奠定了概率学的基础.

费马考虑到 4 次赌博可能的结局有 $2\times2\times2\times2=16$ 种，除了一种结局(即 4 次赌博都让对手赢)以外，其余情况都是第一个赌徒获胜 . 费马此时还没有使用概率一词，但他却得出了使第一个赌徒赢的概率是 15/16，即有利情形数与所有可能情形数的比 . 这个条件在组合问题中一般均能满足，例如：纸牌游戏、掷银子和从罐子里模球 . 这项研究为概率的数学模型——概率空间的抽象奠定了博弈基础.

事实上，费马和帕斯卡在相互通信及著作中建立了数学期望的概念．这种讨论是从赌博的数学问题开始的：在一个被假定有同等技巧的博弈者之间，在一个中断的博弈中，如何确定赌金的分配(已知两个博弈者在中断时的得分及在博弈中获胜所需要的分数)．一般概率空间的概念，是人们对于概念的直观想法的彻底公理化．从纯数学观点看，有限概率空间似乎显得平淡无奇．但一旦引入了随机变量和数学期望，它们就成为神奇的世界了．费马的贡献便在于此.

费马一生从未受过专门的数学教育，数学研究也不过是业余之爱好．然而，在 17 世纪的法国还找不到哪位数学家可以与之匹敌：他是解析几何的发明者之一；对于微积分诞生的贡献仅次于艾萨克・牛顿、戈特弗里德・威廉・凡・莱布尼茨，他还是概率论的主要创始人，此外他还对数论有巨大贡献．一代数学天才费马堪称是 17 世纪法国最伟大的数学家.

第 2 章

随机变量的分布与数字特征

研究背景

在第 1 章中，我们学习了一些概率论的基本概念和基本公式，并且发现在随机现象中，有很多的问题与数值有着密切的联系，这时，我们引入随机变量的概念，可以利用其他的数学工具来继续研究概率论中的问题.

研究意义

尽管随机试验结果的意义是明确的，但这种试验结果往往不利于进行数学分析. 而随机变量的引入，实现了随机试验的结果数量化，只有将随机试验的结果变成实数集，接下来，我们才可以引入函数这个数学工具到概率论中，进而就可以利用诸多高等数学中有关函数的基本理论知识，深化概率论的研究，也奠定了现代概率论的基础，使概率论学科的发展具有更广阔的空间.

学习目标

本章学习随机变量、离散型随机变量及其分布、随机变量的分布函数、连续型随机变量及其概率密度、随机变量的函数的分布、随机变量的数字特征、几种常见分布的数学期望和方差. 理解随机变量的概念、分类及特点；分布函数的概念及性质；离散型随机变量的概念、分布律及其性质；3 种常见的离散型随机变量的分布；连续型随机变量的概念、概率密度及其性质；3 种常见的连续型随机变量的分布；数学期望和方差的概念及性质；6 种常见分布的数学期望与方差. 了解泊松定理、标准正态分布的上 α 分位点、k 阶原点矩、k 阶中心矩、切比雪夫不等式. 掌握应用分布函数计算概率问题；求解离散型随机变量的分布律，并能够利用它们计算有关事件的概率；计算离散型随机变量的分布函数；求解连续型随机变量的概率密度，并利用它们计算有关事件的概率；计算连续型随机变量的分布函数；求解离散型和连续型随机变量函数的概率问题；计算随机变量的数学期望和方差；计算随机变量的函数的数学期望和方差.

通过本章的学习，学生应能够以联系的、发展的眼光看待本章中一些重要概念引入的必要性，从整体上对所学知识有清晰的认识，培养思辨能力.

2.1 随机变量

从第 1 章我们知道，某些随机试验的结果是用数量描述的，不同的结果对应着不同的数值. 例如，抛掷一颗骰子，所有可能出现的点数是 1，2，3，4，5，6 这 6 个数字之一. 如果把出现的点数记作 X，那么试验的所有可能结果都可由 X 的取值来表示，例如："出现 2 点"可表示为"$X=2$"，"出现 6 点"可表示为"$X=6$". 这相当于引入一个变量 X，它随着试验出现不同结果而取不同的值. 由于试验的所有可能结果组成样本空间，因此，对应于样本空间中的每个元素，变量 X 都有确定的值与之对应，X 是定义在样本空间上的函数. 由于试验结果的出现是随机的，因此 X 的取值也是随机的，它的所有可能取值是 1，2，3，4，5，6.

有些试验的结果不是一个数量，但我们可以用某一数量来表示它们. 例如：抛掷一枚硬币，它的所有可能结果有两个，即"出现正面"或"出现反面"，我们可以引进变量 Y，用"$Y=1$"表示"出现正面"，用"$Y=0$"表示"出现反面".

定义 2.1 设随机试验 E 的样本空间为 $\Omega=\{\omega\}$. 如果对于每一个 $\omega\in\Omega$，都有一个实数 $X(\omega)$ 与之对应，则称 $X=X(\omega)$，$\omega\in\Omega$ 为**随机变量**. 即随机变量是定义在样本空间 $\Omega=\{\omega\}$ 上的实值单值函数.

由定义 2.1 可知，前面所说的 X 和 Y 都是随机变量. 下面再举几个随机变量的例子.

(1)某篮球队员投篮，投中记 2 分，未投中记 0 分. 如果用 X 表示篮球队员在一次投篮中的得分，则 X 是一个随机变量，它的所有可能取值是 0，2.

(2)向一个可容纳 n 个乒乓球的木箱投掷 n 个乒乓球，用 X 表示投入木箱中的乒乓球个数，则 X 是一个随机变量，它的所有可能取值是 $0,1,2,\cdots,n$.

(3)一个质点随机地落在数轴上的 1，2，3，4，5 这 5 个点上，用 X 表示质点在数轴上的坐标，则 X 是一个随机变量，它的所有可能取值是 1，2，3，4，5.

(4)一个在数轴上的闭区间 $[a,b]$ 上作随机游动的质点，用 X 表示它在数轴上的坐标，则 X 可以取 a 和 b 之间(包括 a 和 b)的任何实数.

本书中，我们一般以大写的字母如 $X,Y,Z,W,\cdots$ 表示随机变量，而以小写字母 $x,y,z,w,\cdots$ 表示其取值.

引入随机变量的概念后，就可以用随机变量描述事件了. 如在上面的例子(1)中，"投中"这个事件可以用 $\{X=2\}$ 表示，"未投中"这个事件可以用 $\{X=0\}$ 表示.

由于随机变量 X 的取值依赖于随机试验的结果，因此在试验之前我们只能知道它的所有可能取值，而不能预先知道它究竟取哪个值. 因为试验的各个结果的出现都有一定的概率，所以随机变量取相应的值也有确定的概率. 比如在上面的例子(3)中，有

$$P\{X=2\}=P\{\text{质点落在数轴上的点 2 处}\}=\frac{1}{5}$$

类似地，有

$$P\{X\leqslant 2\}=P\{\text{质点落在数轴上的点 1 或点 2 处}\}=\frac{2}{5}$$

一般地，若 L 是一个实数集合，将 X 在 L 上取值写成 $\{X\in L\}$. 它表示事件 $B=\{\omega:X(\omega)\in L\}$，即 B 是由 Ω 中使得 $X(\omega)\in L$ 的所有样本点 ω 所组成的事件，此时有

$$P\{X\in L\}=P(B)=P\{\omega:X(\omega)\in L\}$$

随机变量的取值随试验的结果而定，在试验之前不能预知它取什么值，且它的取值有一定的概率．这些性质显示了随机变量与普通函数有着本质的差异.

随机变量的引入，使我们能用随机变量来描述各种随机现象，并能利用数学分析的方法对随机试验的结果进行深入广泛的研究和讨论.

2.2　离散型随机变量及其分布

2.2.1　离散型随机变量及其分布律

如果随机变量 X，它所有可能取到的值是有限多个或无穷可列多个，那么称 X 为**离散型随机变量**. 例如 2.1 节例子(1)中的随机变量 X，它只可能取 0，2 两个值，它是一个离散型随机变量.

设离散型随机变量 X 所有可能取的值为 $x_k(k=1, 2, \cdots)$，X 取各个可能值的概率，即事件 $\{X=x_k\}$ 的概率为

$$P\{X=x_k\}=p_k, \quad k=1, 2, \cdots \tag{2-1}$$

并且 p_k 满足以下两个条件：

(1) $p_k \geqslant 0$，$k=1, 2, \cdots$；

(2) $\sum\limits_{k=1}^{\infty} p_k = 1$.

则称式(2-1)为离散型随机变量 X 的**分布律**或**概率分布**. 分布律也可用表 2-1 的形式表示.

表 2-1

X	x_1	x_2	$\cdots$	x_n	$\cdots$
p_k	p_1	p_2	$\cdots$	p_n	$\cdots$

表 2-1 直观地表示了随机变量 X 取各个可能值的概率的规律．X 取各个可能值各占一些概率，这些概率合起来是 1. 可以想象成：概率 1 以一定的规律分布在各个可能值上．这就是表 2-1 称为分布律的缘故.

例如，以 X 表示抛掷一枚均匀的骰子所出现的点数，则 X 是一个离散型随机变量，它的分布律如表 2-2 所示.

表 2-2

X	1	2	3	4	5	6
p_k	$\frac{1}{6}$	$\frac{1}{6}$	$\frac{1}{6}$	$\frac{1}{6}$	$\frac{1}{6}$	$\frac{1}{6}$

X 的分布律还可写成

$$P\{X=k\}=\frac{1}{6}, \quad k=1, 2, \cdots, 6$$

2.2.2　几种常用的离散型随机变量的分布

下面介绍 3 种重要的离散型随机变量.

1. (0 － 1) 分布

若随机变量 X 只可能取 0 和 1 两个值，其分布律为

$$P\{X=0\}=1-p,\ P\{X=1\}=p,\ 0<p<1$$

或写成

$$P\{X=k\}=p^k(1-p)^{1-k},\ k=0,\ 1,\ 0<p<1$$

则称随机变量 X 服从**(0 - 1) 分布**或**两点分布**. 它的分布律也可以写成表 2-3 的形式.

表 2-3

X	0	1
p_k	$1-p$	p

若一个随机试验只有两个对立的结果 A 和 $\overline{A}$, 或者一个试验虽然有多个结果, 但我们只关心事件 A 是否发生, 则可以定义一个服从 (0 - 1) 分布的随机变量, 用它来描述试验的结果. (0 - 1) 分布是经常遇到的一种分布.

2. 二项分布

在 n 重伯努利试验中, 如果以 X 表示事件 A 出现的次数, 则 X 是一个离散型随机变量, 它的所有可能取值是0, 1, 2, …, n. 设 $P(A)=p(0<p<1)$, 则由 1.6 节中的二项分布的概率公式有

$$P\{X=k\}=C_n^k p^k(1-p)^{n-k},\ k=0,\ 1,\ \cdots,\ n \tag{2-2}$$

我们称随机变量 X 服从参数为 n, p 的二项分布, 记作 $X\sim B(n,\ p)$.

特别地, 当 $n=1$ 时, 二项分布 $B(1,\ p)$ 的分布律为

$$P\{X=k\}=p^k(1-p)^{1-k},\ k=0,\ 1$$

这就是 (0 - 1) 分布.

【例 2-1】 某射手射击的命中率为 0.7, 在相同的条件下独立射击 5 次, 求恰好命中 $k(k=0,\ 1,\ 2,\ 3,\ 4,\ 5)$ 次的概率.

解 我们将该射手射击一次是否命中看成一次试验, 独立射击 5 次相当于做 5 重伯努利试验, 以 X 表示 5 次射击命中的次数, 则 X 是一个随机变量, 且 $X\sim B(5,\ 0.7)$, 因此由式(2-2)即得所求概率为

$$P\{X=k\}=C_5^k 0.7^k(1-0.7)^{5-k}$$
$$=C_5^k 0.7^k 0.3^{5-k},\ k=0,\ 1,\ 2,\ 3,\ 4,\ 5$$

计算结果如表 2-4 所示.

表 2-4

X	0	1	2	3	4	5
$P\{X=k\}$	0.002 4	0.028 4	0.132 3	0.308 7	0.360 2	0.168 1

为了对随机变量 X 有一个直观的了解, 我们作出 X 的概率分布图(见图 2-1).

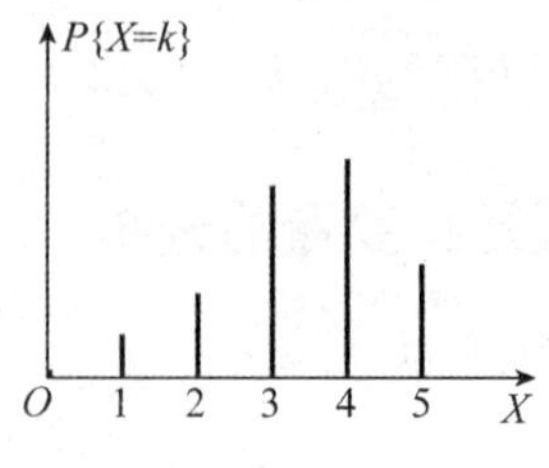

图 2-1

3. 泊松(Poisson)分布

设随机变量 X 的所有可能取值为0，1，2，…，并且

$$P\{X=k\}=\frac{\lambda^k e^{-\lambda}}{k!},\ k=0,1,2,\cdots$$

其中 $\lambda>0$ 是常数，则称随机变量 X 服从参数为 λ 的**泊松分布**，记作 $X\sim\pi(\lambda)$.

易知

$$P\{X=k\}>0,\ k=0,1,2,\cdots$$

$$\sum_{k=0}^{\infty}P\{X=k\}=\sum_{k=0}^{\infty}\frac{\lambda^k e^{-\lambda}}{k!}=e^{-\lambda}\sum_{k=0}^{\infty}\frac{\lambda^k}{k!}=e^{-\lambda}\cdot e^{\lambda}=1$$

在实际问题中经常会遇到服从泊松分布的随机变量．例如，在一个长为 τ 的时间间隔内某电话交换台收到的电话呼叫次数；某医院在一天内来急诊的病人数；某一本书的一页中的印刷错误数等都服从泊松分布．泊松分布也是概率论中的一种重要分布.

关于二项分布和泊松分布的关系，有以下定理.

定理 2.1(泊松定理)　设 $\lambda>0$ 是常数，n 为任意正整数，$np_n=\lambda$，则对任一固定的非负整数 k，有

$$\lim_{n\to\infty}C_n^k p_n^k(1-p_n)^{n-k}=\frac{\lambda^k e^{-\lambda}}{k!}$$

证　因为 $p_n=\dfrac{\lambda}{n}$，从而对于任意固定的非负整数 k，有

$$\begin{aligned}C_n^k p_n^k(1-p_n)^{n-k}&=\frac{n(n-1)\cdots(n-k+1)}{k!}\left(\frac{\lambda}{n}\right)^k\left(1-\frac{\lambda}{n}\right)^{n-k}\\&=\frac{\lambda^k}{k!}\left[1\cdot\left(1-\frac{1}{n}\right)\left(1-\frac{2}{n}\right)\cdots\left(1-\frac{k-1}{n}\right)\right]\left(1-\frac{\lambda}{n}\right)^n\left(1-\frac{\lambda}{n}\right)^{-k}\end{aligned}$$

对于固定的 k，当 $n\to\infty$ 时，有

$$\left[1\cdot\left(1-\frac{1}{n}\right)\left(1-\frac{2}{n}\right)\cdots\left(1-\frac{k-1}{n}\right)\right]\to 1$$

$$\left(1-\frac{\lambda}{n}\right)^n\to e^{-\lambda},\ \left(1-\frac{\lambda}{n}\right)^{-k}\to 1$$

故有

$$\lim_{n\to\infty}C_n^k p_n^k(1-p_n)^{n-k}=\frac{\lambda^k e^{-\lambda}}{k!}$$

泊松定理表明，当 n 很大而 p 很小时，有下面的近似式：

$$C_n^k p^k(1-p)^{n-k}\approx\frac{\lambda^k e^{-\lambda}}{k!}$$

其中 $\lambda=np$. 这就是说，n 很大而 p 很小的二项分布可以用参数为 $\lambda=np$ 的泊松分布近似表达，这也是泊松分布成为一个常用的随机变量分布的原因之一.

【例 2-2】 设一批产品共 2 000 个，其中有 40 个次品．从中任取 1 个产品作放回抽样检查，求抽检的 100 个产品中次品数 X 的概率分布.

解　由题意知 $X\sim B(100,0.02)$，即

$$P\{X=k\}=C_{100}^k 0.02^k 0.98^{100-k},\ k=0,1,2,\cdots,100$$

因为 $n = 100$ 较大，且 $p = 0.02$ 较小，所以可按泊松定理作近似计算，其中 $\lambda = np = 2$，即

$$P\{X = k\} \approx \frac{2^k e^{-2}}{k!},\ k = 0,\ 1,\ 2,\ \cdots,\ 100$$

从表 2-5 中可以看出二项分布用泊松分布表达的近似程度.

表 2-5

样品中的次品数	二项分布 $B(100, 0.02)$	泊松分布 $\pi(2)$
0	0.132 6	0.135 3
1	0.270 7	0.270 7
2	0.273 4	0.270 7
3	0.182 3	0.180 4
4	0.090 2	0.090 2
5	0.035 3	0.036 1
6	0.011 4	0.012 0
7	0.003 1	0.003 4
8	0.000 7	0.000 9
9	0.000 2	0.000 2

2.3 随机变量的分布函数

为了研究随机变量，我们引进分布函数的概念.

定义 2.2 设 X 是一个随机变量，对于任意实数 x，令

$$F(x) = P\{X \leqslant x\},\quad -\infty < x < +\infty$$

称 $F(x)$ 为随机变量 X 的**分布函数**.

随机变量 X 的分布函数 $F(x)$ 是定义在 $(-\infty,\ +\infty)$ 上的函数，是随机事件 $\{X \leqslant x\}$ 发生的概率. 若 X 是数轴上随机点的坐标，则分布函数值 $F(a)$ 表示 X 落在区间 $(-\infty,\ a]$ 上的概率. 对于任意实数 a，$b(a < b)$，因为

$$\{a < X \leqslant b\} = \{X \leqslant b\} - \{X \leqslant a\}$$

从而有

$$P\{a < X \leqslant b\} = P\{X \leqslant b\} - P\{X \leqslant a\} = F(b) - F(a)$$

因此，如果已知随机变量 X 的分布函数，就可以求出 X 落在任意区间 $(a,\ b]$ 上的概率. 这表明分布函数完整地描述了随机变量的变化情况. 由于分布函数是普通的一元函数，因此通过它我们可以利用数学分析的方法来研究随机变量.

分布函数 $F(x)$ 具有以下的基本性质.

(1) 对于任意实数 x，有

$$0 \leqslant F(x) \leqslant 1$$

(2) $F(x)$ 是一个单调不减函数.

证　对于任意实数 x_1，$x_2(x_1 < x_2)$，由于

$$F(x_2) - F(x_1) = P\{x_1 < X \leqslant x_2\} \geqslant 0$$

因此，$F(x)$ 是一个单调不减函数.

(3) 由分布函数定义，易知

$$F(-\infty) = \lim_{x \to -\infty} F(x) = 0$$

$$F(+\infty) = \lim_{x \to +\infty} F(x) = 1$$

(4) $F(x)$ 是右连续的，即 $F(x+0) = F(x)$（证略）.

【例 2-3】抛掷一枚均匀的硬币，设随机变量

$$X = \begin{cases} 0, & \text{出现反面 } T \\ 1, & \text{出现正面 } H \end{cases}$$

求：

(1) 随机变量 X 的分布函数，并画出其图形；

(2) 随机变量 X 在区间 $\left(\frac{1}{3}, 2\right]$ 上取值的概率.

解　(1) 设 x 是任意实数. 当 $x < 0$ 时，事件 $\{X \leqslant x\} = \varnothing$，因此

$$F(x) = P\{X \leqslant x\} = P\{\varnothing\} = 0$$

当 $0 \leqslant x < 1$ 时，事件

$$\begin{aligned} \{X \leqslant x\} &= \{X < 0\} \cup \{X = 0\} \cup \{0 < X \leqslant x\} \\ &= \varnothing \cup \{X = 0\} \cup \varnothing \\ &= \{X = 0\} \\ &= \{\text{出现反面 } T\} \end{aligned}$$

因此

$$F(x) = P\{X \leqslant x\} = P\{X = 0\} = P\{\text{出现反面 } T\} = \frac{1}{2}$$

当 $x \geqslant 1$ 时，事件

$$\begin{aligned} \{X \leqslant x\} &= \{X < 0\} \cup \{X = 0\} \cup \{0 < X < 1\} \cup \{X = 1\} \cup \{1 < X \leqslant x\} \\ &= \varnothing \cup \{X = 0\} \cup \varnothing \cup \{X = 1\} \cup \varnothing \\ &= \{X = 0\} \cup \{X = 1\} \\ &= \{\text{出现反面 } T\} \cup \{\text{出现反面 } H\} \end{aligned}$$

因此

$$F(x) = P\{X \leqslant x\} = P\{X = 0\} + P\{X = 1\} = \frac{1}{2} + \frac{1}{2} = 1$$

综上所述，X 的分布函数为

$$F(x) = \begin{cases} 0, & x < 0 \\ \frac{1}{2}, & 0 \leqslant x < 1 \\ 1, & x \geqslant 1 \end{cases}$$

其图形如图 2-2 所示.

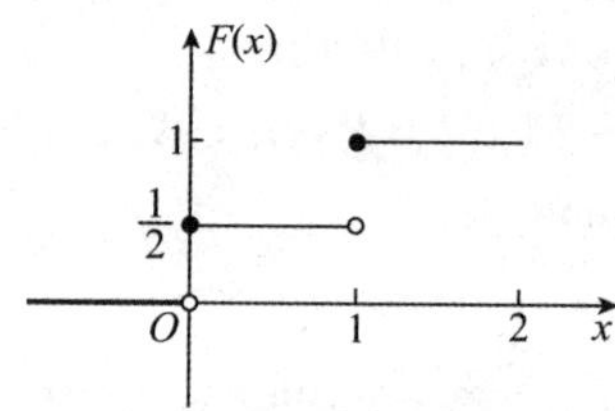

图 2-2

(2)随机变量 X 在区间 $\left(\frac{1}{3}, 2\right]$ 上取值的概率为

$$P\left\{\frac{1}{3} < X \leqslant 2\right\} = F(2) - F\left(\frac{1}{3}\right) = 1 - \frac{1}{2} = \frac{1}{2}$$

【例 2-4】设随机变量 X 的分布律如表 2-6 所示.

表 2-6

X	-1	2	3
p_k	$\frac{1}{6}$	$\frac{2}{6}$	$\frac{3}{6}$

求：(1) X 的分布函数；(2) $P\left\{X \leqslant \frac{1}{2}\right\}$，$P\left\{\frac{3}{2} < X \leqslant \frac{5}{2}\right\}$，$P\{2 \leqslant X \leqslant 3\}$.

解 (1) X 是一个离散型随机变量，它仅在 -1，2，3 这 3 点处的概率不为 0，而分布函数 $F(x)$ 的值是 X 落在实数区间 $(-\infty, x]$ 上的概率，由概率的可加性有

$$F(x)=\begin{cases}0, & x<-1\\ P\{X=-1\}, & -1 \leqslant x<2\\ P\{X=-1\}+P\{X=2\}, & 2 \leqslant x<3\\ 1, & x \geqslant 3\end{cases}$$

即

$$F(x)=\begin{cases}0, & x<-1\\ \frac{1}{6}, & -1 \leqslant x<2\\ \frac{1}{2}, & 2 \leqslant x<3\\ 1, & x \geqslant 3\end{cases}$$

(2)
$$P\left\{X \leqslant \frac{1}{2}\right\} = F\left(\frac{1}{2}\right) = \frac{1}{6}$$

$$P\left\{\frac{3}{2} < X \leqslant \frac{5}{2}\right\} = F\left(\frac{5}{2}\right) - F\left(\frac{3}{2}\right) = \frac{1}{2} - \frac{1}{6} = \frac{1}{3}$$

$$P\{2 \leqslant X \leqslant 3\} = F(3) - F(2) + P\{X = 2\} = 1 - \frac{1}{2} + \frac{1}{3} = \frac{5}{6}$$

2.4　连续型随机变量及其概率密度

2.4.1　连续型随机变量的概率密度

一般地，对于随机变量 X 的分布函数 $F(x)$，若存在非负函数 $f(x)$，使得对任意的 x，都有

$$F(x)=\int_{-\infty}^{x} f(t)\,\mathrm{d}t$$

则称随机变量 X 是连续型随机变量，其中函数 $f(x)$ 叫作 X 的**概率密度函数**，简称**概率密度**，记为 $X \sim f(x)$.

下面讨论概率密度 $f(x)$ 的性质.

(1) $f(x) \geqslant 0$.

由于 $F(+\infty)=\int_{-\infty}^{+\infty} f(x)\,\mathrm{d}x$，而 $F(+\infty)=1$，因此得到性质(2).

(2) $\int_{-\infty}^{+\infty} f(x)\,\mathrm{d}x=1$.

由于 $P\{a<X \leqslant b\}=F(b)-F(a)=\int_{-\infty}^{b} f(x)\,\mathrm{d}x-\int_{-\infty}^{a} f(x)\,\mathrm{d}x$，因此得到性质(3).

(3)对于任意实数 a，$b(a<b)$，有

$$P\{a<X \leqslant b\}=F(b)-F(a)=\int_{a}^{b} f(x)\,\mathrm{d}x$$

需要指出的是，对于连续型随机变量 X 来说，它取任一实数 a 的概率均为 0，即 $P\{X=a\}=0$. 事实上，对于任意给定的 $\varepsilon>0$，总有

$$P\{X=a\} \leqslant P\{a-\varepsilon<X \leqslant a\}=\int_{a-\varepsilon}^{a} f(x)\,\mathrm{d}x$$

在上式中令 $\varepsilon \rightarrow 0$，得 $\int_{a-\varepsilon}^{a} f(x)\,\mathrm{d}x \rightarrow 0$，即当 $\varepsilon \rightarrow 0$ 时，有 $0 \leqslant P\{X=a\} \leqslant 0$，于是

$$P\{X=a\}=0$$

据此，在计算连续型随机变量落在某一区间内的概率时，可以不必区分该区间是开区间或闭区间或半开半闭区间．即

$$P\{a<X<b\}=P\{a \leqslant X<b\}=P\{a<X \leqslant b\}=P\{a \leqslant X \leqslant b\}$$

在这里，事件 $\{X=a\}$ 并非不可能事件，但有 $P\{X=a\}=0$. 也就是说，若 A 是不可能事件，则有 $P(A)=0$；反之，若 $P(A)=0$，A 不一定是不可能事件.

关于分布函数 $F(x)$ 与概率密度 $f(x)$ 的关系，有性质(4).

(4)若 $f(x)$ 在点 x 处连续，则有

$$F'(x)=f(x)$$

由性质(1)~性质(3)可知，概率密度曲线总是位于 x 轴上方，并且介于它和 x 轴之间的面积等于 1，如图 2-3 所示；随机变量落在区间 $(a, b]$ 的概率 $P\{a<X \leqslant b\}$ 等于区间 $(a, b]$ 上曲线 $y=f(x)$ 之下的曲边梯形的面积，如图 2-4 所示.

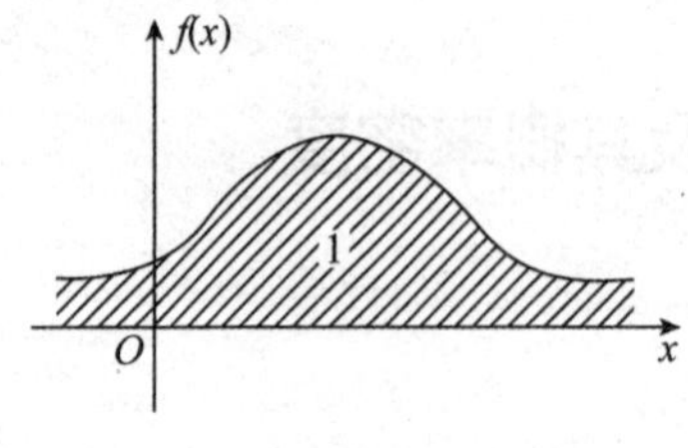

图 2-3

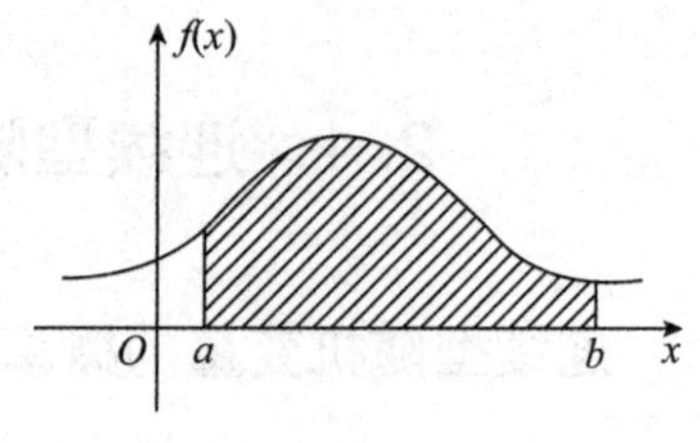

图 2-4

【例 2-5】设随机变量 X 具有概率密度

$$f(x)=\begin{cases} kx, & 0\leqslant x<1 \\ 2-x, & 1\leqslant x\leqslant 2 \\ 0, & \text{其他} \end{cases}$$

试求：(1) 常数 k；(2) X 的分布函数 $F(x)$；(3) $P\left\{-1<X<\dfrac{\sqrt{2}}{2}\right\}$.

解 (1) 由 $\int_{-\infty}^{+\infty}f(x)\,\mathrm{d}x=1$，得

$$\int_0^1 kx\,\mathrm{d}x+\int_1^2(2-x)\,\mathrm{d}x=1$$

解得 $k=1$，于是 X 的概率密度为

$$f(x)=\begin{cases} x, & 0\leqslant x<1 \\ 2-x, & 1\leqslant x\leqslant 2 \\ 0, & \text{其他} \end{cases}$$

(2) X 的分布函数为

$$F(x)=\begin{cases} 0, & x<0 \\ \int_0^x t\,\mathrm{d}t, & 0\leqslant x<1 \\ \int_0^1 x\,\mathrm{d}x+\int_1^x(2-t)\,\mathrm{d}t, & 1\leqslant x<2 \\ 1, & x\geqslant 2 \end{cases}$$

即

$$F(x)=\begin{cases} 0, & x<0, \\ \dfrac{x^2}{2}, & 0\leqslant x<1, \\ -1+2x-\dfrac{x^2}{2}, & 1\leqslant x<2, \\ 1, & x\geqslant 2. \end{cases}$$

(3) $P\left\{-1<X<\dfrac{\sqrt{2}}{2}\right\}=F\left(\dfrac{\sqrt{2}}{2}\right)-F(-1)=\dfrac{1}{4}$.

2.4.2 常见的连续型随机变量的分布

下面介绍 3 种重要的连续型随机变量.

1. 均匀分布

设连续型随机变量 X 的概率密度为

$$f(x)=\begin{cases}\dfrac{1}{b-a}, & a<x<b\\ 0, & \text{其他}\end{cases}$$

则称 X 在区间 (a, b) 上服从均匀分布，记作 $X \sim U(a, b)$. X 的分布函数为

$$F(x)=\begin{cases}0, & x<a\\ \dfrac{x-a}{b-a}, & a \leqslant x<b\\ 1, & x \geqslant b\end{cases}$$

X 的概率密度和分布函数的图形分别如图 2-5 和图 2-6 所示.

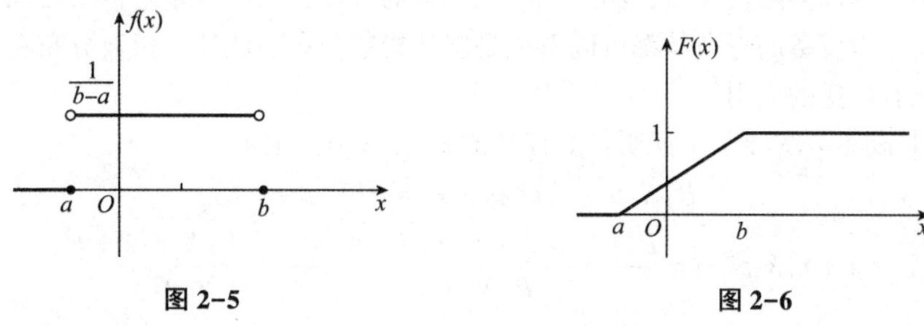

图 2-5　　图 2-6

对于任意的两个数 x_1, $x_2 \in (a, b)$，若 $x_1<x_2$，则有

$$P\{x_1<X \leqslant x_2\}=\int_{x_1}^{x_2} \frac{\mathrm{d}x}{b-a}=\frac{x_2-x_1}{b-a}$$

这说明随机变量 X 落在区间 (a, b) 中任意等长度的子区间内的可能性是相同的，或者说它落在区间 (a, b) 的子区间 (x_1, x_2) 内的概率只依赖于子区间的长度，而与子区间的位置无关，这正是均匀分布的概率意义.

【例 2-6】公共汽车每 10 min 发一辆车，乘客到达车站的时间在 0 ~ 10 min 内是等可能的，问乘客等车时间不超过 5 min 的概率是多少？

解　设 X 表示乘客的等车时间，则 X 在 $(0, 10)$ 上取值是等可能的，即 $X \sim U(a, b)$，所以 X 的概率密度为

$$f(x)=\begin{cases}\dfrac{1}{10}, & 0<x<10\\ 0, & \text{其他}\end{cases}$$

乘客等车时间不超过 5 min 的概率为

$$P\{X \leqslant 5\}=\int_{-\infty}^{5} f(x)\,\mathrm{d}x=\int_{0}^{5} \frac{1}{10}\mathrm{d}x=0.5$$

2. 指数分布

设连续型随机变量 X 具有概率密度

$$f(x)=\begin{cases}\lambda \mathrm{e}^{-\lambda x}, & x>0\\ 0, & x \leqslant 0\end{cases}$$

其中 $\lambda > 0$ 是常数，则称 X 服从参数为 λ 的**指数分布**，记作 $X \sim E(\lambda)$. X 的分布函数为

$$F(x)=\begin{cases}1-\lambda \mathrm{e}^{-\lambda x}, & x>0\\ 0, & x\leqslant 0\end{cases}$$

X 的概率密度及分布函数的图形分别如图 2-7 和图 2-8 所示.

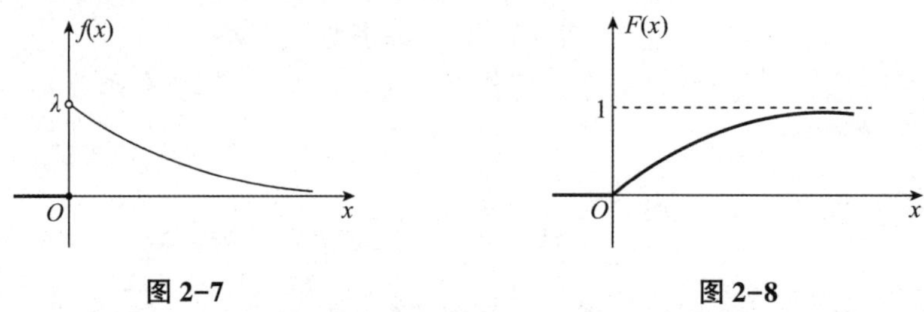

图 2-7　　**图 2-8**

实际问题中的许多随机变量，例如无线电元件的寿命，旅客在车站售票处购买车票需要等待的时间，电力设备的寿命等都可以看成是服从指数分布．此外，指数分布在可靠性理论与排队论中也有广泛的应用.

【例 2-7】 设 $X \sim E(\lambda)$，证明：对任意的 $s, t>0$，必有

$$P\{X>s+t \mid X>s\}=P\{X>t\} \tag{2-3}$$

证
$$P\{X>s+t \mid X>s\}=\frac{P\{(X>s+t)\cap(X>s)\}}{P\{X>s\}}=\frac{P\{X>s+t\}}{P\{X>s\}}$$

$$=\frac{\int_{s+t}^{+\infty}\lambda \mathrm{e}^{-\lambda x}\mathrm{d}x}{\int_{s}^{+\infty}\lambda \mathrm{e}^{-\lambda x}\mathrm{d}x}=\frac{\mathrm{e}^{-\lambda(s+t)}}{\mathrm{e}^{-\lambda s}}=\mathrm{e}^{-\lambda t}$$

$$=P\{X>t\}$$

式(2-3)称为**无记忆性**. 如果 X 是某一元件的寿命，那么式(2-3)表明：已知元件已使用了 s 小时，它总共能使用至少 $(s+t)$ 小时的条件概率，与从开始使用时算起它至少能使用 t 小时的概率相等．也就是说，元件对它已使用过 s 小时没有记忆．这一性质是指数分布具有广泛应用的重要原因.

3. 正态分布

1) 正态分布的定义

若连续型随机变量 X 具有概率密度

$$f(x)=\frac{1}{\sqrt{2\pi}\sigma}\mathrm{e}^{-\frac{(x-\mu)^2}{2\sigma^2}},\quad -\infty<x<+\infty$$

其中 μ，$\sigma(\sigma>0)$ 为常数，则称 X 服从参数为 μ，σ 的**正态分布**或**高斯(Gauss)分布**，记作 $X \sim N(\mu, \sigma^2)$. X 的分布函数为

$$F(x)=\frac{1}{\sqrt{2\pi}\sigma}\int_{-\infty}^{x}\mathrm{e}^{-\frac{(t-\mu)^2}{2\sigma^2}}\mathrm{d}t$$

X 的概率密度及分布函数的图形分别如图 2-9 和图 2-10 所示.

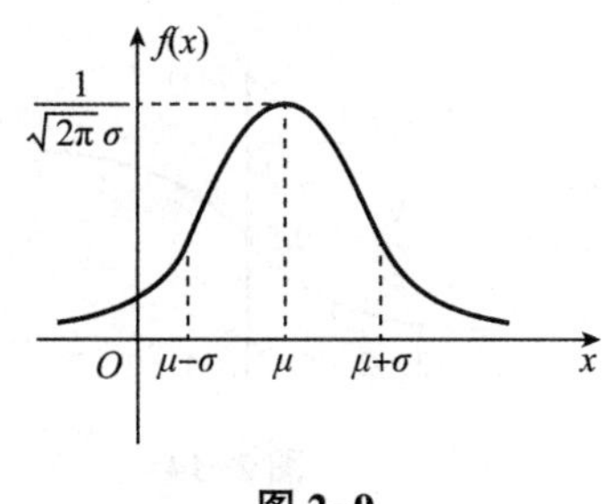

图 2-9

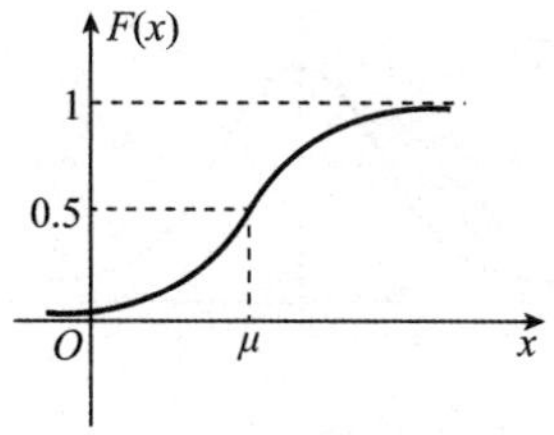

图 2-10

概率密度 $f(x)$ 具有以下性质.

(1)关于直线 $x=\mu$ 对称. 这表明对任意的 $h>0$, 有

$$P\{\mu-h<X\leqslant\mu\}=P\{\mu<X\leqslant\mu+h\}$$

(2)在 $x=\mu$ 处取得最大值 $\dfrac{1}{\sqrt{2\pi}\sigma}$.

(3)当 $x\to\pm\infty$ 时, $f(x)\to 0$, 即曲线以 x 轴为渐近线.

(4)在 $x=\mu\pm\sigma$ 处有拐点.

另外, 如果固定 σ, 改变 μ 的值, 则概率密度曲线沿着 x 轴平移, 但形状不变, 如图 2-11 所示. 如果固定 μ, 改变 σ 的值, 则由最大值 $f(\mu)=\dfrac{1}{\sqrt{2\pi}\sigma}$ 可知, 当 σ 越小时, 概率密度曲线在 $x=\mu$ 附近越尖, X 落在 $x=\mu$ 附近的概率越大; 当 σ 越大时概率密度曲线越扁, 如图 2-12 所示.

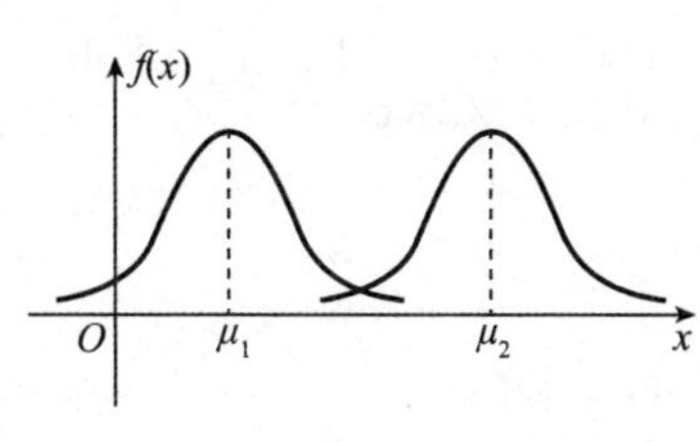

图 2-11

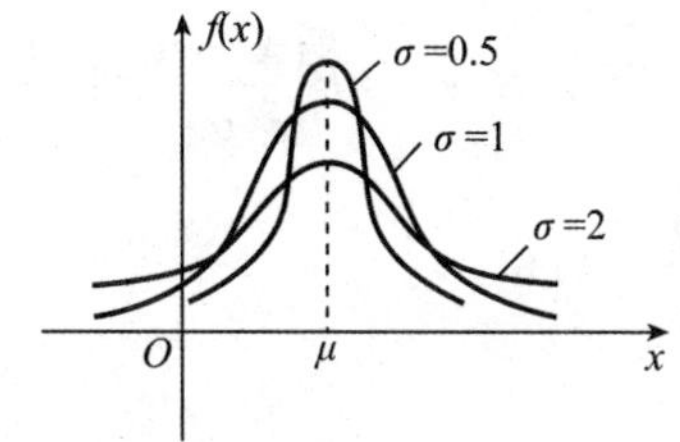

图 2-12

正态分布在概率论中占有重要的地位, 实际问题中许多随机变量, 例如测量某零件长度的误差, 某一人群成年男性的身高, 机器包装糖果时一袋糖果的质量等, 都服从或近似服从正态分布. 在概率论与数理统计的理论研究和实际应用中, 服从正态分布的随机变量起着非常重要的作用.

2)标准正态分布

设 $X\sim N(\mu,\ \sigma^2)$, 如果 $\mu=0$, $\sigma=1$, 则称 X 服从**标准正态分布**, 记作 $X\sim N(0,\ 1)$. 它的概率密度及分布函数分别记作 $\varphi(x)$ 与 $\Phi(x)$, 即

$$\varphi(x)=\frac{1}{\sqrt{2\pi}}\mathrm{e}^{-\frac{x^2}{2}},\quad -\infty<x<+\infty$$

$$\Phi(x)=\int_{-\infty}^{x}\frac{1}{\sqrt{2\pi}}\mathrm{e}^{-\frac{t^2}{2}}\mathrm{d}t,\quad -\infty<x<+\infty$$

它们的图形分别如图 2-13 和图 2-14 所示.

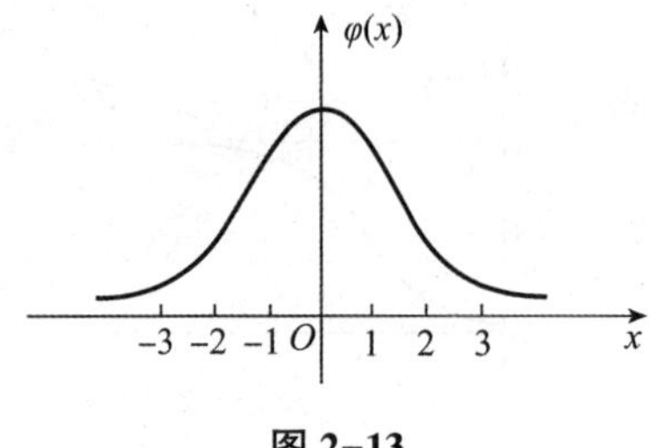

图 2-13

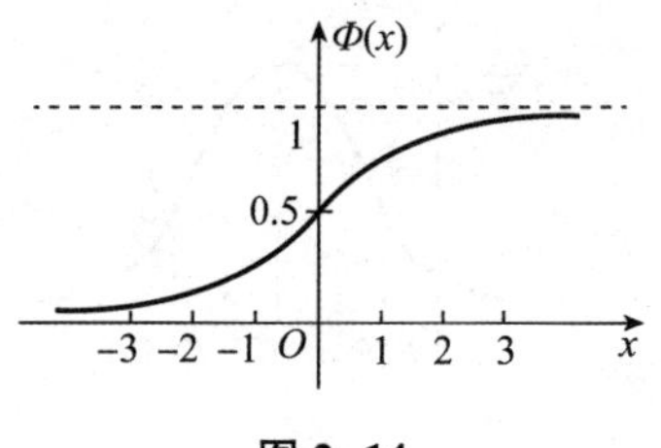

图 2-14

本书附录 D 中的表 D-2 给出了 $\Phi(x)$ 的函数值，以便查阅．例如

$$\Phi(2.00)=0.9772,\ \Phi(1.96)=0.9750$$

因为概率密度 $\varphi(x)$ 是偶函数，其图形关于 y 轴对称，所以有

$$\Phi(-x)=1-\Phi(x) \tag{2-4}$$

例如

$$\Phi(-2.00)=1-\Phi(2.00)=1-0.9772=0.0228$$

$$\Phi(-1.96)=1-\Phi(1.96)=1-0.9750=0.025$$

3) 正态分布的标准化

一般地，若 $X\sim N(\mu,\sigma^2)$，我们只要通过一个线性变换就能将它化成标准正态分布.

引理 若 $X\sim N(\mu,\sigma^2)$，则 $Z=\dfrac{X-\mu}{\sigma}\sim N(0,1)$.

证 $Z=\dfrac{X-\mu}{\sigma}$ 的分布函数为

$$P\{Z\leqslant x\}=P\left\{\frac{X-\mu}{\sigma}\leqslant x\right\}=P\{X\leqslant\mu+\sigma x\}=\frac{1}{\sqrt{2\pi}\sigma}\int_{-\infty}^{\mu+\sigma x}\mathrm{e}^{-\frac{(t-\mu)^2}{2\sigma^2}}\mathrm{d}t$$

令 $u=\dfrac{t-\mu}{\sigma}$，可得

$$P\{Z\leqslant x\}=\frac{1}{\sqrt{2\pi}}\int_{-\infty}^{x}\mathrm{e}^{-\frac{u^2}{2}}\mathrm{d}u=\Phi(x)$$

由此知 $Z=\dfrac{X-\mu}{\sigma}\sim N(0,1)$.

于是，若 $X\sim N(\mu,\sigma^2)$，则它的分布函数 $F(x)$ 可写成

$$F(x)=P\{X\leqslant x\}=P\left\{\frac{X-\mu}{\sigma}\leqslant\frac{x-\mu}{\sigma}\right\}=\Phi\left(\frac{x-\mu}{\sigma}\right)$$

从而对于任意实数 x_1，$x_2(x_1<x_2)$，有

$$\begin{aligned}P\{x_1<X<x_2\}=P\{x_1<X\leqslant x_2\}&=F(x_2)-F(x_1)\\&=\Phi\left(\frac{x_2-\mu}{\sigma}\right)-\Phi\left(\frac{x_1-\mu}{\sigma}\right)\end{aligned} \tag{2-5}$$

【例 2-8】 设 $X\sim N(1,4)$，求 $P\{0<X\leqslant1.6\}$.

解 由式(2-5)及查表 D-2 有

$$P\{0<X\leqslant1.6\}=\Phi\left(\frac{1.6-1}{2}\right)-\Phi\left(\frac{0-1}{2}\right)$$

$$\begin{aligned}
&= \Phi(0.3) - \Phi(-0.5) \\
&= \Phi(0.3) - [1 - \Phi(0.5)] \\
&= \Phi(0.3) + \Phi(0.5) - 1 \\
&= 0.617\,9 + 0.691\,5 - 1 \\
&= 0.309\,4
\end{aligned}$$

【例 2-9】设电池寿命 X（单位：h）服从正态分布 $N(300, 35^2)$.

(1)求这种电池寿命在 250 h 以上的概率；

(2)求一个最小的正整数 x，使电池寿命 X 在区间 $(300-x, 300+x)$ 内取值的概率不小于 0.901.

解　(1)

$$\begin{aligned}
P\{X \geqslant 250\} &= 1 - P\{X < 250\} \\
&= 1 - \Phi\left(\frac{250-300}{35}\right) \\
&= 1 - \Phi(-1.428\,6) \\
&= \Phi(1.428\,6) \\
&= 0.923\,6
\end{aligned}$$

(2)所求数 x 应满足

$$P\{300 - x < X \leqslant 300 + x\} \geqslant 0.901$$

$$\Phi\left(\frac{x}{35}\right) - \Phi\left(-\frac{x}{35}\right) = 2\Phi\left(\frac{x}{35}\right) - 1 \geqslant 0.901$$

即

$$\Phi\left(\frac{x}{35}\right) \geqslant 0.950\,5.$$

查表 D-2，得 $\Phi(1.65) = 0.950\,5$. 由于 $\Phi(x)$ 是单调增加函数，因此 $x \geqslant 1.65 \times 35 = 57.75$，应选 $x = 58$.

4)标准正态分布的上 α 分位点

设 $X \sim N(0, 1)$. 对于给定的 $\alpha(0 < \alpha < 1)$，若 z_α 满足条件

$$P\{X \geqslant z_\alpha\} = \int_{z_\alpha}^{+\infty} \frac{1}{\sqrt{2\pi}} e^{-\frac{x^2}{2}} dx = \alpha$$

则称点 z_α 为标准正态分布的**上 α 分位点**，如图 2-15 所示.

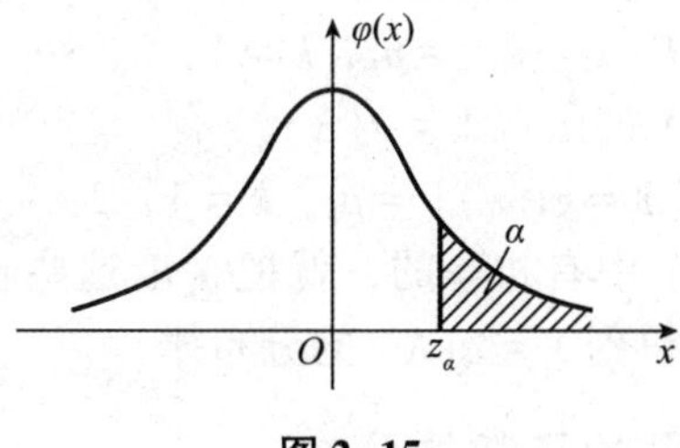

图 2-15

因为

$$P\{X \leqslant z_\alpha\} = 1 - P\{X > z_\alpha\} = 1 - \alpha$$

所以

$$\Phi(z_\alpha) = 1 - \alpha$$

我们可以利用表 D-2 查得 z_α 的值，例如

$$z_{0.025}=1.96,\ z_{0.05}=1.645$$

另外，由 $\varphi(x)$ 图形的对称性知道 $z_{1-\alpha}=-z_\alpha$.

2.5 随机变量的函数的分布

在实际中，我们常对某些随机变量的函数更感兴趣．例如，在测量球的直径时，所得到的直径的测量值 X 是一个随机变量．而我们关心的可能是球的体积，此时球的体积 $Y=\frac{1}{6}\pi X^3$ 是随机变量 X 的函数．在这一节里我们将讨论如何由已知的随机变量 X 的分布去求得它的函数 $Y=g(X)$［其中 $y=g(x)$ 为连续函数］的分布.

2.5.1 离散型随机变量的函数的分布

【例 2-10】设随机变量 X 的分布律如表 2-7 所示.

表 2-7

X	-2	-1	0	1	2
p_k	0.2	0.1	0.3	0.2	0.2

求 $Y=(X+1)^2$ 的分布律.

解 随机变量 $Y=(X+1)^2$ 的所有可能取值为 0，1，4，9，且 Y 取每个值的概率分别为

$$P\{Y=0\}=P\{(X+1)^2=0\}=P\{X=-1\}=0.1$$

$$P\{Y=1\}=P\{(X+1)^2=1\}=P\{X=0\}+P\{X=-2\}=0.5$$

$$P\{Y=4\}=P\{(X+1)^2=4\}=P\{X=1\}=0.2$$

$$P\{Y=9\}=P\{(X+1)^2=9\}=P\{X=2\}=0.2$$

所以 $Y=(X+1)^2$ 的分布律如表 2-8 所示.

表 2-8

Y	0	1	4	9
p_k	0.1	0.5	0.2	0.2

一般地，设离散型随机变量 X 的分布律为

$$P\{X=x_k\}=p_k,\ k=1,2,\cdots$$

$y=g(x)$ 是连续函数，则对于 X 的函数 $Y=g(X)$，有

$$P\{Y=g(x_k)\}=p_k,\ k=1,2,\cdots$$

如果数值 $g(x_k)(k=1,2,\cdots)$ 中有相等的，就把 Y 取这些相等的数值的概率相加，作为 $Y=g(X)$ 取该值的概率，便可得到 $Y=g(X)$ 的分布律.

2.5.2 连续型随机变量的函数的分布

【例 2-11】设随机变量 X 具有概率密度

$$f_X(x)=\begin{cases}\dfrac{x}{8}, & 0<x<4\\ 0, & 其他\end{cases}$$

求随机变量 $Y = 2X + 8$ 的概率密度.

解　分别记 X, Y 的分布函数为 $F_X(x)$, $F_Y(y)$. 下面先来求 $F_Y(y)$.

$$F_Y(y) = P\{Y \leqslant y\} = P\{2X + 8 \leqslant y\} = P\left\{X \leqslant \frac{y-8}{2}\right\} = F_X\left(\frac{y-8}{2}\right)$$

将 $F_Y(y)$ 关于 y 求导数, 得 $Y = 2X + 8$ 的概率密度为

$$f_Y(y) = F'_Y(y) = f_X\left(\frac{y-8}{2}\right)\left(\frac{y-8}{2}\right)' = \begin{cases} \frac{1}{8}\left(\frac{y-8}{2}\right) \cdot \frac{1}{2}, & 0 < \frac{y-8}{2} < 4 \\ 0, & \text{其他} \end{cases} = \begin{cases} \frac{y-8}{32}, & 8 < y < 16 \\ 0, & \text{其他} \end{cases}$$

从例 2-11 中我们看到, 求随机变量 $Y = g(X)$ 的分布函数的关键一步是从 $g(X) \leqslant y$ 中解出 X 应满足的不等式. 下面我们就 $g(X)$ 是严格单调函数的情况, 给出一般结果.

定理 2.2　设随机变量 X 具有概率密度 $f_X(x)$, $-\infty < x < +\infty$, 函数 $g(x)$ 是处处可导的严格单调函数, 则 $Y = g(X)$ 是连续型随机变量, 其概率密度为

$$f_Y(y) = \begin{cases} f_X(h(y))\,|h'(y)|, & \alpha < y < \beta \\ 0, & \text{其他} \end{cases}$$

其中, $\alpha = \min[g(-\infty), g(+\infty)]$, $\beta = \max[g(-\infty), g(+\infty)]$, $h(y)$ 是 $g(x)$ 的反函数.

证　当 $g(x)$ 处处可导且严格单调递增时, 它的反函数 $h(y)$ 在区间 (α, β) 内也处处可导且严格单调递增, 所以当 $y \leqslant \alpha$ 时, 有

$$F_Y(y) = P\{Y \leqslant y\} = 0$$

当 $y \geqslant \beta$ 时, 有

$$F_Y(y) = P\{Y \leqslant y\} = 1$$

当 $\alpha < y < \beta$ 时, 有

$$F_Y(y) = P\{Y \leqslant y\} = P\{g(X) \leqslant y\} = P\{X \leqslant h(y)\} = F_X(h(y))$$

对 $F_Y(y)$ 关于 y 求导数, 即得 $Y = g(X)$ 的概率密度为

$$f_Y(y) = \begin{cases} f_X(h(y))\,h'(y), & \alpha < y < \beta \\ 0, & \text{其他} \end{cases}$$

当 $g(x)$ 处处可导且严格单调递减时, 类似地, 有

$$f_Y(y) = \begin{cases} f_X(h(y))[-h'(y)], & \alpha < y < \beta \\ 0, & \text{其他} \end{cases}$$

综上所述, $Y = g(X)$ 的概率密度为

$$f_Y(y) = \begin{cases} f_X(h(y))\,|h'(y)|, & \alpha < y < \beta \\ 0, & \text{其他} \end{cases}$$

【例 2-12】 设随机变量 $X \sim N(\mu, \sigma^2)$. 试证明 X 的线性函数 $aX + b$ 服从正态分布

$N(a\mu+b,\ (a\sigma)^2)$.

证 因为 $X\sim N(\mu,\ \sigma^2)$，所以 X 的概率密度为

$$f_X(x)=\frac{1}{\sqrt{2\pi}\sigma}e^{-\frac{(x-\mu)^2}{2\sigma^2}},\quad -\infty<x<+\infty$$

由 $y=ax+b$ 解得

$$x=h(y)=\frac{y-b}{a}$$

且有

$$h'(y)=\frac{1}{a}$$

由定理 2.2 得 $Y=aX+b$ 的概率密度为

$$f_Y(y)=\frac{1}{|a|}f_X\left(\frac{y-b}{a}\right),\quad -\infty<y<+\infty$$

即

$$f_Y(y)=\frac{1}{|a|}\frac{1}{\sqrt{2\pi}\sigma}e^{-\frac{\left(\frac{y-b}{a}-\mu\right)^2}{2\sigma^2}}=\frac{1}{\sqrt{2\pi}|a|\sigma}e^{-\frac{[y-(a\mu+b)]^2}{2(a\sigma)^2}},\quad -\infty<y<+\infty$$

亦即

$$Y=aX+b\sim N(a\mu+b,\ (a\sigma)^2)$$

特别地，当 $a=\frac{1}{\sigma}$，$b=-\frac{\mu}{\sigma}$ 时，有

$$Y=\frac{X-\mu}{\sigma}\sim N(0,\ 1)$$

2.6 随机变量的数字特征

前面我们介绍了随机变量的分布函数、分布律和概率密度，它们都能完整地描述随机变量，但在某些实际或理论问题中，人们感兴趣的可能是某些能描述随机变量某一方面特征的常数．例如：一支篮球队上场比赛的运动员身高是一个随机变量，人们常关心上场运动员的平均身高；评定射击运动员的射击水平时，既要考察他命中环数的平均值，又要考察命中点的集中程度，命中环数的平均值越大，说明运动员的射击水平越高，命中点越集中，说明运动员的水平越稳定．这种由随机变量的分布所确定的，能刻画随机变量某一方面特征的常数统称为**数字特征**. 随机变量的数字特征不仅在一定程度上可以简单地刻画出随机变量的基本形态，而且可以用数理统计的方法估计它们．因此，研究随机变量的数字特征，无论是在理论上还是实际应用中都有着重要的意义.

本节将介绍几个重要的数字特征：数学期望、方差和矩.

2.6.1 数学期望

1. 数学期望的定义

先来看一个例子．一名射手进行射击练习，观测他射击 10 次的成绩如表 2-9 所示.

表 2-9

环数	7	8	9	10
次数	1	4	2	3

其中射中 7 环有 1 次，8 环有 4 次，9 环有 2 次，10 环有 3 次．他射击 10 次的平均环数为

$$\frac{7\times1+8\times4+9\times2+10\times3}{10}=7\times\frac{1}{10}+8\times\frac{4}{10}+9\times\frac{2}{10}+10\times\frac{3}{10}=8.7(\text{环})$$

其中 $\frac{1}{10}$，$\frac{4}{10}$，$\frac{2}{10}$，$\frac{3}{10}$ 分别是 7，8，9，10 出现的频率．在第 3 章将会讲到，当试验次数很大时，随机变量的频率在一定意义下非常接近于概率，那么完整描述该射手真实水平的是其射中各环数的分布律．设射手一次射击的环数 X 的分布律为

$$P\{X=k\}=p_k,\ k=0,\ 1,\ \cdots,\ 10$$

则该射手的真实水平，即射中环数的平均值为 $\sum\limits_{i=0}^{10}x_ip_i$. 我们称 $\sum\limits_{i=0}^{10}x_ip_i$ 为随机变量 X 的数学期望或均值．其一般有以下的定义.

定义 2.3　设离散型随机变量 X 的分布律为

$$P\{X=x_i\}=p_i,\ i=1,\ 2,\ \cdots$$

若级数 $\sum\limits_{i=1}^{\infty}x_ip_i$ 绝对收敛，则称 $\sum\limits_{i=1}^{\infty}x_ip_i$ 为随机变量 X 的**数学期望**，记为 $E(X)$ 或 EX. 即

$$E(X)=\sum_{i=1}^{\infty}x_ip_i \tag{2-6}$$

设连续型随机变量 X 的概率密度为 $f(x)$，若积分 $\int_{-\infty}^{+\infty}xf(x)\mathrm{d}x$ 绝对收敛，则称 $\int_{-\infty}^{+\infty}xf(x)\mathrm{d}x$ 为随机变量 X 的**数学期望**，记为 $E(X)$ 或 EX. 即

$$E(X)=\int_{-\infty}^{+\infty}xf(x)\mathrm{d}x \tag{2-7}$$

数学期望简称**期望**，又称为**均值**.

【例 2-13】两名射手在相同条件下进行射击，其命中环数 X 及其概率如表 2-10 所示，试问哪名射手的技术更好些？

表 2-10

X(环)	8	9	10
甲	0.1	0.4	0.5
乙	0.3	0.3	0.4

解　甲、乙射手命中环数 X 的数学期望为

$$E(X_{\text{甲}})=8\times0.1+9\times0.4+10\times0.5=9.4(\text{环})$$
$$E(X_{\text{乙}})=8\times0.3+9\times0.3+10\times0.4=9.1(\text{环})$$

结果说明若甲、乙进行多次射击，则甲的平均命中环数为 9.4，而乙的平均命中环数为 9.1，这说明甲的射击技术比乙好些.

【例 2-14】设随机变量 X 的概率密度为

$$f(x)=\begin{cases}2x, & 0\leqslant x\leqslant 1\\ 0, & \text{其他}\end{cases}$$

求 X 的数学期望.

解 $E(X)=\int_{-\infty}^{+\infty}xf(x)\mathrm{d}x=\int_0^1 x\cdot 2x\mathrm{d}x=\dfrac{2}{3}$

2. 随机变量函数的数学期望

在实际问题中，我们经常需要求随机变量的函数的数学期望，例如已知球的直径 X 的分布，需要求体积 $V=\dfrac{\pi}{6}X^3$ 的数学期望，此时 V 是随机变量 X 的函数．这时，可以通过下面的定理来求 V 的数学期望.

定理 2.3 设 Y 是随机变量 X 的函数：$Y=g(X)$（g 是连续函数）.

（1）X 为离散型随机变量，它的分布律为

$$P\{X=x_i\}=p_i,\ i=1,2,\cdots$$

若级数 $\sum\limits_{i=1}^{\infty}g(x_i)p_i$ 绝对收敛，则有

$$E(Y)=E[g(X)]=\sum_{i=1}^{\infty}g(x_i)p_i \tag{2-8}$$

（2）X 为连续型随机变量，它的概率密度为 $f(x)$，若 $\int_{-\infty}^{+\infty}g(x)f(x)\mathrm{d}x$ 绝对收敛，则有

$$E(Y)=E[g(X)]=\int_{-\infty}^{+\infty}g(x)f(x)\mathrm{d}x. \tag{2-9}$$

定理 2.3 的重要意义在于当我们求 $E(Y)$ 时，不必算出 Y 的分布，而只需利用 X 的分布就可以了．定理 2.3 的证明超出了本书的范围，故此略去.

【例 2-15】设随机变量 X 的分布律如表 2-11 所示.

表 2-11

X	-1	2	3
p_k	$\frac{1}{6}$	$\frac{2}{6}$	$\frac{3}{6}$

求 $E(X^2)$.

解 由式(2-8)有

$$E(X^2)=(-1)^2\times\frac{1}{6}+2^2\times\frac{2}{6}+3^2\times\frac{3}{6}=6$$

【例 2-16】设随机变量 X 的概率密度为

$$f(x)=\begin{cases}x, & 0\leqslant x<1\\ 2-x, & 1\leqslant x\leqslant 2\\ 0, & \text{其他}\end{cases}$$

求 $E(X^2)$.

解 由式(2-9)有

$$\begin{aligned} E(X^2) &= \int_{-\infty}^{+\infty} x^2 f(x)\,dx \\ &= \int_0^1 x^3\,dx + \int_1^2 x^2(2-x)\,dx \\ &= \frac{1}{4}x^4 \Big|_0^1 + \left(\frac{2}{3}x^3 - \frac{1}{4}x^4\right)\Big|_1^2 \\ &= \frac{7}{6} \end{aligned}$$

3. 数学期望的性质

下面给出数学期望的几个重要性质.

(1)设 C 是常数，则 $E(C)=C$.

(2)设 X 是一个随机变量，且 $E(X)$ 存在，C 是常数，则

$$E(CX)=CE(X)$$

(3)设 X 是一个随机变量，且 $E(X)$ 存在，C 是常数，则

$$E(X+C)=E(X)+C$$

上述性质读者可根据定理 2.3 自行证明.

【例 2-17】设随机变量 X 的分布律如表 2-12 所示.

表 2-12

X	-1	2	3
p_k	$\frac{1}{4}$	$\frac{1}{2}$	$\frac{1}{4}$

求 $E(2X^2-1)$.

解　由式(2-8)有

$$E(X^2)=(-1)^2\times\frac{1}{4}+2^2\times\frac{1}{2}+3^2\times\frac{1}{4}=\frac{9}{2}$$

由数学期望的性质有

$$E(2X^2-1)=2E(X^2)-1=2\times\frac{9}{2}-1=8$$

2.6.2　方差

在很多情况下，仅知道数学期望是不够的，因为它不能揭示随机变量取值的分散程度．例如，检查一批圆形零件的直径，如果它们的平均值达到规定标准，但产品的直径参差不齐，粗的很粗，细的很细，尽管平均直径符合要求，但也不能认为这批零件是合格的．因此研究随机变量与其均值的偏离程度是十分必要的．那么，用怎样的量去度量这个偏离程度呢？容易看到

$$E\{|X-E(X)|\}$$

能度量随机变量 X 与其均值 $E(X)$ 的偏离程度．但由于它带有绝对值，运算不方便，因此通常用

$$E\{[X-E(X)]^2\}$$

来度量随机变量 X 与其均值 $E(X)$ 的偏离程度.

1. 方差的定义

定义 2.4 设 X 是一个随机变量，若 $E\{[X-E(X)]^2\}$ 存在，则称其为 X 的方差，记为 $D(X)$ 或 DX，即

$$D(X)=E\{[X-E(X)]^2\}$$

在应用上还引入量 $\sqrt{D(X)}$，称为**标准差或均方差**，记为 $\sigma(X)$.

按定义，随机变量 X 的方差是刻画 X 取值分散程度的一个量. $D(X)$ 较小意味着 X 的取值比较集中在 $E(X)$ 的附近，$D(X)$ 较大则意味着 X 的取值比较分散.

由方差的定义和数学期望的性质，有

$$\begin{aligned}D(X)&=E\{[X-E(X)]^2\}\\&=E\{X^2-2XE(X)+[E(X)]^2\}\\&=E(X^2)-2E(X)E(X)+[E(X)]^2\\&=E(X^2)-[E(X)]^2\end{aligned}$$

于是，我们得到了随机变量 X 的方差的一个计算公式：

$$D(X)=E(X^2)-[E(X)]^2 \tag{2-10}$$

这就是说，要计算随机变量 X 的方差，在求出 $E(X)$ 后，再根据随机变量函数的期望公式求出 $E(X^2)$ 即可.

【例 2-18】 设随机变量 X 的概率密度为

$$f(x)=\begin{cases}2x, & 0\leqslant x\leqslant 1\\0, & \text{其他}\end{cases}$$

求 $D(X)$.

解 由例 2-14 的结果知 $E(X)=\dfrac{2}{3}$，而

$$E(X^2)=\int_{-\infty}^{+\infty}x^2f(x)\,\mathrm{d}x=\int_0^1 x^2\cdot 2x\,\mathrm{d}x=\frac{1}{2}$$

于是

$$D(X)=E(X^2)-[E(X)]^2=\frac{1}{2}-\left(\frac{2}{3}\right)^2=\frac{1}{18}$$

2. 方差的性质

由数学期望的性质及方差的定义，容易导出方差的几个基本性质.

(1)设 C 是常数，则 $D(C)=0$.

(2)设 X 是随机变量，C 是常数，则有

$$D(CX)=C^2D(X),\qquad D(X+C)=D(X)$$

【例 2-19】 设随机变量 X 的分布律如表 2-13 所示.

表 2-13

X	-1	2	3
p_k	$\dfrac{1}{6}$	$\dfrac{2}{6}$	$\dfrac{3}{6}$

求 $D(2X+8)$.

解　由期望定义得

$$E(X)=(-1)\times\frac{1}{6}+2\times\frac{2}{6}+3\times\frac{3}{6}=2$$

在例 2-15 中已算得 $E(X^2)=6$，因此由方差的计算公式得

$$D(X)=E(X^2)-[E(X)]^2=6-2^2=2$$

由方差的性质得

$$D(2X+8)=2^2D(X)=4\times2=8$$

【**例 2-20**】设随机变量 X 的概率密度为

$$f(x)=\begin{cases}x, & 0\leqslant x<1\\ 2-x, & 1\leqslant x\leqslant 2\\ 0, & \text{其他}\end{cases}$$

求 $D(-X+1)$.

解　由期望定义得

$$\begin{aligned}E(X)&=\int_{-\infty}^{+\infty}xf(x)\,\mathrm{d}x\\&=\int_0^1x^2\mathrm{d}x+\int_1^2x(2-x)\,\mathrm{d}x\\&=\frac{1}{3}x^3\Big|_0^1+\left(x^2-\frac{1}{3}x^3\right)\Big|_1^2\\&=1\end{aligned}$$

在例 2-16 中已算得 $E(X^2)=\frac{7}{6}$，因此由方差的计算公式得

$$D(X)=E(X^2)-[E(X)]^2=\frac{7}{6}-1^2=\frac{1}{6}$$

由方差的性质得

$$D(-X+1)=(-1)^2D(X)=D(X)=\frac{1}{6}$$

2.6.3　随机变量的矩与切比雪夫不等式

下面介绍随机变量的另外一个数字特征：矩.

定义 2.5　设 X 是随机变量，若

$$E(X^k),\ k=1,\ 2,\ \cdots$$

存在，则称它为 X 的 **k 阶原点矩**，简称 **k 阶矩**.

若

$$E\{[X-E(X)]^k\},\ k=2,\ 3,\ \cdots$$

存在，则称它为 X 的 **k 阶中心矩**.

显然，X 的数学期望 $E(X)$ 是 X 的一阶原点矩，方差 $D(X)$ 是 X 的二阶中心矩.

接下来介绍一个重要的不等式.

定理 2.4　设随机变量 X 具有数学期望 $E(X)=\mu$，方差 $D(X)=\sigma^2$，则对于任意正数 ε，不等式

$$P\{|X-\mu| \geqslant \varepsilon\} \leqslant \frac{\sigma^2}{\varepsilon^2} \tag{2-11}$$

成立.

这一不等式称为**切比雪夫(Chebyshev)不等式**.

证 我们只就连续型随机变量的情况来证明．设 X 的概率密度为 $f(x)$，则对任意的 $\varepsilon>0$，有

$$\begin{aligned}
P\{|X-\mu| \geqslant \varepsilon\} &= \int_{|x-\mu| \geqslant \varepsilon} f(x)\,\mathrm{d}x \leqslant \int_{|x-\mu| \geqslant \varepsilon} \frac{(x-\mu)^2}{\varepsilon^2} f(x)\,\mathrm{d}x \\
&\leqslant \frac{1}{\varepsilon^2}\int_{-\infty}^{+\infty} (x-\mu)^2 f(x)\,\mathrm{d}x \\
&= \frac{D(X)}{\varepsilon^2} = \frac{\sigma^2}{\varepsilon^2}
\end{aligned}$$

切比雪夫不等式也可以写成如下的形式：

$$P\{|X-\mu| < \varepsilon\} \geqslant 1-\frac{\sigma^2}{\varepsilon^2} \tag{2-12}$$

2.7 几种常见分布的数学期望和方差

1. (0-1)分布

设随机变量 $X \sim B(1, p)$，其分布律如表 2-14 所示.

表 2-14

X	0	1
p_k	$1-p$	p

由期望的定义得

$$E(X)=0\times(1-p)+1\times p=p$$

由函数期望的计算公式得

$$E(X^2)=0^2\times(1-p)+1^2\times p=p$$

由方差的计算公式得

$$D(X)=E(X^2)-[E(X)]^2=p-p^2=p(1-p)$$

即

$$E(X)=p,\ D(X)=p(1-p)$$

2. 二项分布

设随机变量 $X \sim B(n, p)$，其分布律为

$$P\{X=k\}=\mathrm{C}_n^k p^k(1-p)^{n-k},\ k=0,\ 1,\ 2,\ \cdots,\ n$$

由期望的定义得

$$\begin{aligned}
E(X) &= \sum_{k=0}^{n} k\cdot \mathrm{C}_n^k p^k(1-p)^{n-k} \\
&= \sum_{k=1}^{n} k\frac{n!}{k!\,(n-k)!}\cdot p^k(1-p)^{n-k}
\end{aligned}$$

$$= np\sum_{k=1}^{n}\frac{(n-1)!}{(k-1)!\ (n-k)!}\cdot p^{k-1}(1-p)^{n-1-(k-1)}$$

$$= np\sum_{i=0}^{n-1}\frac{(n-1)!}{i!\ (n-1-i)!}p^{i}(1-p)^{n-1-i}$$

$$= np[p+(1-p)]^{n-1} = np$$

由函数期望的计算公式得

$$E(X^2)=\sum_{k=0}^{n}k^2\mathrm{C}_n^k p^k(1-p)^{n-k} = np\sum_{k=1}^{n}k\cdot\frac{(n-1)!}{(k-1)!\ (n-k)!}p^{k-1}(1-p)^{n-k}$$

$$= np\left[\sum_{k=1}^{n}(k-1)\frac{(n-1)!}{(k-1)!\ (n-k)!}p^{k-1}(1-p)^{n-k} + \sum_{k=1}^{n}\frac{(n-1)!}{(k-1)!\ (n-k)!}p^{k-1}(1-p)^{n-k}\right]$$

$$= np[(n-1)p+1]$$

由方差的计算公式得

$$D(X)=E(X^2)-[E(X)]^2 = np(np-p+1)-(np)^2 = np(1-p)$$

即

$$E(X)=np,\ D(X)=np(1-p)$$

3. 泊松分布

设随机变量 $X\sim\pi(\lambda)$，其分布律为

$$P\{X=k\} = \frac{\lambda^k}{k!}\mathrm{e}^{-\lambda},\ k=0,\ 1,\ 2,\ \cdots$$

由期望的定义得

$$E(X)=\sum_{k=0}^{\infty}k\cdot\frac{\lambda^k}{k!}\mathrm{e}^{-\lambda} = \sum_{k=1}^{\infty}\frac{\lambda^k}{(k-1)!}\mathrm{e}^{-\lambda}$$

$$=\lambda\mathrm{e}^{-\lambda}\sum_{k=0}^{\infty}\frac{\lambda^k}{k!} = \lambda\cdot\mathrm{e}^{-\lambda}\cdot\mathrm{e}^{\lambda}$$

$$=\lambda$$

由函数期望的计算公式得

$$E(X^2)=\sum_{k=0}^{\infty}k^2\frac{\lambda^k}{k!}\mathrm{e}^{-\lambda} = \sum_{k=1}^{\infty}k\frac{\lambda^k}{(k-1)!}\mathrm{e}^{-\lambda}$$

$$=\sum_{k=1}^{\infty}(k-1)\frac{\lambda^k}{(k-1)!}\mathrm{e}^{-\lambda} + \sum_{k=1}^{\infty}\frac{\lambda^k}{(k-1)!}\mathrm{e}^{-\lambda}$$

$$=\lambda^2+\lambda$$

由方差的计算公式得

$$D(X)=E(X^2)-[E(X)]^2=\lambda^2+\lambda-\lambda^2=\lambda$$

即

$$E(X)=\lambda,\ D(X)=\lambda$$

4. 均匀分布

设随机变量 $X\sim U(a,\ b)$，其概率密度为

$$f(x)=\begin{cases}\dfrac{1}{b-a}, & a<x<b\\ 0, & \text{其他}\end{cases}$$

由期望的定义得

$$E(X)=\int_{-\infty}^{+\infty}xf(x)\mathrm{d}x=\int_a^b x\cdot\frac{1}{b-a}\mathrm{d}x$$
$$=\frac{1}{b-a}\cdot\frac{b^2-a^2}{2}=\frac{a+b}{2}$$

由函数期望的计算公式得

$$E(X^2)=\int_{-\infty}^{+\infty}x^2f(x)\mathrm{d}x=\int_a^b x^2\frac{1}{b-a}\mathrm{d}x$$
$$=\frac{1}{b-a}\cdot\frac{b^3-a^3}{3}=\frac{a^2+ab+b^2}{3}$$

由方差的计算公式得

$$D(X)=E(X^2)-[E(X)]^2=\frac{(b-a)^2}{12}$$

即

$$E(X)=\frac{a+b}{2},\ D(X)=\frac{(b-a)^2}{12}$$

5. 指数分布

设随机变量 $X\sim E(\lambda)$，其概率密度为

$$f(x)=\begin{cases}\lambda e^{-\lambda x}, & x>0\\ 0, & x\leqslant 0\end{cases}$$

由期望的定义得

$$E(X)=\int_{-\infty}^{+\infty}xf(x)\mathrm{d}x=\int_0^{+\infty}x\cdot\lambda e^{-\lambda x}\mathrm{d}x$$
$$=-xe^{-\lambda x}\Big|_0^{+\infty}+\int_0^{+\infty}e^{-\lambda x}\mathrm{d}x$$
$$=-\frac{1}{\lambda}e^{-\lambda x}\Big|_0^{+\infty}=\frac{1}{\lambda}$$

由函数期望的计算公式得

$$E(X^2)=\int_{-\infty}^{+\infty}x^2f(x)\mathrm{d}x=\int_0^{+\infty}x^2\cdot\lambda e^{-\lambda x}\mathrm{d}x$$
$$=-x^2e^{-\lambda x}\Big|_0^{+\infty}+2\int_0^{+\infty}x\cdot e^{-\lambda x}\mathrm{d}x$$
$$=\frac{2}{\lambda^2}$$

由方差的计算公式得

$$D(X)=E(X^2)-[E(X)]^2=\frac{1}{\lambda^2}$$

即

$$E(X)=\frac{1}{\lambda},\ D(X)=\frac{1}{\lambda^2}$$

6. 正态分布

设随机变量 $X\sim N(\mu,\ \sigma^2)$，其概率密度为

$$f(x)=\frac{1}{\sqrt{2\pi}\sigma}\mathrm{e}^{-\frac{(x-\mu)^2}{2\sigma^2}},\quad -\infty<x<+\infty$$

由期望的定义得

$$\begin{aligned}E(X)&=\int_{-\infty}^{+\infty}xf(x)\,\mathrm{d}x=\frac{1}{\sqrt{2\pi}\sigma}\int_{-\infty}^{+\infty}x\mathrm{e}^{-\frac{(x-\mu)^2}{2\sigma^2}}\mathrm{d}x\\&=\frac{1}{\sqrt{2\pi}}\int_{-\infty}^{+\infty}(\sigma t+\mu)\cdot\mathrm{e}^{-\frac{t^2}{2}}\mathrm{d}t\\&=\frac{\sigma}{\sqrt{2\pi}}\int_{-\infty}^{+\infty}t\mathrm{e}^{-\frac{t^2}{2}}\mathrm{d}t+\mu\int_{-\infty}^{+\infty}\frac{1}{\sqrt{2\pi}}\mathrm{e}^{-\frac{t^2}{2}}\mathrm{d}t\\&=\mu\end{aligned}$$

由方差的定义得

$$\begin{aligned}D(X)&=E\{[X-E(X)]^2\}=\frac{1}{\sqrt{2\pi}\sigma}\int_{-\infty}^{+\infty}(x-\mu)^2\cdot\mathrm{e}^{-\frac{(x-\mu)^2}{2\sigma^2}}\mathrm{d}x\\&=\frac{\sigma^2}{\sqrt{2\pi}}\int_{-\infty}^{+\infty}t^2\mathrm{e}^{-\frac{t^2}{2}}\mathrm{d}t=-\frac{\sigma^2}{\sqrt{2\pi}}\int_{-\infty}^{+\infty}t\,\mathrm{d}\,\mathrm{e}^{-\frac{t^2}{2}}\\&=-\frac{\sigma^2}{\sqrt{2\pi}}t\mathrm{e}^{-\frac{t^2}{2}}\Big|_{-\infty}^{+\infty}+\frac{\sigma^2}{\sqrt{2\pi}}\int_{-\infty}^{+\infty}\mathrm{e}^{-\frac{t^2}{2}}\mathrm{d}t\\&=\sigma^2\end{aligned}$$

即

$$E(X)=\mu,\ D(X)=\sigma^2$$

小　结

1. 随机变量

随机变量是定义在样本空间 Ω 上的实值单值函数．按照随机变量的取值情况可以分为离散型、连续型和其他类型．本书主要讨论离散型和连续型.

2. 离散型随机变量及其分布律

如果随机变量 X，它所有可能取到的值是有限多个或无穷可列多个，那么称 X 为**离散型随机变量**.

设离散型随机变量 X 所有可能取的值为 $x_k(k=1,\ 2,\ \cdots)$，X 取各个可能值的概率，即事件 $\{X=x_k\}$ 的概率为

$$P\{X=x_k\}=p_k,\ k=1,\ 2,\ \cdots$$

则称上式为离散型随机变量 X 的**分布律**或**概率分布**．分布律也可以用表 2-15 来表示.

表 2-15

X	x_1	x_2	…	x_n	…
p_k	p_1	p_2	…	p_n	…

三种常见离散型随机变量的分布如下.

1) (0 - 1) 分布

若随机变量 X 只可能取 0 和 1 两个值，其分布律为

$$P\{X=k\}=p^k(1-p)^{1-k},\ k=0,\ 1,\ 0<p<1$$

或如表 2-16 所示，则称随机变量 X 服从**(0 - 1) 分布或两点分布**.

表 2-16

X	0	1
P_k	$1-p$	p

2)二项分布

在 n 重伯努利试验中，若以 X 表示事件 A 出现的次数，则 X 是一个离散型随机变量，它的所有可能取值是 0，1，2，…，n. 设 $P(A)=p(0<p<1)$，则有

$$P\{X=k\}=\mathrm{C}_n^k p^k(1-p)^{n-k},\ k=0,\ 1,\ \cdots,\ n$$

称随机变量 X 服从参数为 n，p 的**二项分布**，记作 $X\sim B(n,\ p)$.

特别地，当 $n=1$ 时，二项分布就是 (0 - 1) 分布.

3)泊松分布

设随机变量 X 的所有可能取值为 0，1，2，…，并且

$$P\{X=k\}=\frac{\lambda^k \mathrm{e}^{-\lambda}}{k!},\ k=0,\ 1,\ 2,\ \cdots$$

其中 $\lambda>0$ 是常数，则称随机变量 X 服从参数为 λ 的**泊松分布**，记作 $X\sim\pi(\lambda)$.

当 n 很大时，二项分布和泊松分布是非常接近的，因此，当 n 很大时，可由泊松分布近似计算二项分布.

3. 随机变量的分布函数

设 X 是一个随机变量，对于任意实数 x，称

$$F(x)=P\{X\leqslant x\},\ -\infty<x<+\infty$$

为随机变量 X 的**分布函数**.

随机变量 X 的分布函数 $F(x)$ 是定义在 $(-\infty,\ +\infty)$ 上的函数，是随机事件 $\{X\leqslant x\}$ 发生的概率，分布函数值 $F(a)$ 表示 X 落在区间 $(-\infty,\ a]$ 上的概率. 对于任意实数 a，$b(a<b)$，有

$$P\{a<X\leqslant b\}=P\{X\leqslant b\}-P\{X\leqslant a\}=F(b)-F(a)$$

分布函数 $F(x)$ 具有以下的基本性质.

(1)对于任意实数 x，有 $0\leqslant F(x)\leqslant 1$.

(2) $F(x)$ 是一个单调不减函数.

(3) $F(-\infty)=\lim\limits_{x\to-\infty}F(x)=0$，$F(+\infty)=\lim\limits_{x\to+\infty}F(x)=1$.

(4) $F(x)$ 是右连续的.

4. 连续型随机变量及其概率密度

对于随机变量 X 的分布函数 $F(x)$，如果存在非负可积函数 $f(x)$，使得对任意的 x，都有

$$F(x)=\int_{-\infty}^{x} f(t)\,\mathrm{d}t$$

则称随机变量 X 是连续型随机变量，函数 $f(x)$ 称为 X 的**概率密度函数**，简称**概率密度**.

概率密度 $f(x)$ 具有以下性质.

(1) $f(x) \geqslant 0$.

(2) $\int_{-\infty}^{\infty} f(x)\,\mathrm{d}x = 1$.

(3) 对于任意实数 a，$b(a<b)$，有

$$P\{a<X\leqslant b\}=F(b)-F(a)=\int_{a}^{b} f(x)\,\mathrm{d}x$$

需要指出的是，对于连续型随机变量 X 来说，它取任一实数 a 的概率均为 0，即 $P\{X=a\}=0$.

据此，在计算连续型随机变量落在某一区间内的概率时，可以不必区分该区间是开区间或闭区间或半开半闭区间．即

$$P\{a<X<b\}=P\{a\leqslant X<b\}=P\{a<X\leqslant b\}=P\{a\leqslant X\leqslant b\}$$

(4) 若 $f(x)$ 在点 x 处连续，则有 $F'(x)=f(x)$.

三种常见的连续型随机变量的分布如下.

1) 均匀分布

设连续型随机变量 X 的概率密度为

$$f(x)=\begin{cases}\dfrac{1}{b-a}, & a<x<b\\ 0, & \text{其他}\end{cases}$$

则称 X 在区间 (a, b) 上服从**均匀分布**. 记作 $X \sim U(a, b)$.

2) 指数分布

设连续型随机变量 X 的概率密度为

$$f(x)=\begin{cases}\lambda \mathrm{e}^{-\lambda x}, & x>0\\ 0, & x\leqslant 0\end{cases}$$

其中 $\lambda>0$ 是常数，则称 X 服从参数为 λ 的**指数分布**，记作 $X \sim E(\lambda)$.

3) 正态分布

若连续型随机变量 X 的概率密度为

$$f(x)=\frac{1}{\sqrt{2\pi}\sigma}\mathrm{e}^{-\frac{(x-\mu)^2}{2\sigma^2}},\quad -\infty<x<+\infty$$

其中 μ，$\sigma(\sigma>0)$ 为常数，则称 X 服从参数为 μ，σ 的**正态分布**或**高斯分布**，记作 $X \sim N(\mu, \sigma^2)$.

若 $\mu=0$，$\sigma=1$，则称 X 服从**标准正态分布**，记作 $X \sim N(0, 1)$. 它的概率密度及分布

函数分别记作 $\varphi(x)$ 与 $\Phi(x)$.

由于概率密度 $\varphi(x)$ 是偶函数，其图形关于 y 轴对称，因此有

$$\Phi(-x)=1-\Phi(x)$$

正态分布的标准化方法如下.

若 $X\sim N(\mu,\sigma^2)$，则 $Z=\dfrac{X-\mu}{\sigma}\sim N(0,1)$.

于是，若 $X\sim N(\mu,\sigma^2)$，则它的分布函数 $F(x)$ 可写成

$$F(x)=P\{X\leqslant x\}=P\left\{\frac{X-\mu}{\sigma}\leqslant\frac{x-\mu}{\sigma}\right\}=\Phi\left(\frac{x-\mu}{\sigma}\right)$$

从而对于任意实数 x_1，$x_2(x_1<x_2)$，有

$$\begin{aligned}P\{x_1<X<x_2\}&=P\{x_1<X\leqslant x_2\}=F(x_2)-F(x_1)\\&=\Phi\left(\frac{x_2-\mu}{\sigma}\right)-\Phi\left(\frac{x_1-\mu}{\sigma}\right)\end{aligned}$$

5. 随机变量函数的分布

若 X 为离散型随机变量，其分布律为

$$P\{X=x_k\}=p_k,\ k=1,2,\cdots$$

$y=g(x)$ 是连续函数，则对于 X 的函数 $Y=g(X)$，有

$$P\{Y=g(x_k)\}=p_k,\ k=1,2,\cdots$$

如果数值 $g(x_k)(k=1,2,\cdots)$ 中有相等的，就把 Y 取这些相等的数值的概率相加，作为 $Y=g(X)$ 取该值的概率，便可得到 $Y=g(X)$ 的分布律.

若 X 为连续型随机变量，具有概率密度 $f_X(x)$，$-\infty<x<+\infty$，函数 $g(x)$ 是处处可导的严格单调函数，则 $Y=g(X)$ 是连续型随机变量，其概率密度为

$$f_Y(y)=\begin{cases}f_X(h(y))\,|h'(y)|, & \alpha<y<\beta\\ 0, & \text{其他}\end{cases}$$

其中，$\alpha=\min[g(-\infty),g(+\infty)]$，$\beta=\max[g(-\infty),g(+\infty)]$，$h(y)$ 是 $g(x)$ 的反函数.

6. 数学期望

设离散型随机变量 X 的分布律为 $P(X=x_i)=p_i\quad i=1,2,\cdots$. 若级数 $\sum\limits_{i=1}^{\infty}x_ip_i$ 绝对收敛，则称其为随机变量 X 的**数学期望**，记为 $E(X)$ 或 EX. 即 $E(X)=\sum\limits_{i=1}^{\infty}x_ip_i$.

设连续型随机变量 X 的概率密度为 $f(x)$，若积分 $\int_{-\infty}^{+\infty}xf(x)\mathrm{d}x$ 绝对收敛，则称其为随机变量 X 的**数学期望**，记为 $E(X)$ 或 EX. 即 $E(X)=\int_{-\infty}^{+\infty}xf(x)\mathrm{d}x$.

1)函数的期望

设 Y 是随机变量 X 的函数：$Y=g(X)$（g 是连续函数）.

(1) X 为离散型随机变量，它的分布律为

$$P(X=x_i)=p_i\quad i=1,2,\cdots$$

若级数 $\sum_{i=1}^{\infty} g(x_i)p_i$ 绝对收敛，则有

$$E(Y) = E[g(X)] = \sum_{i=1}^{\infty} g(x_i)p_i$$

(2) X 为连续型随机变量，它的概率密度为 $f(x)$，若 $\int_{-\infty}^{+\infty} g(x)f(x)\mathrm{d}x$ 绝对收敛，则有

$$E(Y) = E[g(X)] = \int_{-\infty}^{+\infty} g(x)f(x)\mathrm{d}x$$

2) 数学期望的性质

数学期望的性质如下.

(1) 设 C 是常数，则 $E(C) = C$.

(2) 设 X 是一个随机变量，且 $E(X)$ 存在，C 是常数，则 $E(CX) = CE(X)$.

(3) 设 X 是一个随机变量，且 $E(X)$ 存在，C 是常数，则 $E(X + C) = E(X) + C$.

7. *方差*

设 X 是一个随机变量，若 $E\{[X - E(X)]^2\}$ 存在，则称其为 X 的**方差**，记为 $D(X)$ 或 DX，即 $D(X) = E\{[X - E(X)]^2\}$. 称 $\sigma(X) = \sqrt{D(X)}$ 为 X 的**标准差或均方差**.

随机变量 X 的方差是刻画 X 取值分散程度的一个量. $D(X)$ 较小意味着 X 的取值比较集中在 $E(X)$ 的附近，$D(X)$ 较大则意味着 X 的取值比较分散.

方差的性质如下.

(1) 设 C 是常数，则 $D(C) = 0$.

(2) 设 X 是随机变量，C 是常数，则有 $D(CX) = C^2D(X)$，$D(X + C) = D(X)$.

8. *6 种常见分布的期望和方差*

6 种常见分布的期望和方差如表 2-17 所示.

表 2-17

分布	参数	期望	方差
(0 - 1) 分布	$0 < p < 1$	p	$p(1 - p)$
二项分布	$n \geqslant 1,\ 0 < p < 1$	np	$np(1 - p)$
泊松分布	$\lambda > 0$	λ	λ
均匀分布	$a < b$	$(a + b)/2$	$(b - a)^2/12$
指数分布	$\lambda > 0$	$1/\lambda$	$1/\lambda^2$
正态分布	$\mu,\ \sigma > 0$	μ	σ^2

习　题

2-1　一袋中有 5 只乒乓球，编号为 1，2，3，4，5，在其中同时取 3 只，以 X 表示取出的 3 只球中的最大号码，写出随机变量 X 的分布律.

2-2　设在 15 只同类型零件中有 2 只是次品，在其中取 3 次，每次任取 1 只，作不放回抽样，以 X 表示取出次品的只数，求 X 的分布律.

2-3　设一汽车在开往目的地的道路上需经过 4 盏信号灯，每盏信号灯以 1/2 的概率允许或禁止汽车通过. 以 X 表示汽车首次停下时，它已通过的信号灯的盏数(设各信号灯的工作是相互独立的)，求 X 的分布律.

2-4　有甲、乙两种味道和颜色极为相似的名酒各 4 杯. 如果从中挑 4 杯，能将甲种酒全部挑出来，算是试验成功 1 次.

(1)某人随机地去猜，问他试验成功 1 次的概率是多少?

(2)某人声称他通过品尝能区分两种酒. 他连续试验 10 次，成功 3 次. 试问他是猜对的，还是他确有区分的能力(设各次试验是相互独立的)?

2-5　按规定，某种型号的电子元件的使用寿命超过 1 500 h 的为一级品. 已知某一大批该产品的一级品率为 0.2，现从中随机抽取 20 只，问 20 只中恰有 k 只一级品的概率是多少?

2-6　某人进行射击，设每次射击的命中率为 0.02，独立射击 400 次，求至少击中两次的概率.

2-7　一大楼装有 5 个同类型的供水设备，调查表明在任一时刻 t 每个设备使用的概率为 0.1，问在同一时刻：

(1)恰有 2 个设备被使用的概率是多少?

(2)至少有 3 个设备被使用的概率是多少?

(3)至多有 3 个设备被使用的概率是多少?

(4)至少有 1 个设备被使用的概率是多少?

2-8　保险公司在一天内承保了 5 000 张相同年龄、为期一年的寿险保单，每人一份. 在合同有效期内若投保人死亡，则公司需赔付 3 万元. 设在一年内，该年龄段的死亡率为 0.001 5，且各投保人是否死亡相互独立. 求该公司对于这批投保人的赔付总额不超过 30 万元的概率.

2-9　某床单厂生产的每条床单上含有的疵点的个数 X 服从参数 $\lambda = 1.5$ 的泊松分布，若规定：床单上无疵点或只有一个疵点的为一等品，有 2 ~ 4 个疵点的为二等品，有 5 个或 5 个以上疵点的为次品. 求该厂生产的床单为一等品、二等品和次品的概率.

2-10　设随机变量 X 的分布律如表 2-18 所示.

表 2-18

X	-1	0	1
P	1/4	1/4	1/2

求 X 的分布函数.

2-11　随机变量 X 的分布律如表 2-19 所示.

表 2-19

X	-1	2	3
P	1/4	1/2	1/4

求 X 的分布函数 $F(x)$，并求 $P\left\{X \leqslant \frac{1}{2}\right\}$.

2-12　设随机变量 X 的概率密度为

$$f(x)=\begin{cases}x, & 0\leqslant x<1\\ 2-x, & 1\leqslant x\leqslant 2\\ 0, & \text{其他}\end{cases}$$

求 X 的分布函数 $F(x)$.

2-13　已知随机变量 X 的概率密度为

$$f(x)=\begin{cases}Ax+B, & 1\leqslant x\leqslant 3\\ 0, & \text{其他}\end{cases}$$

且 $P\{X\leqslant 2\}=\dfrac{1}{4}$，求 X 的分布函数.

2-14　以 X 表示某商店从早晨开始营业起直到第一顾客到达的等待时间(单位：min)，X 的分布函数为

$$F_X(x)=\begin{cases}1-\mathrm{e}^{-0.4x}, & x\geqslant 0\\ 0, & x<0\end{cases}$$

求下述概率：

(1) $P\{$至多 3 min$\}$；

(2) $P\{$至少 4 min$\}$；

(3) $P\{$3~4 min 之间$\}$；

(4) $P\{$至多 3 min 或至少 4 min$\}$；

(5) $P\{$恰好 2.5 min$\}$.

2-15　设随机变量 X 的分布函数为

$$F_X(x)=\begin{cases}0, & x<1\\ \ln x, & 1\leqslant x<\mathrm{e}\\ 1, & x\geqslant \mathrm{e}\end{cases}$$

求：(1) $P\{X<2\}$，$P\{0<X\leqslant 3\}$，$P\{2<X<5/2\}$；

(2) 概率密度 $f_X(x)$.

2-16　某高层建筑的电梯在一楼，每隔 5 min 升降一次，一个乘客在任一时刻到达一楼是等可能的．求：

(1) 乘客候电梯时间 X 的概率密度；

(2) 乘客候电梯时间超过 3 min 的概率.

2-17　设 K 在 (0，5) 上服从均匀分布，求方程 $4x^2+4xK+K+2=0$ 有实根的概率.

2-18　设 $X\sim N(8,\ 0.5^2)$，求 $P\{X\leqslant 9\}$ 及 $P\{|X-8|<0.8\}$.

2-19　设 $X\sim N(3,\ 4)$.

(1) 求 $P\{2<X\leqslant 5\}$，$P\{-4<X\leqslant 10\}$，$P\{|X|>2\}$，$P\{X>3\}$；

(2) 确定 c 使得 $P\{X>c\}=P\{X\leqslant c\}$.

2-20　某地抽样结果表明，考生的外语成绩 X(百分制)近似服从正态分布 $N(72,\ \sigma^2)$，96 分以上占考生总数的 2.3%，求考生的外语成绩在 60~84 分之间的概率.

2-21　某地区 18 岁的女青年的血压(收缩区，以 mm-Hg 计)服从 $N(110,\ 12^2)$．在该地区任选一 18 岁女青年，测量她的血压 X．求：

(1) $P\{X \leqslant 105\}$，$P\{100 < X \leqslant 120\}$；

(2)确定最小的 X 使 $P(X > x) \leqslant 0.05$.

2-22　设随机变量 X 的概率密度为

$$f_X(x) = \begin{cases} \dfrac{x}{8}, & 0 < x < 4 \\ 0, & \text{其他} \end{cases}$$

求随机变量 $Y = 2X + 6$ 的概率密度.

2-23　假设随机变量 X 在 (1，2) 上服从均匀分布，试求随机变量 $Y = \mathrm{e}^{2X}$ 的概率密度.

2-24　设随机变量 X 在(0，1)上服从均匀分布. 求：

(1) $Y = \mathrm{e}^X$ 的概率密度；

(2) $Y = -2\ln X$ 的概率密度.

2-25　设随机变量 X 的概率密度为

$$f(x) = \begin{cases} c(4x - 2x^2), & 0 < x < 2 \\ 0, & \text{其他} \end{cases}$$

(1)确定常数 c；

(2)求 X 的分布函数 $F(x)$；

(3)若 $Y = 2X + 1$，求 Y 的分布函数 $F_Y(y)$.

2-26　(1)设随机变量 X 的概率密度为 $f(x)$，求 $Y = X^3$ 的概率密度；

(2)设随机变量 X 服从参数为 1 的指数分布，求 $Y = X^2$ 的概率密度.

2-27　设 X 的概率密度为

$$f(x) = \begin{cases} \dfrac{2x}{\pi^2}, & 0 < x < \pi \\ 0, & \text{其他} \end{cases}$$

求 $Y = \sin X$ 的概率密度.

2-28　设随机变量 X 的概率密度为 $f(x)$，求：

(1) $Y = |X|$ 的概率密度；

(2) $Y = X^2$ 的概率密度.

2-29　一批零件中有 9 个合格品和 3 个废品．装配仪器时，从这批零件中任取 1 个，如果取出的是废品，则扔掉后重新任取 1 个．求在取出合格品前已经取出的废品数的数学期望.

2-30　某产品的次品率为 0.1，检验员每天检验 4 次．每次随机地抽取 10 件产品进行检验，如果发现其中的次品数多于 1，就去调整设备，以 X 表示一天中调整设备的次数，试求 $E(X)$ (设诸产品是否是次品是相互独立的).

2-31　一海运货船的甲板上放着 20 个装有化学原料的圆筒，现已知其中有 5 桶被海水污染．若从中随机抽取 8 桶，记 X 为 8 桶中被污染的桶数，试求 X 的分布律，并求 $E(X)$.

2-32　设随机变量 X 的概率密度为

$$f(x) = \frac{1}{2}\mathrm{e}^{-|x|}, \quad -\infty < x < +\infty$$

求 $E(X)$，$D(X)$.

2-33　已知随机变量 X 的分布律如表 2-20 所示.

表 2-20

X	-1	0	1	2
P	k	$2k$	$3k$	$4k$

试求:

(1) 常数 k;

(2) X 的分布函数 $F(x)$;

(3) $E(X)$.

2-34　设随机变量 X 的概率密度为

$$f(x)=\begin{cases} ax, & 0<x<1 \\ b, & 1\leqslant x<2 \\ 0, & \text{其他} \end{cases}$$

已知 $E(X)=\dfrac{11}{9}$, 求 a, b 的值.

2-35　设随机变量 X 的分布律如表 2-21 所示.

表 2-21

X	-2	0	2
P	0.4	0.3	0.3

求 $E(X)$, $D(X)$, $E(3X^2+5)$, $D(2X+1)$.

2-36　某车间生产的圆盘直径在区间 (a, b) 上服从均匀分布. 试求圆盘面积的数学期望.

2-37　设随机变量 X 服从参数为 1 的指数分布, 求:

(1) $Y=2X$ 的数学期望;

(2) $Y=\mathrm{e}^{-2X}$ 的数学期望.

2-38　一工厂生产的某种设备的寿命 X(单位: 年)服从指数分布, 概率密度为 $f(x)=\begin{cases} \dfrac{1}{4}\mathrm{e}^{-\frac{1}{4}x}, & x>0 \\ 0, & x\leqslant 0 \end{cases}$, 工厂规定出售的设备若在一年内损坏, 可予以调换. 若工厂出售一台设备可赢利 100 元, 调换一台设备厂方需花费 300 元. 试求厂方出售一台设备净赢利的数学期望.

2-39　中秋节期间某食品商场销售月饼, 每出售 1 kg 可获利 a 元, 过了季节就要处理剩余的月饼, 每出售 1 kg 净亏损 b 元. 设该商场在中秋节期间月饼销售量 X(单位: kg)服从 (m, n) 上的均匀分布. 为使商场中秋节期间销售月饼获利最大, 该商场应购进多少月饼?

2-40　已知正常成人男性血液中, 每毫升白细胞数平均是 7 300, 均方差是 700, 利用切比雪夫不等式估计每毫升含白细胞数在 5 200~9 400 之间的概率 p.

课程文化5 托马斯·贝叶斯(Thomas Bayes，1701—1761)

托马斯·贝叶斯是英国牧师、业余数学家．生活在18世纪的贝叶斯生前是位受人尊敬的英格兰长老会牧师．为了证明上帝的存在，他发明了概率统计学原理，遗憾的是，他的这一美好愿望至死也未能实现.

贝叶斯在数学方面主要研究概率论．他首先将归纳推理法用于概率论基础理论，并创立了贝叶斯统计理论，对于统计决策函数、统计推断、统计的估算等作出了贡献．1763年他发表了这方面的论著，对于现代概率论和数理统计都有很重要的作用．贝叶斯的另一著作《机会的学说概论》发表于1758年．贝叶斯所采用的许多术语被沿用至今，贝叶斯的思想和方法对概率统计的发展产生了深远的影响，在许多领域都获得了广泛的应用．从20世纪20至30年代开始，概率统计学出现了“频率学派”和“贝叶斯学派”的争论，至今两派的争论仍在继续.

课程文化6 西莫恩·德尼·泊松(Siméon Denis Poisson，1781—1840)

西莫恩·德尼·泊松是法国数学家、几何学家和物理学家．泊松1781年6月21日生于法国卢瓦雷省的皮蒂维耶，1840年4月25日卒于法国索镇．泊松1798年入巴黎综合工科学校深造，1806年任该校教授，1812年当选为巴黎科学院院士．泊松的科学生涯开始于研究微分方程及其在摆的运动和声学理论中的应用．他工作的特色是应用数学方法研究各类物理问题，并由此得到数学上的发现．他对积分理论、行星运动理论、热物理、弹性理论、电磁理论、位势理论和概率论都有重要贡献．泊松是19世纪概率统计领域的卓越人物．他改进了概率论的运用方法，特别是用于统计方面的方法，建立了描述随机现象的一种概率分布——泊松分布．他推广了“大数定律”，并导出了在概率论与数理方程中有重要应用的泊松积分.

泊松在数学方面贡献很多．最突出的是1837年在《关于判断的概率之研究》一文中提出描述随机现象的一种常用分布，在概率论中现称“泊松分布”．这一分布在公用事业、放射性现象、地质灾害研究等许多方面都有应用．他还研究过定积分、傅里叶级数、数学物理方程等．除泊松分布外，还有许多数学名词是以他的名字命名的，如泊松积分、泊松求和公式、泊松方程、泊松定理等.

作为数学教师和科学工作者，泊松都取得了非凡的成就．在众多的教职工作之余，他挤出时间发表了300余篇作品，有些是完整的论述，但大多是处理纯数学、应用数学、数学物理和理论力学的深刻问题的备忘录．下面的格言通常归于他名下：“人生只有两样美好的事情：发现数学和教数学.”

课程文化7 正态分布

正态分布，又名高斯分布，最先由棣莫弗在求二项分布的渐近公式中得到，高斯在研究测量误差时从另一个角度发现了它．正态分布是一个在数学、物理及工程等领域都非常重要的概率分布，在统计学的许多方面有着重大的影响力.

高斯是一个伟大的数学家，事实上他并不是数学教授，在将近50年的时间里，他一直担任天文学教授和哥廷根天文台台长．1801年1月，意大利天文学家皮亚齐发现了一颗从未见过的光度 8 等的星在移动，这颗现在被称作谷神星的小行星在夜空中出现 6 个星期，扫过 8°角后就在太阳的光芒下没了踪影，无法观测．而留下的观测数据有限，难以计算出它的轨道，天文学家也因此无法确定这颗新星是彗星还是行星，这个问题很快成了学术界关注的焦点．这个问题引起了高斯的兴趣，他以其卓越的数学才能创立了一种崭新的行星轨道的计算方法，很快就计算出了谷神星的轨道，并预言了他在夜空中出现的时间和位置．这一年年底的观察结果与高斯的预言十分接近．1802 年当德国天文学家奥伯斯发现另一颗小行星智神星的时候，高斯又一次成功算出它的轨迹．高斯为此名声大振，但是高斯当时拒绝透露计算轨道的方法．直到 1809 年高斯才将他的方法公布于众，而其中使用的数据分析方法，就是以正态误差分布为基础的最小二乘法．高斯这项工作影响极大，后世之所以多将最小二乘法的发明权归之于他，就是因为这一工作.

高斯认为最大似然估计应该导出优良的算术平均，并导出了误差服从正态分布，推导的形式非常简洁优美．不过算术平均的优良性当时更多的是一个经验直觉，缺乏严格的理论支持．高斯的推导存在用自己证明自己的误区：因为算术平均是优良的，推出误差必须服从正态分布；反过来，又基于正态分布推导出最小二乘法和算术平均，来说明最小二乘法和算术平均的优良性．高斯的文章发表之后，拉普拉斯很快将误差的正态分布理论和中心极限定理联系起来，提出了元误差解释．他指出如果误差可以看成许多微小量的叠加，则根据他的中心极限定理，随机误差理所应当服从正态分布．在 20 世纪，中心极限定理得到进一步发展和完善，为这样的解释提供了更多的理论支持．以这个解释为出发点，高斯的循环论证的圈子就可以打破，从而高斯的这一准则得到彻底证明.

第 3 章

多维随机变量

研究背景

在经济现象和实际应用中，某些随机结果需要同时用两个或几个随机变量来描述．由于这些随机变量共处在同一随机试验之中，它们是相互联系、相互影响的，因此需要从整体上，从各分量的相依关系上加以讨论，这就需要研究多维随机变量的统计规律性.

研究意义

由一维随机变量推广到多维随机变量，是从简单到复杂的变化，说明我们要研究的问题需要多维随机变量，设计出更好的方法来解决问题，以达到一个新目标.

学习目标

本章主要讨论多维随机变量，重点讨论二维随机变量．理解二维随机变量的联合分布、边缘分布以及条件分布；掌握二维离散型随机变量的联合分布律、边缘分布律；了解二维连续型随机变量的联合概率密度、边缘概率密度；学会判断两个随机变量是否独立；掌握多维随机变量的数字特征(协方差和相关系数)；了解在概率论的理论和应用中都占有重要地位的极限理论——大数定律和中心极限定理.

通过本章内容的学习，学生应理解联合分布的概念和性质；通过二维随机变量的相关讨论，学会推广到 n 维随机变量．大数定律给出了频率和平均值的稳定性；中心极限定理阐明了在一定条件下，不属于正态分布的一些随机变量其和分布渐进地服从正态分布. 这些客观规律，都渗透着辩证唯物主义思想.

3.1　多维随机变量及其分布

当随机现象是由多因素相互作用所致时，可用多维随机变量来描述，下面我们给出具体的表述．设 X_1，X_2，…，X_n 是定义在样本空间 Ω 上的 n 个随机变量，则称 $(X_1, X_2, \cdots, X_n)$ 是 n 维随机变量或 n 维随机向量．对于任意实数 x_1，x_2，…，x_n，n 维随机变量 $(X_1, X_2, \cdots, X_n)$ 的分布函数定义为

$$F(x_1, x_2, \cdots, x_n) = P\{X_1 \leqslant x_1, \cdots, X_n \leqslant x_n\} \tag{3-1}$$

也称作 X_1，X_2，…，X_n 的**联合分布函数**.

为了简单起见，我们主要讨论二维情况.

3.1.1　二维随机变量

定义 3.1　设 E 是一个随机试验，$\Omega=\{e\}$ 为其样本空间，若对于任意 $e\in\Omega$，都有确定的两个实值函数 $X(e)$，$Y(e)$ 与之对应，则称二维向量 $(X(e),\ Y(e))$ 为一个**二维随机变量**或**二维随机向量**，简记为 $(X,\ Y)$，并称 X 和 Y 是二维随机变量 $(X,\ Y)$ 的两个分量.

实际上，二维随机变量就是定义在同一样本空间上的一对随机变量．一般来说，对应于随机试验 E 的每一个结果，二维随机变量 $(X,\ Y)$ 就是平面上随机点的坐标，随着随机试验的结果不同，二维随机变量 $(X,\ Y)$ 取为二维平面上一个坐标点集．二维随机变量 $(X,\ Y)$ 的性质不仅与 X 及 Y 有关，而且还依赖于这两个随机变量之间的相互关系，这需要将 $(X,\ Y)$ 作为一个整体来进行研究.

为了方便学习讨论，本章主要研究二维随机变量，二维以上的情况可类似进行推导.

3.1.2　分布函数

我们先介绍二维随机变量的分布函数概念.

定义 3.2　设 $(X,\ Y)$ 为二维随机变量，对于任意的实数 x，y，将在全平面上的二元函数

$$F(x,\ y)=P\{X\leqslant x,\ Y\leqslant y\} \tag{3-2}$$

称为二维随机变量 $(X,\ Y)$ 的**分布函数**，或称为随机变量 X 和 Y 的**联合分布函数**.

二维随机变量 $(X,\ Y)$ 的分布函数 $F(x,\ y)$ 的本质是一个概率，其含义是对于任意实数 x，y，$F(x,\ y)$ 是两个事件 $\{X\leqslant x\}$ 与 $\{Y\leqslant y\}$ 同时发生的概率，即

$$P(\{X\leqslant x\}\cap\{Y\leqslant y\})\xlongequal{\text{简写}}P\{X\leqslant x,\ Y\leqslant y\}\xlongequal{\text{记为}}F(x,\ y)$$

这个概率依赖于实数 x，y 的变化，从而形成了一个二元函数 $F(x,\ y)$.

从几何意义上来看，$F(x,\ y)$ 它是二维随机变量 $(X,\ Y)$ 落在 $(x,\ y)$ 左下方的无穷矩形区域内(见图3-1)的概率.

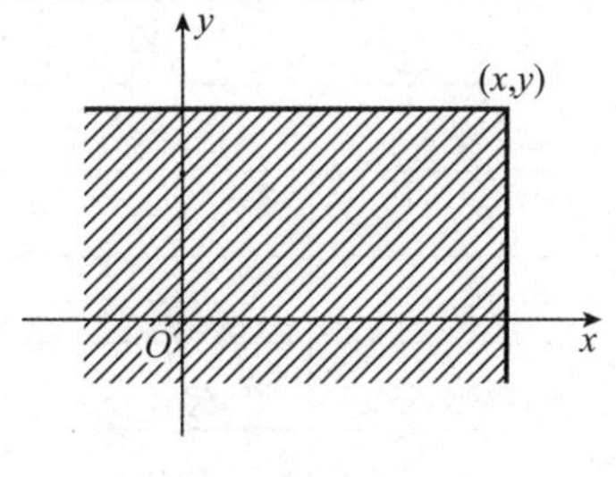

图 3-1

容易证明，分布函数 $F(x,\ y)$ 具有下面性质.

(1)单调性：$F(x,\ y)$ 分别是变量 x 和 y 的单调不减函数，即

对固定的 y，当 $x_1<x_2$ 时，有 $F(x_1,\ y)\leqslant F(x_2,\ y)$；

对固定的 x，当 $y_1<y_2$ 时，有 $F(x,\ y_1)\leqslant F(x,\ y_2)$.

(2)有界性：对任意 x，y，有 $0 \leqslant F(x, y) \leqslant 1$，且

对任意固定的 x，$F(x, -\infty) = \lim\limits_{y \to -\infty} F(x, y) = 0$；

对任意固定的 y，$F(-\infty, y) = \lim\limits_{x \to -\infty} F(x, y) = 0$；

$F(-\infty, -\infty) = 0$，$F(+\infty, +\infty) = 1$.

(3)右连续性：$F(x, y)$ 分别是关于变量 x 和 y 是右连续的，即

$$F(x+0, y) = F(x, y),\ F(x, y+0) = F(x, y)$$

(4)非负性：任取 (x_1, y_1)，(x_2, y_2)，且 $x_1 < x_2$，$y_1 < y_2$，则

$$P\{x_1 < X \leqslant x_2, y_1 < Y \leqslant y_2\} = F(x_2, y_2) - F(x_1, y_2) - F(x_2, y_1) + F(x_1, y_1) \geqslant 0$$

在性质(4)中的概率非负，这是因为对任意 (x_1, y_1)，(x_2, y_2)，且 $x_1 < x_2$，$y_1 < y_2$，(X, Y) 落在图 3-2 中矩形区域的概率非负.

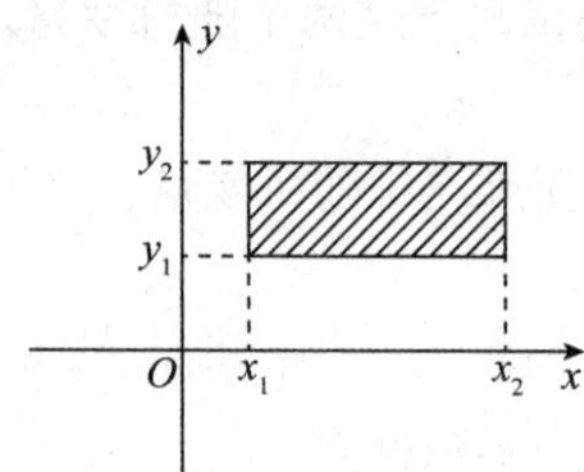

图 3-2

下面对二维随机变量的离散型和连续型两种类型分别讨论.

3.1.3 二维离散型随机变量

定义 3.3 设二维随机变量 (X, Y) 只取有限个或者可列个数对 (x_i, y_j)，则称 (X, Y) 为二维离散型随机变量，所有可能取值的概率

$$P\{X = x_i, Y = y_i\} = p_{ij},\ i, j = 1, 2, \cdots \tag{3-3}$$

称为二维离散型随机变量 (X, Y) 的**分布律**，或 X 和 Y 的**联合分布律**.

通常，(X, Y) 的分布律用表 3-1 表示，称之为分布表.

表 3-1

X	Y				
	y_1	y_2	$\cdots$	y_j	$\cdots$
x_1	p_{11}	p_{12}	$\cdots$	p_{1j}	$\cdots$
x_2	p_{21}	p_{22}	$\cdots$	p_{2j}	$\cdots$
$\vdots$	$\vdots$	$\vdots$		$\vdots$	$\vdots$
x_i	p_{i1}		$\cdots$	p_{ij}	$\cdots$
$\vdots$	$\vdots$	$\vdots$		$\vdots$	$\vdots$

离散型随机变量 (X, Y) 的分布律具有如下性质：

(1) $p_{ij} \geqslant 0$；

(2) $\sum\limits_i \sum\limits_j p_{ij} = 1$，$i, j = 1, 2, \cdots$.

由 X 和 Y 的联合分布律，可以确定联合分布函数：

$$F(x,\ y) = P\{X \leqslant x,\ Y \leqslant y\} = \sum_{x_i \leqslant x} \sum_{y_j \leqslant y} p_{ij} \tag{3-4}$$

【例 3-1】 设某公司生产的 10 件乐器中，有 4 件一等品，6 件二等品．每次从产品中任意抽取 1 件进行检验，抽取两次，定义随机变量 X，Y 如下：

$$X = \begin{cases} 1，第\ 1\ 次抽取的是一等品 \\ 0，第\ 1\ 次抽取的是二等品 \end{cases}，Y = \begin{cases} 1，第\ 2\ 次抽取的是一等品 \\ 0，第\ 2\ 次抽取的是二等品 \end{cases}$$

若采取下面两种不同的抽取方式：(1) 有放回抽取；(2) 无放回抽取，求 $(X,\ Y)$ 的分布律并计算 $P\{X \geqslant Y\}$.

解　根据定义，X 的所有可能取值为 0，1，Y 的所有可能取值为 0，1，从而 $(X,\ Y)$ 所有可能取值为(0，0)，(0，1)，(1，0)，(1，1).

(1) 当有放回抽取时，有

$$P\{X=0,\ Y=0\} = \frac{6}{10} \times \frac{6}{10} = \frac{9}{25},\ P\{X=0,\ Y=1\} = \frac{6}{10} \times \frac{4}{10} = \frac{6}{25}$$

$$P\{X=1,\ Y=0\} = \frac{4}{10} \times \frac{6}{10} = \frac{6}{25},\ P\{X=1,\ Y=1\} = \frac{4}{10} \times \frac{4}{10} = \frac{4}{25}$$

其分布律如表 3-2 所示.

表 3-2

X	Y	
	0	1
0	0.36	0.24
1	0.24	0.16

于是

$$\begin{aligned} P\{X \geqslant Y\} &= P\{X=0,\ Y=0\} + P\{X=1,\ Y=0\} + P\{X=1,\ Y=1\} \\ &= \frac{9}{25} + \frac{6}{25} + \frac{4}{25} = \frac{19}{25} \end{aligned}$$

(2) 无放回抽取时，根据古典概型，有

$$P\{X=0,\ Y=0\} = \frac{C_6^1 C_5^1}{A_{10}^2} = \frac{1}{3},\ P\{X=0,\ Y=1\} = \frac{C_6^1 C_4^1}{A_{10}^2} = \frac{4}{15}$$

$$P\{X=1,\ Y=0\} = \frac{C_4^1 C_6^1}{A_{10}^2} = \frac{4}{15},\ P\{X=1,\ Y=1\} = \frac{C_4^1 C_3^1}{A_{10}^2} = \frac{2}{15}$$

其分布律如表 3-3 所示.

表 3-3

X	Y	
	0	1
0	1/3	4/15
1	4/15	2/15

同样 $P\{X \geqslant Y\} = P\{X=0, Y=0\} + P\{X=1, Y=0\} + P\{X=1, Y=1\}$

$$= \frac{1}{3} + \frac{4}{15} + \frac{2}{15} = \frac{11}{15}$$

【例 3-2】 设随机变量 X 在 1，2，3，4 这 4 个整数中等可能地取一个值，另一个随机变量 Y 在 $1 \sim X$ 中等可能地取一整数值，试求 (X, Y) 的分布律.

解 易知 $\{X=i, Y=j\}$ 的取值情况是：$i=1, 2, 3, 4$，j 取不大于 i 的正整数. 由乘法公式容易求得 (X, Y) 的分布律：

$$P\{X=i, Y=j\} = P\{Y=j \mid X=i\}$$

$$P\{X=i\} = \frac{1}{i} \cdot \frac{1}{4}, \quad i=1, 2, 3, 4, \ j \leqslant i$$

于是，(X, Y) 的分布律如表 3-4 所示.

表 3-4

X	Y			
	1	2	3	4
1	1/4	0	0	0
2	1/8	1/8	0	0
3	1/12	1/12	1/12	0
4	1/16	1/16	1/16	1/16

由例题可见，求二维离散型随机变量 (X, Y) 的分布律，关键是写出二维离散型随机变量 (X, Y) 的可能取值数对 (x_i, y_j) 及其发生的概率 p_{ij}.

3.1.4 二维连续型随机变量

定义 3.4 设 (X, Y) 为二维随机变量，$F(x, y)$ 为其分布函数，若存在一个非负可积的二元函数 $f(x, y)$，使得对任意实数 (x, y) 有

$$F(x, y) = \int_{-\infty}^{x} \int_{-\infty}^{y} f(u, v) \mathrm{d}u \mathrm{d}v \tag{3-5}$$

则称 (X, Y) 为**二维连续型随机变量**，称函数 $f(x, y)$ 为 (X, Y) 的**概率密度**，或称为随机变量 X 和 Y 的**联合概率密度**.

概率密度 $f(x, y)$ 具有以下性质：

(1) $f(x, y) \geqslant 0$；

(2) $\int_{-\infty}^{+\infty} \int_{-\infty}^{+\infty} f(x, y) \mathrm{d}x \mathrm{d}y = 1$； (3-6)

(3) 设 G 为一平面区域，则 (X, Y) 落在 G 内的概率为

$$P\{(X, Y) \in G\} = \iint_G f(x, y) \mathrm{d}x \mathrm{d}y$$

特殊地，任取 (x_1, y_1)，(x_2, y_2)，且 $x_1 \leqslant x_2$，$y_1 \leqslant y_2$，则 (X, Y) 落在矩形区域 $[x_1, x_2] \times [y_1, y_2]$ 内的概率为

$$P\{x_1 \leqslant X \leqslant x_2, y_1 \leqslant Y \leqslant y_2\} = \int_{x_1}^{x_2} \int_{y_1}^{y_2} f(u, v) \mathrm{d}u \mathrm{d}v \tag{3-7}$$

(4)若 $f(x, y)$ 在点 (x, y) 处连续，则有

$$\frac{\partial^2 F(x, y)}{\partial x \partial y} = f(x, y) \tag{3-8}$$

【例 3-3】设二维随机变量 (X, Y) 的概率密度为

$$f(x, y) = \begin{cases} Cxy, & 0 \leqslant x \leqslant 1, 0 \leqslant y \leqslant 1 \\ 0, & \text{其他} \end{cases}$$

求：(1)常数 C；(2) $P\{X + Y < 1\}$；(3) $P\{X > Y\}$.

解　由二维随机变量概率密度的性质，有

(1) $\int_{-\infty}^{+\infty}\int_{-\infty}^{+\infty} f(x, y)\mathrm{d}x\mathrm{d}y = \int_0^1 \mathrm{d}x \int_0^1 Cxy\mathrm{d}y = \frac{C}{4} = 1$，解得 $C = 4$.

(2)如图 3-3(a)所示，有

$$P\{X + Y < 1\} = \int_0^1 \mathrm{d}x \int_0^{1-x} 4xy\mathrm{d}y = \frac{1}{6}$$

(3)如图 3-3(b)所示，有

$$P\{X > Y\} = \int_0^1 \mathrm{d}x \int_0^x 4xy\mathrm{d}y = \frac{1}{2}$$

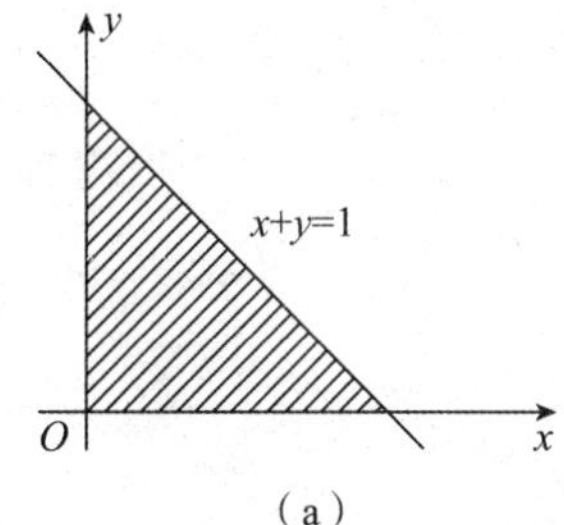

(a)

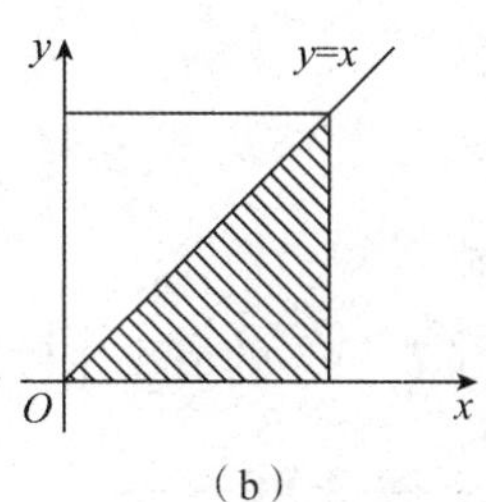

(b)

图 3-3

下面介绍两个常见的二维连续型随机变量的分布：均匀分布与二维正态分布.

1. 均匀分布

设 D 是平面上的有界区域，S_D 为区域 D 的面积，若 (X, Y) 随机变量的概率密度为

$$f(x, y) = \begin{cases} \frac{1}{S_D}, & (x, y) \in D \\ 0, & \text{其他} \end{cases}$$

则称 (X, Y) 服从 D 上的**均匀分布**，记为 $(X, Y) \sim U(D)$.

对任意区域 $G \subset D$，S_G 为区域 G 的面积，则二维随机变量 (X, Y) 落在区域 G 上的概率为

$$P\{(X, Y) \in G\} = \iint_G f(x, y)\mathrm{d}x\mathrm{d}y = \frac{1}{S_D}\iint_G \mathrm{d}x\mathrm{d}y = \frac{S_G}{S_D}$$

此概率值与 G 的面积成正比.

【例 3-4】设国际市场上甲、乙两种产品的需求量(单位：t)服从区域 G 上的均匀分布，$G = \{(x, y) \mid 2\,000 < x \leqslant 4\,000, 3\,000 < y \leqslant 6\,000\}$，试求两种产品需求量的差不超过

1 000 t的概率.

解 设甲、乙两产品的需求量分别是 X 和 Y，则 (X, Y) 的概率密度为

$$f(x, y)=\begin{cases}\dfrac{1}{6\times 10^{6}}, & (x, y)\in G\\ 0, & (x, y)\notin G\end{cases}$$

所求概率为 (X, Y) 落入图 3-4 中阴影处的概率：

$$\begin{aligned}P\{|Y-X|\leqslant 1\ 000\} &= P\{-1\ 000\leqslant Y-X\leqslant 1\ 000\}\\ &=\int_{2\ 000}^{4\ 000}\mathrm{d}x\int_{3\ 000}^{x+1\ 000}\frac{1}{6\times 10^{6}}\mathrm{d}y=\frac{1}{3}\end{aligned}$$

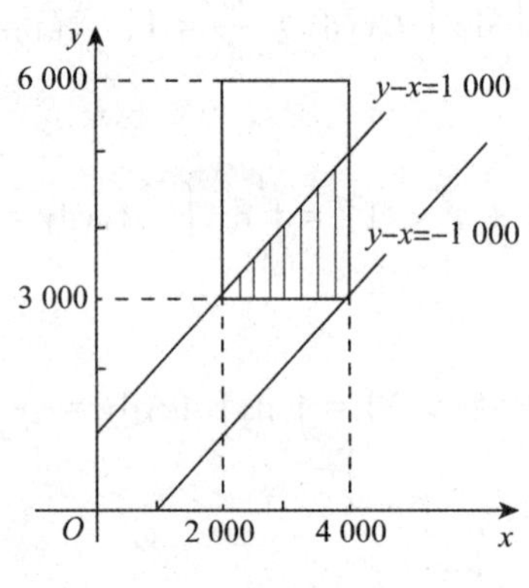

图 3-4

2. 二维正态分布

设二维随机变量 (X, Y) 的概率密度为

$$f(x, y)=\frac{1}{2\pi\sigma_1\sigma_2\sqrt{1-\rho^2}}\mathrm{EXP}\left\{\frac{-1}{2(1-\rho^2)}\left[\frac{(x-\mu_1)^2}{\sigma_1^2}-2\rho\frac{(x-\mu_1)(y-\mu_2)}{\sigma_1\sigma_2}+\frac{(y-\mu_2)^2}{\sigma_2^2}\right]\right\}$$

$$-\infty<x<+\infty,\ -\infty<y<+\infty$$

其中 μ_1, μ_2, σ_1, σ_2, ρ 都是常数，且 $\sigma_1>0$，$\sigma_2>0$，$|\rho|<1$，则称 (X, Y) 服从二维正态分布，记作

$$(X, Y)\sim N(\mu_1, \mu_2, \sigma_1^2, \sigma_2^2, \rho)$$

可以证明上述 $f(x, y)$ 满足概率密度的两条基本性质. 其图形是空间中的一张单峰钟形曲面，其极大值位于点 (μ_1, μ_2) 处，如图 3-5 所示，好似一顶四周无限延伸的草帽倒扣在 xOy 平面上.

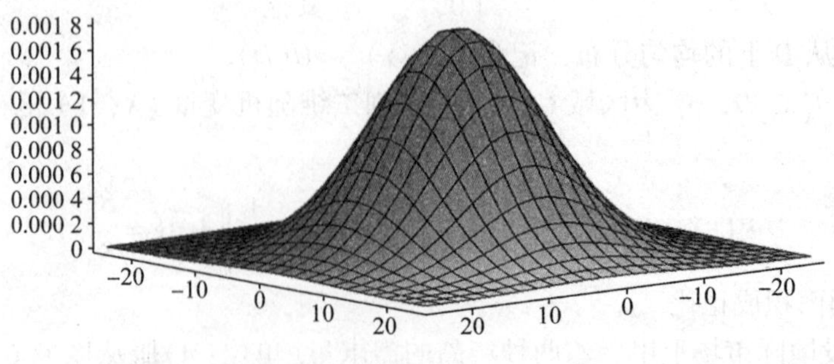

图 3-5

3.2　边缘分布与独立性

二维随机变量 (X, Y) 作为一个整体，具有分布函数 $F(x, y)$. 而 X 和 Y 分别作为单个随机变量，个别也有分布函数. 反之，若已知单个变量 X 和 Y 的分布函数，能否确定二维随机变量 (X, Y) 的分布情况？这就是本节要讨论的边缘分布与独立性的问题.

3.2.1　边缘分布函数

定义 3.5　设二维随机变量 (X, Y) 的分布函数为

$$F(x, y) = P\{X \leqslant x, Y \leqslant y\}$$

则随机变量 X 的分布函数

$$F_X(x) = P\{X \leqslant x\} = P\{X \leqslant x, Y < +\infty\} = F(x, +\infty) \tag{3-9}$$

称为二维随机变量 (X, Y) 关于 X 的**边缘分布函数**，类似地，

$$F_Y(y) = F(+\infty, y) \tag{3-10}$$

称为二维随机变量 (X, Y) 关于 Y 的**边缘分布函数**.

3.2.2　边缘分布律与边缘概率密度

下面分别讨论离散型随机变量和连续型随机变量的边缘分布.

1. 离散型随机变量的边缘分布

若 (X, Y) 为离散型随机变量，所有可能取值为 (x_i, y_j)，其分布律为

$$P\{X = x_i, Y = y_j\} = p_{ij}, \ i, j = 1, 2, \cdots$$

考察 X 的分布律：

$$\begin{aligned} P\{X = x_i\} &= P\{X = x_i, Y < +\infty\} \\ &= P\{X = x_i, \bigcup_{j=1}^{\infty}(Y = y_j)\} = P\{\bigcup_{j=1}^{\infty}(X = x_i, Y = y_j)\} \\ &= \sum_{j=1}^{+\infty} P\{X = x_i, Y = y_i\} = \sum_{j=1}^{+\infty} p_{ij} \end{aligned}$$

则称

$$P\{X = x_i\} = P_{i\cdot} = \sum_{j=1}^{+\infty} p_{ij}, \ i = 1, 2, \cdots$$

为 (X, Y) 关于 X 的**边缘分布律**，记为

$$P_{i\cdot} = \sum_{j=1}^{+\infty} p_{ij}, \ i = 1, 2\cdots \tag{3-11}$$

同理，(X, Y) 关于 Y 的边缘分布律为

$$P\{Y = y_i\} = P_{\cdot j} = \sum_{i=1}^{+\infty} p_{ij}, \ j = 1, 2, \cdots$$

记为

$$P_{\cdot j} = \sum_{i=1}^{+\infty} p_{ij}, \ j = 1, 2, \cdots \tag{3-12}$$

表 3-5 为 (X, Y) 的分布律，其中 $P_{i\cdot}$ 就是表格上第 i 行数据之和，$P_{\cdot j}$ 就是表格上第 j 列数据之和，分别记为 $P_{i\cdot}$ 和 $P_{\cdot j}$，正是因为它们在表格边缘，所以我们形象地称 X 和 Y 的分布律是 (X, Y) 关于 X, Y 的边缘分布律.

表 3-5

X	Y					
	y_1	y_2	…	y_j	…	$P_{i\cdot}$
x_1	p_{11}	p_{12}	…	p_{1j}	…	$P_{1\cdot}$
x_2	p_{21}	p_{22}	…	p_{2j}	…	$P_{2\cdot}$
⋮	⋮	⋮		⋮	⋮	⋮
x_i	p_{i1}	P_{i2}	…	p_{ij}	…	$P_{i\cdot}$
⋮	⋮	⋮		⋮	⋮	⋮
$P_{\cdot j}$	$P_{\cdot 1}$	$P_{\cdot 2}$	…	$P_{\cdot j}$	…	1

【例 3-5】求 3.1 节例 3-1 中 X 和 Y 的边缘分布律.

解 在例 3-1 中我们已经分别求出在有放回抽取和无放回抽取时 (X, Y) 的分布律如表 3-2 和表 3-3 所示，按照边缘分布的性质，我们可以得到两种不同情况下的边缘分布律，如表 3-6(有放回抽取时)和表 3-7(无放回抽取时)所示.

表 3-6

X	Y		
	0	1	$P_{i\cdot}$
0	0.36	0.24	0.6
1	0.24	0.16	0.4
$P_{\cdot j}$	0.6	0.4	1

表 3-7

X	Y		
	0	1	$P_{i\cdot}$
0	1/3	4/15	3/5
1	4/15	2/15	2/5
$P_{\cdot j}$	3/5	2/5	1

从表 3-6 和表 3-7 可以看出，两种情况下 X 和 Y 的边缘分布律相同，但两种情况下 X 和 Y 的联合分布律不同，由此可见，边缘分布律一般不能确定 (X, Y) 的分布律.

2. 连续型随机变量的边缘分布

若 (X, Y) 为二维连续型随机变量，其分布函数和概率密度分别是 $F(x, y)$，$f(x, y)$，则 X 的边缘分布函数可表示为

$$F_X(x) = F(x, +\infty) = \int_{-\infty}^{x}\left[\int_{-\infty}^{+\infty} f(u, v)\,dv\right]du \tag{3-13}$$

由分布函数和概率密度之间的关系可得，X 的概率密度为

$$f_X(x) = \frac{[\mathrm{d}F_X(x)]}{\mathrm{d}x} = \int_{-\infty}^{+\infty} f(x, y)\mathrm{d}y \tag{3-14}$$

式(3-14)称为 (X, Y) 关于 X 的**边缘概率密度**，简称 X 的**边缘概率密度**.

类似地，(X, Y) 关于 Y 的边缘概率密度为

$$f_Y(y) = \frac{\mathrm{d}[F_Y(y)]}{\mathrm{d}y} = \int_{-\infty}^{+\infty} f(x, y)\mathrm{d}x \tag{3-15}$$

【例 3-6】 设随机变量 (X, Y) 的概率密度为

$$f(x, y) = \begin{cases} 8xy, & 0 \leqslant x \leqslant y \leqslant 1 \\ 0, & 其他 \end{cases}$$

试求 X 和 Y 的边缘概率密度.

解　如图 3-6 所示，(X, Y) 概率密度在阴影处不为 0.

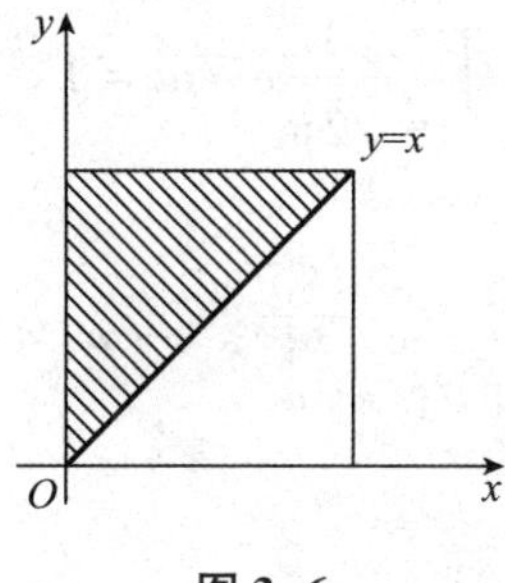

图 3-6

X 的边缘概率密度 $f_X(x) = \int_{-\infty}^{+\infty} f(x, y)\mathrm{d}y$.

当 $0 \leqslant x \leqslant 1$ 时，$f_X(x) = \int_x^1 8xy\mathrm{d}y = 4x(1 - x^2)$.

当 $x < 0$ 或 $x > 1$ 时，$f_X(x) = 0$，即

$$f_X(x) = \begin{cases} 4x(1 - x)^2, & 0 \leqslant x \leqslant 1 \\ 0, & 其他 \end{cases}$$

同理，当 $0 \leqslant y \leqslant 1$ 时，$f_Y(y) = \int_0^y 8xy\mathrm{d}x = 4y^3$.

当 $y < 0$ 或 $y > 1$ 时，$f_Y(y) = 0$，即

$$f_Y(y) = \begin{cases} 4y^3, & 0 \leqslant y \leqslant 1 \\ 0, & 其他 \end{cases}$$

【例 3-7】 设 $(X, Y) \sim N(\mu_1, \mu_2, \sigma_1^2, \sigma_2^2, \rho)$，求边缘概率密度 $f_X(x)$，$f_Y(y)$.

解　由二维正态分布的概率密度，可得

$$\begin{aligned} f_X(x) &= \int_{-\infty}^{+\infty} f(x, y)\mathrm{d}y \\ &= \frac{1}{2\pi\sigma_1\sigma_2\sqrt{1-\rho^2}} \int_{-\infty}^{+\infty} \mathrm{e}^{-\frac{1}{2(1-\rho^2)}\left[\left(\frac{x-\mu_1}{\sigma_1}\right)^2 - 2\rho\left(\frac{x-\mu_1}{\sigma_1}\right)\left(\frac{y-\mu_2}{\sigma_2}\right) + \left(\frac{y-\mu_2}{\sigma_2}\right)^2\right]}\mathrm{d}y \end{aligned}$$

作变量代换，令

$$\frac{x - \mu_1}{\sigma_1} = u, \quad \frac{y - \mu_2}{\sigma_2} = v$$

则有

$$
\begin{aligned}
f_X(x) &= \frac{1}{2\pi\sigma_1\sqrt{1-\rho^2}}\int_{-\infty}^{+\infty} \mathrm{e}^{-\frac{1}{2(1-\rho^2)}(u^2-2\rho uv+v^2)}\mathrm{d}v \\
&= \frac{1}{2\pi\sigma_1\sqrt{1-\rho^2}}\int_{-\infty}^{+\infty} \mathrm{e}^{-\frac{1}{2(1-\rho^2)}[(v-\rho u)^2+(1-\rho^2)u^2]}\mathrm{d}v \\
&= \frac{\mathrm{e}^{-\frac{u^2}{2}}}{2\pi\sigma_1\sqrt{1-\rho^2}}\int_{-\infty}^{+\infty} \mathrm{e}^{-\frac{(v-\rho u)^2}{2(1-\rho^2)}}\mathrm{d}u\left(\text{令 } t=\frac{v-\rho u}{\sqrt{1-\rho^2}}\right) \\
&= \frac{1}{2\pi\sigma_1}\mathrm{e}^{-\frac{u^2}{2}}\int_{-\infty}^{+\infty} \mathrm{e}^{-\frac{t^2}{2}}\mathrm{d}t
\end{aligned}
$$

考虑到

$$\int_{-\infty}^{+\infty}\frac{1}{\sqrt{2\pi}}\mathrm{e}^{-\frac{t^2}{2}}\mathrm{d}t = 1$$

可得

$$f_X(x) = \frac{1}{\sqrt{2\pi}\sigma_1}\mathrm{e}^{-\frac{(x-\mu_1)^2}{2\sigma_1^2}},\quad -\infty < x < +\infty$$

即 $X \sim N(\mu_1,\ \sigma_1^2)$.

同理可得

$$f_Y(y) = \frac{1}{\sqrt{2\pi}\sigma_2}\mathrm{e}^{-\frac{(y-\mu_2)^2}{2\sigma_2^2}},\quad -\infty < y < +\infty$$

即 $Y \sim N(\mu_2,\ \sigma_2^2)$.

上面的例子说明二维正态分布的边缘分布是一维正态分布，由于这两个边缘分布都不依赖于 ρ，因此 X 和 Y 的边缘分布一般情况下不能确定其联合分布.

3.2.3 随机变量的独立性

在多维随机变量中，各随机变量取值有时互不影响，我们称这些随机变量相互独立．设 X，Y 是两个随机变量，对于任意实数 x，y，若事件 $\{X \leqslant x\}$ 与 $\{Y \leqslant y\}$ 相互独立，则有

$$P\{X \leqslant x,\ Y \leqslant y\} = P\{X \leqslant x\}P\{Y \leqslant y\}$$

即

$$F(x,\ y) = F_X(x)F_Y(y)$$

我们将以此给出随机变量的独立性定义.

定义 3.6 设 $(X,\ Y)$ 的分布函数为 $F(x,\ y)$，其边缘分布函数为 $F_X(x)$，$F_Y(y)$，若对于任意实数 x，y，都有

$$F(x,\ y) = F_X(x)F_Y(y) \tag{3-16}$$

则称随机变量 X 与 Y **相互独立**.

若 $(X,\ Y)$ 是离散型随机变量，其边缘分布律分别为 $P\{X=x_i\}$，$P\{Y=y_j\}$，则 X 与 Y 相互独立的充要条件是：对于一切 i，j，都有

$$P\{X=x_i,\ Y=y_j\} = P\{X=x_i\}\cdot P\{Y=y_j\}$$

或

$$p_{ij} = P_{i\cdot}P_{\cdot j} \tag{3-17}$$

若(X，Y)为连续型随机变量，其边缘概率密度分别为$f_X(x)$、$f_Y(y)$，则 X 与 Y 相互独立的充要条件是：对于任意实数 x，y，都有

$$f(x, y) = f_X(x) \cdot f_Y(y) \tag{3-18}$$

在前面讨论中知道联合分布决定了边缘分布，而边缘分布一般来说不能决定联合分布．但当 X 与 Y 相互独立时，两个边缘分布的乘积是它们的联合分布，也就是说，只要 X 与 Y 相互独立，那么边缘分布就能完全确定联合分布．

【例 3-8】 设随机变量 X 与 Y 相互独立，表 3-8 给出了二维随机变量 (X，Y) 的分布律及关于 X 和关于 Y 的边缘分布律中的部分数值，试将其余数值填入表中．

表 3-8

X	Y			
	y_1	y_2	y_3	$P_{i\cdot}$
x_1		1/8		
x_2	1/8			
$P_{\cdot j}$	1/6			1

解　由于

$$P\{X = x_1, Y = y_1\} = P\{Y = y_1\} - P\{X = x_2, Y = y_1\} = \frac{1}{6} - \frac{1}{8} = \frac{1}{24}$$

考虑到 X 与 Y 相互独立，有

$$P\{X = x_1\}P\{Y = y_1\} = P\{X = x_1, Y = y_1\}$$

因为

$$P\{X = x_1\} = \frac{1/24}{1/6} = \frac{1}{4}$$

同理，可推导出其他数值．则 (X，Y) 的分布律如表 3-9 所示．

表 3-9

X	Y			
	y_1	y_2	y_3	$P_{i\cdot}$
x_1	1/24	1/8	1/12	1/4
x_2	1/8	3/8	1/4	3/4
$P_{\cdot j}$	1/6	1/2	1/3	1

【例 3-9】 试判断例 3-6 中随机变量 X、Y 是否相互独立．

解　已知联合概率密度为

$$f(x, y) = \begin{cases} 8xy, & 0 \leqslant x \leqslant y \leqslant 1, \\ 0, & \text{其他}. \end{cases}$$

X 和 Y 的边缘概率密度分别为

$$f_X(x) = \begin{cases} 4x(1-x)^2, & 0 \leqslant x \leqslant 1 \\ 0, & \text{其他} \end{cases}, \quad f_Y(y) = \begin{cases} 4y^3, & 0 \leqslant y \leqslant 1 \\ 0, & \text{其他} \end{cases}$$

易见

$$f(x, y) \neq f_X(x) \cdot f_Y(y)$$

即随机变量 X、Y 不相互独立.

【例 3-10】 二维随机变量 $(X, Y) \sim N(\mu_1, \mu_2, \sigma_1^2, \sigma_2^2, \rho)$，证明：$X$ 与 Y 相互独立的充要条件是 $\rho = 0$.

证 由例 3-7 知，$X \sim N(\mu_1, \sigma_1^2)$，$Y \sim N(\mu_2, \sigma_2^2)$，其边缘概率密度分别为

$$f_X(x) = \frac{1}{\sqrt{2\pi}\sigma_1} e^{-\frac{(x-\mu_1)^2}{2\sigma_1^2}}, \quad -\infty < x < +\infty$$

$$f_Y(y) = \frac{1}{\sqrt{2\pi}\sigma_2} e^{-\frac{(y-\mu_2)^2}{2\sigma_2^2}}, \quad -\infty < y < +\infty$$

若 X 与 Y 相互独立，则有

$$f(x, y) = f_X(x) \cdot f_Y(y)$$

将 $f_X(x)$、$f_Y(y)$ 及 $f(x, y)$ 代入上式比较，得 $\rho = 0$.

反之，若 $\rho = 0$，根据 $f(x, y)$ 及 $f_X(x)$、$f_Y(y)$ 的表达式，易知 X 与 Y 相互独立.

随机变量的边缘分布及独立性概念可以推广到 n 个随机变量的情形.

设 n 维随机变量 $(X_1, X_2, \cdots, X_n)$ 的分布函数为 $F(x_1, x_2, \cdots, x_n)$，概率密度为 $f(x_1, x_2, \cdots, x_n)$，则关于 X_i 的边缘分布函数和边缘概率密度为

$$F_{X_i}(x_i) = P\{X_i \leqslant x_i\} = F(+\infty, \cdots, +\infty, x_i, +\infty, \cdots, +\infty)$$

$$f_{X_i}(x_i) = \int_{-\infty}^{+\infty} \cdots \int_{-\infty}^{+\infty} f(x_1 \cdots x_{i-1} x_i x_{i+1} \cdots x_n) \mathrm{d}x_1 \cdots \mathrm{d}x_{i-1} \mathrm{d}x_i \mathrm{d}x_{i+1} \cdots \mathrm{d}x_n$$

对于任意实数 $x_1, x_2, \cdots, x_n$，若

$$F(x_1, x_2, \cdots, x_n) = F_{X_1}(x_1) F_{X_2}(x_2) \cdots F_{X_n}(x_n)$$

成立，则称 $X_1, X_2, \cdots, X_n$ 相互独立.

如果 $X_1, X_2, \cdots, X_n$ 是连续型随机变量，其边缘概率密度为 $f_{X_1}(x_1), f_{X_2}(x_2), \cdots, f_n(x_n)$，联合概率密度为 $f(x_1, x_2, \cdots, x_n)$，那么 $X_1, X_2, \cdots, X_n$ 相互独立等价于 $f(x_1, x_2, \cdots, x_n) = f_{X_1}(x_1), f_{X_2}(x_2), \cdots, f_{X_n}(x_n)$.

3.3 二维随机变量的条件分布

对于二维随机变量 (X, Y)，我们可以讨论其中一个随机变量在另一个随机变量取固定值的条件下的概率分布问题，这个问题反映了随机变量 X 与 Y 之间的相互依赖性. 这样得到的分布称为条件分布.

若已知二维随机变量 (X, Y) 的分布，在其中一个随机变量 X 取值固定值 x 的条件下，另一个随机变量 Y 的概率分布是什么？这就是我们下面要讨论的二维随机变量的条件分布.

3.3.1 二维离散型随机变量的条件分布

设 (X, Y) 为二维离散型随机变量，其分布律为

$$P\{X = x_i, Y = y_j\} = p_{ij}, \quad i, j = 1, 2, \cdots$$

(X, Y) 关于 X 和 Y 的边缘分布律分别为

$$P\{X=x_i\}=\sum_{j=1}^{+\infty}p_{ij}=P_{i\cdot},\ i=1,2,\cdots$$

$$P\{Y=y_j\}=\sum_{i=1}^{+\infty}p_{ij}=P_{\cdot j},\ j=1,2,\cdots$$

类似条件概率的定义，容易给出如下的离散型随机变量条件分布律的定义.

定义 3.7　对于固定的 j，若 $P_{\cdot j}=P\{Y=y_j\}>0$，则在条件 $Y=y_j$ 下，事件 $\{X=x_i\}$ 发生的概率

$$P\{X=x_i|Y=y_j\}=\frac{P\{X=x_i,\ Y=y_j\}}{P\{Y=y_j\}}=\frac{p_{ij}}{P_{\cdot j}},\ i=1,2,\cdots \tag{3-19}$$

称为在条件 $Y=y_j$ 下 X 的**条件分布律**.

同样，对于固定的 i，若 $P_{i\cdot}=P\{X=x_i\}>0$，则在条件 $X=x_i$ 下，事件 $\{Y=y_j\}$ 发生的概率

$$P\{Y=y_j|X=x_i\}=\frac{P\{X=x_i,\ Y=y_j\}}{P\{X=x_i\}}=\frac{p_{ij}}{P_{i\cdot}},\ j=1,2,\cdots \tag{3-20}$$

称为在条件 $X=x_i$ 下 Y 的条件分布律.

上面定义的条件分布律，具有下面两个性质：

(1) $P\{X=x_i|Y=y_j\}\geqslant 0$，$i=1,2,\cdots$；

(2) $\sum_{i=1}^{+\infty}P\{X=x_i|Y=y_j\}=\sum_{i=1}^{+\infty}\frac{P_{ij}}{P_{\cdot j}}=\frac{P_{\cdot j}}{P_{\cdot j}}=1$.

设 (X,Y) 为离散型随机变量，若 X 与 Y 相互独立，由条件分布律的定义，对任意 i，j，有 $P\{X=x_i|Y=y_j\}=P\{X=x_i\}$ 和 $P\{Y=y_j|X=x_i\}=P\{Y=y_j\}$. 因此，条件分布律与其独立的随机变量取值无关.

【例 3-11】设 (X,Y) 的分布律如表 3-10 所示.

表 3-10

X	Y	
	-1	0
1	$\frac{1}{4}$	$\frac{1}{4}$
2	$\frac{1}{6}$	$\frac{1}{3}$

求在 $Y=0$ 的条件下，X 的条件分布律.

解　$P\{X=1|Y=0\}=\dfrac{P\{X=1,\ Y=0\}}{P\{Y=0\}}=\dfrac{\frac{1}{4}}{\frac{1}{4}+\frac{1}{3}}=\dfrac{3}{7}$

$$P\{X=2|Y=0\}=\frac{P\{X=2,\ Y=0\}}{P\{Y=0\}}=\frac{\frac{1}{3}}{\frac{1}{4}+\frac{1}{3}}=\frac{4}{7}$$

即在 $Y=0$ 的条件下, X 的条件分布律如表 3-11 所示.

表 3-11

X	1	2
$P\{X \mid Y=0\}$	$\frac{3}{7}$	$\frac{4}{7}$

若 X, Y 取值更多, 则条件分布律也更多, 每个条件分布律都从侧面描述了随机变量的特征. 可见, 条件分布的内容丰富而广泛.

3.3.2 二维连续型随机变量的条件分布

设 (X, Y) 为二维连续型随机变量, 由于对于任意的实数 x, y, 有

$$P\{X=x\}=0,\ P\{Y=y\}=0$$

因此不能直接用条件概率公式引入"条件分布函数", 下面我们直接给出连续型随机变量的条件分布定义.

定义 3.8 设二维连续型随机变量 (X, Y) 的概率密度为 $f(x, y)$, X, Y 的边缘概率密度分别为 $f_X(x)$、$f_Y(y)$, 对于固定的 y, 若 $f_Y(y)>0$, 则称 $\frac{f(x, y)}{f_Y(y)}$ 为在 $Y=y$ 的条件下, 随机变量 X 的**条件概率密度**, 记为 $f_{X|Y}(x|y)$. 即

$$f_{X|Y}(x|y)=\frac{f(x, y)}{f_Y(y)} \tag{3-21}$$

称 $\int_{-\infty}^{x} f_{X|Y}(u|y)\mathrm{d}u=\int_{-\infty}^{x}\frac{f(u, y)}{f_Y(y)}\mathrm{d}u$ 为在 $Y=y$ 的条件下, X 的条件分布函数, 记为 $P\{X\leqslant x \mid Y=y\}$ 或 $F_{X|Y}(x|y)$, 即

$$F_{X|Y}(x|y)=P\{X\leqslant x \mid Y=y\}=\int_{-\infty}^{x} f_{X|Y}(u|y)\mathrm{d}u=\int_{-\infty}^{x}\frac{f(u, y)}{f_Y(y)}\mathrm{d}u \tag{3-22}$$

类似地, 对于固定的 x, 若 $f_X(x)>0$, 则称 $\frac{f(x, y)}{f_X(x)}$ 为在 $X=x$ 的条件下, 随机变量 Y 的条件概率密度, 记为 $f_{Y|X}(y|x)$. 即

$$f_{Y|X}(y|x)=\frac{f(x, y)}{f_X(x)} \tag{3-23}$$

称

$$F_{Y|X}(y|x)=P\{Y\leqslant y \mid X=x\}=\int_{-\infty}^{y}\frac{f(x, v)}{f_X(x)}\mathrm{d}v \tag{3-24}$$

为在 $X=x$ 的条件下, Y 的条件分布函数.

若 X 与 Y 相互独立, 即有 $f(x, y)=f_X(x)f_Y(y)$, 由条件概率密度的定义, 有 $f_{X|Y}(x|y)=f_X(x)$ 及 $f_{Y|X}(y|x)=f_Y(y)$, 可见, 条件概率密度与独立的随机变量的取值无关.

【例 3-12】 设随机变量 (X, Y) 的概率密度为 $f(x, y)=\begin{cases}8xy^2, & 0<x<\sqrt{y}<1\\ 0, & \text{其他}\end{cases}$, 求条件概率密度 $f_{X|Y}(x|y)$ 和 $f_{Y|X}(y|x)$.

解 $f_X(x)=\int_{-\infty}^{+\infty} f(x, y)\mathrm{d}y=\begin{cases}\int_{x^2}^{1} 8xy^2\mathrm{d}y, & 0<x<1\\ 0, & \text{其他}\end{cases}=\begin{cases}\frac{8}{3}(x-x^7), & 0<x<1\\ 0, & \text{其他}\end{cases}$

$$f_Y(y)=\int_{-\infty}^{+\infty}f(x,\ y)\mathrm{d}x=\begin{cases}\int_0^{\sqrt{y}}8xy^2\mathrm{d}y, & 0<y<1\\ 0, & \text{其他}\end{cases}=\begin{cases}4y^3, & 0<y<1\\ 0, & \text{其他}\end{cases}$$

当 $0<y<1$ 时，$f_{X|Y}(x|y)=\dfrac{f(x,\ y)}{f_Y(y)}=\begin{cases}\dfrac{2x}{y}, & 0<x<\sqrt{y}\\ 0, & \text{其他}\end{cases}$；

当 $0<x<1$ 时，$f_{Y|X}(y|x)=\dfrac{f(x,\ y)}{f_X(x)}=\begin{cases}\dfrac{3y^2}{1-x^6}, & x^2<y<1\\ 0, & \text{其他}\end{cases}$.

【**例 3-13**】设二维连续型随机变量 $(X,\ Y)$ 的概率密度为

$$f(x,\ y)=\begin{cases}\mathrm{e}^{-y}, & 0<x<y\\ 0, & \text{其他}\end{cases}$$

求：(1) 条件概率密度 $f_{X|Y}(x|y)$.

(2) $P\{0\leqslant X\leqslant 1/2\,|\,Y\leqslant 1\}$，$P\{X\geqslant 2\,|\,Y=4\}$.

解　(1) 由 $f_Y(y)=\int_{-\infty}^{+\infty}f(x,\ y)\mathrm{d}x$，先求 Y 的边缘概率密度：

当 $y\leqslant 0$ 时，$f_Y(y)=0$；

当 $y>0$ 时，有 $f_Y(y)=\int_0^y\mathrm{e}^{-y}\mathrm{d}x=y\mathrm{e}^{-y}$.

因此，$f_Y(y)=\begin{cases}y\mathrm{e}^{-y}, & 0<y\\ 0, & \text{其他}\end{cases}$.

当 $y>0$ 时，$f_Y(y)>0$，所以 X 的条件概率密度为

$$f_{X|Y}(x|y)=\frac{f(x,\ y)}{f_Y(y)}=\begin{cases}\dfrac{1}{y}, & 0<x<y\\ 0, & \text{其他}\end{cases}$$

(2) $$P\{0\leqslant X\leqslant 1/2\,|\,Y\leqslant 1\}=\frac{P\{0\leqslant X\leqslant 1/2,\ Y\leqslant 1\}}{P\{Y\leqslant 1\}}=\frac{\int_0^{\frac{1}{2}}\mathrm{d}x\int_x^1\mathrm{e}^{-y}\mathrm{d}y}{\int_0^1 y\mathrm{e}^{-y}\mathrm{d}y}=\frac{1-\frac{1}{2}\mathrm{e}^{-1}-\mathrm{e}^{-\frac{1}{2}}}{1-2\mathrm{e}^{-1}}$$

由于 $P\{Y=4\}=0$，因此，不能用前面的方法来求 $P\{X\geqslant 2\,|\,Y=4\}$. 但由 $f_{X|Y}(x|y)$ 可知，在 $Y=4$ 的条件下，X 的条件概率密度为

$$f_{X|Y}(x|4)=\begin{cases}\dfrac{1}{4}, & 0<x<4\\ 0, & \text{其他}\end{cases}$$

利用式(3-24)，有

$$P\{X\geqslant 2\,|\,Y=4\}=\int_2^{+\infty}f_{X|Y}(x|4)\mathrm{d}x=\int_2^4\frac{1}{4}\mathrm{d}x=\frac{1}{2}$$

3.4 二维随机变量函数的分布与数学期望

在实际应用中，有些随机变量往往是两个或者两个以上随机变量的函数．例如：考虑全国年龄40岁以上的人群，用X和Y分别表示一个人的年龄和体重，Z表示这个人的血压，并且已知Z与X，Y的函数关系式为

$$Z=g(X, Y)$$

现在希望通过(X, Y)的分布来确定Z的分布．此类问题就是我们要讨论的两个随机变量函数的分布问题．这是一类既有意义又有难度的工作．本节我们仅讨论几种简单、具体实用的函数形式.

下面就离散型和连续型随机变量的情况分别进行讨论.

3.4.1 二维离散型随机变量函数的分布

二维离散型随机变量(X, Y)的分布律为

$$P\{X=x_i, Y=y_j\}=p_{ij}, \quad i, j=1, 2, \cdots$$

设$Z=g(X, Y)$的所有可能的取值为z_k，$k=1, 2, \cdots$，则$Z=g(X, Y)$的分布律为

$$P\{Z=z_k\}=P\{g(X, Y)=z_k\}=\sum_{g(x_i, y_j)=z_k} P\{X=x_i, Y=y_j\}$$
$$=\sum_{g(x_i, y_j)=z_k} p_{ij}, \quad i, j=1, 2, \cdots$$

若对于不同的(x_i, y_j)，函数值相同，则可将对应的概率求和后，作为$Z=z_k=g(x_i, y_j)$的概率.

【例3-14】设(X, Y)的分布律如表3-12所示．求$Z_1=\max(X, Y)$，$Z_2=XY$的分布律.

表3-12

X	Y		
	0	1	2
−1	0.1	0.2	0.25
2	0.15	0.05	0.25

解 先将(X, Y)的所有可能取的数对及相应的概率分别列成两行，再分别算出z_1，z_2的函数值，如表3-13所示.

表3-13

P	0.1	0.2	0.25	0.15	0.05	0.25
(X, Y)	(−1, 0)	(−1, 1)	(−1, 2)	(2, 0)	(2, 1)	(2, 2)
$\max(X, Y)$	0	1	2	2	2	2
XY	0	−1	−2	0	2	4

从而得到$Z_1=\max(X, Y)$，$Z_2=XY$的分布律，如表3-14、表3-15所示.

表 3-14

max(X, Y)	0	1	2
P	0.1	0.2	0.7

表 3-15

XY	−2	−1	0	2	4
P	0.25	0.2	0.25	0.05	0.25

【例 3-15】 设 X，Y 相互独立，且分别服从泊松分布 $\pi(\lambda_1)$，$\pi(\lambda_2)$，证明 $Z=X+Y$ 也服从参数为 $\lambda_1+\lambda_2$ 的泊松分布，即 $Z=X+Y\sim\pi(\lambda_1+\lambda_2)$.

证　X，Y 的分布律分别为

$$P\{X=i\}=\frac{\lambda_1^i}{i!}\mathrm{e}^{-\lambda_1},\ P\{Y=j\}=\frac{\lambda_2^j}{j!}\mathrm{e}^{-\lambda_2},\ i,\ j=0,\ 1,\ 2,\ \cdots$$

由于 $Z=X+Y$，事件 $\{Z=k\}=\bigcup\limits_{i=0}^{k}\{X=i,\ Y=k-i\}$，$k=0,\ 1,\ 2,\ \cdots$，且事件 $\{X=i\}$ 与 $\{Y=k-i\}$ 互不相容．于是有

$$\begin{aligned}P\{Z=k\}&=P\{X+Y=k\}=\sum_{i=0}^{k}P\{X=i,\ Y=k-i\}\\&=\sum_{i=0}^{k}P\{X=i\}P\{Y=k-i\}\\&=\sum_{i=0}^{k}\frac{\lambda_1^i}{i!}\mathrm{e}^{-\lambda_i}\frac{\lambda_2^{k-i}}{(k-i)!}\mathrm{e}^{-\lambda_2}\\&=\frac{1}{k!}\mathrm{e}^{-(\lambda_1+\lambda_2)}\sum_{i=0}^{k}\frac{k!\ \lambda_1^i\lambda_2^{k-i}}{i(k-i)!}\\&=\frac{1}{k!}\mathrm{e}^{-(\lambda_1+\lambda_2)}\sum_{i=0}^{k}\mathrm{C}_k^i\lambda_1^i\lambda_2^{k-i}\\&=\frac{1}{k!}\mathrm{e}^{-(\lambda_1+\lambda_2)}(\lambda_1+\lambda_2)^k\end{aligned}$$

因此，$Z=X+Y\sim\pi(\lambda_1+\lambda_2)$.

3.4.2　二维连续型随机变量函数的分布

二维连续型随机变量 $(X,\ Y)$ 的密度为 $f(x,\ y)$，设 $z=g(x,\ y)$ 为连续函数，则 $Z=g(X,\ Y)$ 为一维随机变量．我们可以通过类似于求一元随机变量函数分布的方法，即通过分布函数的定义，来求 $Z=g(X,\ Y)$ 的分布：

$$F_Z(z)=P\{Z\leqslant z\}=P\{g(X,\ Y)\leqslant z\}=\iint\limits_{g(x,\ y)\leqslant z}f(x,\ y)\mathrm{d}x\mathrm{d}y$$

从而得到 Z 的概率密度：

$$f_Z(z)=F_Z'(z)$$

下面我们以两类简单函数形式为例进行介绍.

1. $Z=X+Y$ 的分布

二维随机变量 $(X,\ Y)$ 的概率密度为 $f(x,\ y)$，则对任意实数 z，$Z=X+Y$ 的分布函

数为

$$F_Z(z)=P\{Z\leqslant z\}=\iint\limits_{x+y\leqslant z}f(x,\ y)\,\mathrm{d}x\mathrm{d}y$$

积分区域 G：$x+y\leqslant z$ 是直线 $x+y=z$ 及其左下方的半平面，如图 3-7 所示，化成累次积分，得

$$F_Z(z)=\int_{-\infty}^{+\infty}\left[\int_{-\infty}^{z-y}f(x,\ y)\,\mathrm{d}x\right]\mathrm{d}y$$

作变换，令 $x=u-y$，得

$$\begin{aligned}F_Z(z)&=\int_{-\infty}^{+\infty}\left[\int_{-\infty}^{z}f(u-y,\ y)\,\mathrm{d}u\right]\mathrm{d}y\\&=\int_{-\infty}^{z}\left[\int_{-\infty}^{+\infty}f(u-y,\ y)\,\mathrm{d}y\right]\mathrm{d}u\end{aligned}$$

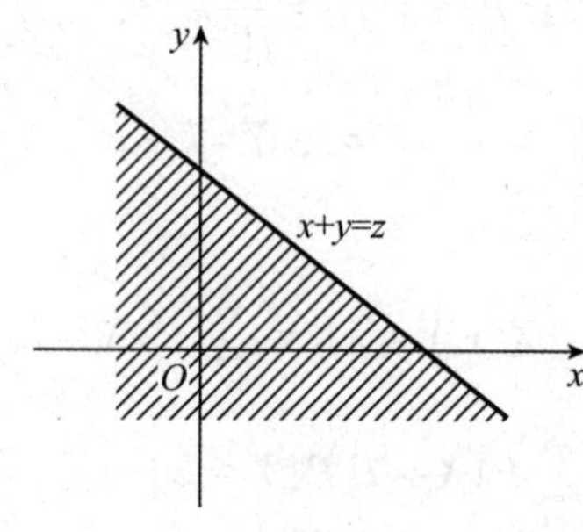

图 3-7

由概率密度的定义，可以两边对 z 求导，于是

$$f_Z(z)=F_Z'(z)=\int_{-\infty}^{+\infty}f(z-y,\ y)\,\mathrm{d}y \tag{3-25}$$

由 X，Y 的对称性，$f_Z(z)$ 也可以表示为

$$f_Z(z)=\int_{-\infty}^{+\infty}f(x,\ z-x)\,\mathrm{d}x \tag{3-26}$$

特别地，若 X，Y 是相互独立的随机变量，则由式(3-25)和式(3-26)有

$$f_Z(z)=\int_{-\infty}^{+\infty}f_X(z-y)f_Y(y)\,\mathrm{d}y \tag{3-27}$$

$$f_Z(z)=\int_{-\infty}^{+\infty}f_X(x)f_Y(z-x)\,\mathrm{d}x \tag{3-28}$$

我们把式(3-27)、式(3-28)称为**卷积公式**.

【例 3-16】设某种商品在某城市一周的需求量是一个随机变量(单位：万件)，其概率密度为

$$f(x)=\begin{cases}\dfrac{10-x}{50}, & 0\leqslant x\leqslant 10\\ 0, & \text{其他}\end{cases}$$

如果两个城市的需求相互独立，求该商品在两个城市的总需求量 $Z=X+Y$ 的概率密度.

解 由卷积公式，Z 的概率密度为

$$f_Z(z)=\int_{-\infty}^{+\infty}f_X(x)f_Y(z-x)\,\mathrm{d}x$$

易知当$\begin{cases}0 < x < 10\\0 < z-x < 10\end{cases}$时，即$\begin{cases}0 < x < 10\\z-10 < x < z\end{cases}$，如图 3-8 所示，有

$$f_Z(z)=\begin{cases}\int_0^z f(x)f(z-x)\mathrm{d}x, & 0 < z < 10\\ \int_{z-10}^{10} f(x)f(z-x)\mathrm{d}x, & 10 \leqslant z < 20\\ 0, & \text{其他}\end{cases}$$

将$f(x)$代入上式，得

$$f_Z(z)=\begin{cases}\frac{1}{15\ 000}(600z-60z^2+z^3), & 0 < z < 10\\ \frac{1}{15\ 000}(20-z)^3, & 10 \leqslant z < 20\\ 0, & \text{其他}\end{cases}$$

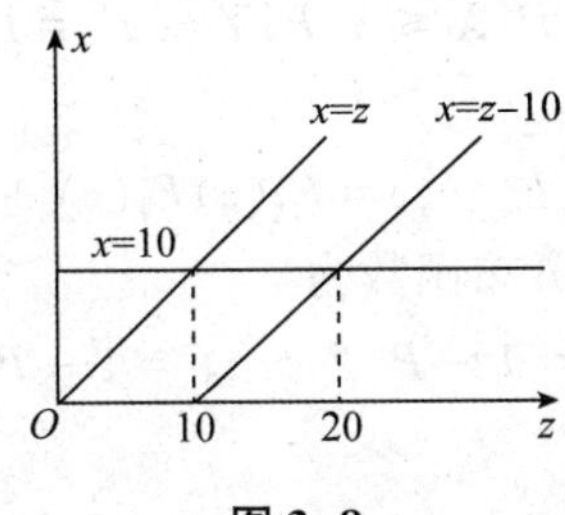

图 3-8

【例 3-17】 设X，Y是两个相互独立的随机变量，且都服从$N(0,\ 1)$分布，试求$Z=X+Y$的分布.

解　X，Y的概率密度分别为

$$f_X(x)=\frac{1}{\sqrt{2\pi}}\mathrm{e}^{-\frac{x^2}{2}},\quad -\infty < x < +\infty$$

$$f_Y(x)=\frac{1}{\sqrt{2\pi}}\mathrm{e}^{-\frac{y^2}{2}},\quad -\infty < y < +\infty$$

由卷积公式，得

$$\begin{aligned}f_Z(z)&=\int_{-\infty}^{+\infty} f_X(x)f_Y(z-x)\mathrm{d}x\\&=\frac{1}{2\pi}\int_{-\infty}^{\infty}\mathrm{e}^{-\frac{x^2}{2}}\mathrm{e}^{-\frac{(z-x)^2}{2}}\mathrm{d}x\\&=\frac{1}{2\pi}\mathrm{e}^{-\frac{z^2}{4}}\int_{-\infty}^{\infty}\mathrm{e}^{-\left(x-\frac{z}{2}\right)^2}\mathrm{d}x\end{aligned}$$

作变换$t=x-\frac{z}{2}$，得

$$f_Z(z)=\frac{1}{2\pi}\mathrm{e}^{-\frac{z^2}{4}}\int_{-\infty}^{\infty}\mathrm{e}^{-t^2}\mathrm{d}t=\frac{1}{2\pi}\mathrm{e}^{-\frac{z^2}{4}}\sqrt{\pi}=\frac{1}{\sqrt{2\pi}\sqrt{2}}\mathrm{e}^{-\frac{z^2}{2(\sqrt{2})^2}}$$

即$Z\sim N(0,\ 2)$.

一般地，若 X，Y 相互独立，且 $X \sim N(\mu_1, \sigma_1{}^2)$，$Y \sim N(\mu_2, \sigma_2{}^2)$，则

$$X + Y \sim N(\mu_1 + \mu_2, \sigma_1{}^2 + \sigma_2^2)$$

这个结论还可以推广：设 X_1，X_2，…，X_n 相互独立，且 $X_i \sim N(\mu_i, \sigma_i{}^2)$，$a_1$，$a_2$，…，$a_n$ 是任意实数，则它们的线性组合 $Z = a_1X_1 + a_2X_2 + \cdots + a_nX_n$ 服从正态分布，且 $Z \sim N(\sum_{i=1}^{n} a_i \mu_i, \sum_{i=1}^{n} a_i^2\sigma_i^2)$.

2. $Z = \max(X, Y)$ 和 $Z = \min(X, Y)$ 的分布

设随机变量 X，Y 的分布函数分别是 $F_X(x)$ 和 $F_Y(y)$，概率密度分别是 $f_X(x)$ 和 $f_Y(y)$，且 X，Y 相互独立，求 $Z = \max(X, Y)$ 及 $Z = \min(X, Y)$ 的分布函数.

对于任意实数 z，由于 X，Y 独立，因此 $Z = \max(X, Y)$ 的分布函数为

$$\begin{aligned} F_{\max}(z) &= P\{X \leqslant z, Y \leqslant z\} \\ &= P\{X \leqslant z\}P\{Y \leqslant z\} = F_X(z)F_Y(z) \end{aligned}$$

即

$$F_{\max}(z) = F_X(z)F_Y(z) \tag{3-29}$$

类似地，对于任意实数 z，其分布函数为

$$F_{\min}(z) = P\{Z \leqslant z\} = 1 - P\{Z > z\} = 1 - P\{X > z\}P\{Y > z\}$$

即

$$F_{\min}(z) = 1 - [1 - F_X(z)][1 - F_Y(z)] \tag{3-30}$$

对于 n 个独立随机变量的情况．设 X_1，X_2，…，X_n 相互独立，它们对应的分布函数分别为 $F_{X_i}(z)$，则 $\max(X_1, X_2, \cdots, X_n)$ 和 $\min(X_1, X_2, \cdots, X_n)$ 的分布函数为

$$F_{\max}(z) = F_{X_1}(z)F_{X_2}(z)\cdots F_{X_n}(z)$$

$$F_{\min}(z) = 1 - [1 - F_{X_1}(z)]\cdots[1 - F_{X_n}(z)]$$

【例 3-18】 设 X_1，X_2，…，X_n 相互独立，$X_i \sim E(\lambda)$，$i = 1, 2, \cdots, n$，它们对应的分布函数分别为 $F_{X_i}(x)$，求 $Y = \max(X_1, X_2, \cdots, X_n)$，$Z = \min(X_1, X_2, \cdots, X_n)$ 的分布函数和概率密度.

解 将 $E(\lambda)$ 的分布函数代入式(3-29)得

$$F_Y(y) = \begin{cases} (1 - \mathrm{e}^{-\lambda y})^n, & y \geqslant 0 \\ 0, & \text{其他} \end{cases}$$

两侧求导，得概率密度

$$f_Y(y) = \begin{cases} n(1 - \mathrm{e}^{-\lambda y})^{n-1}\lambda \mathrm{e}^{-\lambda y}, & y \geqslant 0 \\ 0, & \text{其他} \end{cases}$$

同样，将 $E(\lambda)$ 的分布函数代入式(3-30)得

$$F_Z(z) = \begin{cases} 1 - \mathrm{e}^{-n\lambda z}, & z \geqslant 0 \\ 0, & \text{其他} \end{cases}$$

两侧求导，得概率密度

$$f_Z(z) = \begin{cases} n\lambda \mathrm{e}^{-n\lambda z}, & z \geqslant 0 \\ 0, & \text{其他} \end{cases}$$

【例 3-19】某电路原来有 5 个路灯，道路改建后有 20 个路灯用于此道路的晚间照明，改建后道路管理人员总认为灯泡更容易坏了，请解释其原因.

解　设所有灯泡的使用寿命是相互独立、同分布的随机变量，其共同分布为指数分布 $E(\lambda)$，其平均寿命(即期望值)为 $\lambda^{-1}=2\,000$ h，则按例 3-18，道路改建前 5 个灯泡中第一个灯泡烧坏的时间 $T_1=\min(X_1, X_2, \cdots, X_5)$，且 $T_1 \sim E(5\lambda)$. 若每个灯泡每天使用 10 h，则 30 天内需要换灯泡的概率为

$$P\{T_1 \leqslant 300\}=1-\mathrm{e}^{-5\lambda\times 300}=1-\mathrm{e}^{-\frac{1\,500}{2\,000}}=0.527\,6$$

而道路改建后，20 个灯泡中第一个烧坏的时间 $T_2=\min(X_1, X_2, \cdots, X_{20})$，且 $T_2 \sim E(20\lambda)$，则 30 天内需要换灯泡的概率为

$$P\{T_2 \leqslant 300\}=1-\mathrm{e}^{-20\lambda\times 300}=1-\mathrm{e}^{-\frac{6\,000}{2\,000}}=0.950\,2$$

这表明：道路改建后，在 30 天内需要更换灯泡的概率提高了很多. 也就是改建后，道路管理员认为灯泡“更容易坏”的原因.

3.4.3　随机变量函数的数学期望

设二维随机变量 (X, Y) 的函数 $Z=g(X, Y)$ 的数学期望存在，为求 $E(Z)$，与一元随机变量函数的数学期望一样，不必先求函数 Z 的分布(实际上，求函数 Z 的分布往往非常困难). 类似于一元情形，我们可以按下列方式来计算 $Z=g(X, Y)$ 的数学期望.

定理 3.1　若 (X, Y) 的分布已知，则随机变量的函数 $Z=g(X, Y)$ 的数学期望为

$$E(Z)=E[g(X, Y)]=\begin{cases}\sum\limits_i\sum\limits_j g(x_i, y_j)p_{ij}, & (X, Y)\text{ 为离散型}\\ \int_{-\infty}^{+\infty}\int_{-\infty}^{+\infty} g(x, y)f(x, y)\,\mathrm{d}x\mathrm{d}y, & (X, Y)\text{ 为连续型}\end{cases} \tag{3-31}$$

这里要求上述级数和积分都是绝对收敛的.

上述定理称为二维表示性定理，其证明超出了本课程范围，证明略.

【例 3-20】设二维离散型随机变量 (X, Y) 的分布律如表 3-16 所示，求 $E(XY^2)$.

表 3-16

X	Y	
	0	2
0	0.1	0.3
1	0.2	0.4

解　设 $Z=g(X, Y)=XY^2$，则

$$\begin{aligned}E(Z)&=\sum_i\sum_j g(x_i, y_j)p_{ij}\\&=g(0, 0)\times 0.1+g(0, 2)\times 0.3+g(1, 0)\times 0.2+g(1, 2)\times 0.4\\&=0\times 0.1+0\times 0.3+0\times 0.2+(1\times 2^2)\times 0.4=1.6\end{aligned}$$

【例 3-21】设二维连续型随机变量 (X, Y) 的概率密度为

$$f(x, y)=\begin{cases}8xy, & 0\leqslant x\leqslant y\leqslant 1\\ 0, & \text{其他}\end{cases}$$

求 $E(XY)$.

解 $E(XY)=\int_{-\infty}^{+\infty}\int_{-\infty}^{+\infty}xyf(x,\ y)\mathrm{d}x\mathrm{d}y$

$$=\int_{0}^{1}\mathrm{d}x\int_{x}^{1}xy\cdot 8x\cdot \mathrm{d}y$$

$$=\frac{4}{9}$$

3.4.4 数学期望的进一步性质

在一元随机变量的讨论中，我们已经给出数学期望的若干性质，但只涉及一维随机变量．下面我们给出的性质则涉及二维或多维随机变量.

(1)随机变量和的数学期望等于随机变量数学期望的和，即

$$E(X+Y)=E(X)+E(Y)$$

推广 有限个随机变量的和的数学期望等于各自数学期望的和，即

$$E(\sum_{i=1}^{n}X_i)=\sum_{i=1}^{n}E(X_i)$$

(2)设随机变量 X 与 Y 相互独立，则

$$E(XY)=E(X)E(Y)$$

推广 有限个相互独立的随机变量乘积的数学期望，为各自数学期望的乘积，即

$$E(\prod_{i=1}^{n}X_i)=\prod_{i=1}^{n}E(X_i)$$

这两个性质是针对最一般的随机变量给出的，在本书范围内，我们只就离散型和连续型随机变量进行讨论，这里给出连续型情形的证明，离散型情形留作练习.

设二维连续型随机变量 $(X,\ Y)$ 的概率密度为 $f(x,\ y)$，边缘概率密度分别为 $f_X(x)$、$f_Y(y)$，有

$$\begin{aligned}E(X+Y)&=\int_{-\infty}^{+\infty}\int_{-\infty}^{+\infty}(x+y)f(x,\ y)\mathrm{d}x\mathrm{d}y\\&=\int_{-\infty}^{+\infty}\int_{-\infty}^{+\infty}xf(x,\ y)\mathrm{d}x\mathrm{d}y+\int_{-\infty}^{+\infty}\int_{-\infty}^{+\infty}yf(x,\ y)\mathrm{d}x\mathrm{d}y\\&=\int_{-\infty}^{+\infty}xf_X(x)\mathrm{d}x+\int_{-\infty}^{+\infty}yf_Y(y)\mathrm{d}y\\&=E(X)+E(Y)\end{aligned}$$

所以，性质(1)成立．性质(2)的证明可用定义及独立性获得，即

$$\begin{aligned}E(XY)&=\int_{-\infty}^{+\infty}\int_{-\infty}^{+\infty}xyf(x,\ y)\mathrm{d}x\mathrm{d}y\\&=\int_{-\infty}^{+\infty}\int_{-\infty}^{+\infty}xyf_X(x)f_Y(y)\mathrm{d}x\mathrm{d}y\\&=[\int_{-\infty}^{+\infty}xf_X(x)\mathrm{d}x][\int_{-\infty}^{+\infty}yf_Y(y)\mathrm{d}y]\\&=E(X)E(Y)\end{aligned}$$

至于推广的结果，可由数学归纳法直接得到.

3.5 多维随机变量的数字特征

3.5.1 协方差

对于二维随机变量 (X, Y) 来说, X 和 Y 的数学期望和方差只是反映了 X 和 Y 自身的数字特征，没有对 X 和 Y 之间的联系提供任何信息．人们自然希望能定义某一个指标来解决这个问题．协方差就是用以反映 X 和 Y 之间相互关联程度的一个特征数，其定义如下．

定义 3.9 设 (X, Y) 是一个二维随机变量, $E(X)$, $E(Y)$ 均存在，若 $E\{[X-E(X)][Y-E(Y)]\}$ 存在，则称之为随机变量 X 与 Y 的协方差，记为 $\mathrm{Cov}(X, Y)$．即

$$\mathrm{Cov}(X, Y)=E\{[X-E(X)][Y-E(Y)]\}$$

将 $E\{[X-E(X)][Y-E(Y)]\}$ 展开得到协方差的计算公式：

$$\mathrm{Cov}(X, Y)=E(XY)-E(X)E(Y) \tag{3-32}$$

定理 3.2 设 X, X_1, X_2, Y 为随机变量, a, b 为常数，则协方差具有以下性质：

(1) $\mathrm{Cov}(X, X)=D(X)$;

(2) $\mathrm{Cov}(X, Y)=\mathrm{Cov}(Y, X)$;

(3) $\mathrm{Cov}(X, a)=0$;

(4) $\mathrm{Cov}(aX, bY)=ab\cdot\mathrm{Cov}(X, Y)$;

(5) $\mathrm{Cov}(X_1+X_2, Y)=\mathrm{Cov}(X_1, Y)+\mathrm{Cov}(X_2, Y)$;

(6) 若 X 与 Y 相互独立，则 $\mathrm{Cov}(X, Y)=0$.

推论 设 X, Y 为任意两个随机变量，若其方差均存在，则 $X+Y$ 的方差也存在，且

$$D(X+Y)=D(X)+D(Y)+2\mathrm{Cov}(X, Y)$$

特别地，若 X 与 Y 相互独立，则

$$D(X+Y)=D(X)+D(Y)$$

直接用定义可验证这些性质(由读者自己来完成)．

3.5.2 相关系数

我们可以看到，两个随机变量 X 与 Y 协方差的大小受到 X 与 Y 取值的影响．例如, X 表示学生的身高，单位为 m, Y 表示体重，单位为 kg，则 $\mathrm{Cov}(X, Y)$ 带有量纲(m · kg)．如果把身高的单位换成 cm，体重的单位换为 g，那么由协方差的性质知, X 与 Y 的协方差将变为 $\mathrm{Cov}(100X, 1\,000Y)=10^5\mathrm{Cov}(X, Y)$，实际上, X 与 Y 并没有实质改变，其相关程度不应发生变化．

为消除量纲对协方差的值的影响，对随机变量进行标准化．

称 $X^*=\dfrac{X-E(X)}{\sqrt{D(X)}}$ 为 X 的标准化随机变量，则

$$E(X^*)=\frac{1}{\sigma}E(X-\mu)=\frac{1}{\sigma}[E(X)-\mu]=0$$

$$
\begin{aligned}
D(X^*) &= E(X^{*2}) - [E(X^*)]^2 \\
&= E\left[\left(\frac{X-\mu}{\sigma}\right)^2\right] = \frac{1}{\sigma^2}E[(X-\mu)^2] = \frac{\sigma^2}{\sigma^2} = 1
\end{aligned}
$$

同样 $Y^* = \dfrac{Y-E(Y)}{\sqrt{D(Y)}}$ 为 Y 的标准化随机变量, $E(Y^*)=0$, $D(Y^*)=1$.

显然 X^*, Y^* 无量纲, 且有

$$
\begin{aligned}
\mathrm{Cov}(X^*, Y^*) &= E(X^*Y^*) - E(X^*)E(Y^*) = E(X^*Y^*) \\
&= E\left(\frac{X-E(X)}{\sqrt{D(X)}} \cdot \frac{Y-E(Y)}{\sqrt{D(Y)}}\right) \\
&= \frac{E[X-E(X)(Y-E(Y))]}{\sqrt{D(X)}\sqrt{D(Y)}} = \frac{\mathrm{Cov}(X, Y)}{\sqrt{D(X)}\sqrt{D(Y)}}
\end{aligned}
$$

定义 3.10 设随机变量 X 与 Y 的期望与方差都存在, 且 $D(X)>0$, $D(Y)>0$, 称

$$
\rho_{XY} = \frac{\mathrm{Cov}(X, Y)}{\sqrt{D(X)}\sqrt{D(Y)}} \tag{3-33}
$$

为 X 与 Y 的相关系数.

定理 3.3 设随机变量 X 与 Y 的期望与方差都存在, 称

$$
X^* = \frac{X-E(X)}{\sqrt{D(X)}}, \quad Y^* = \frac{X-E(Y)}{\sqrt{D(Y)}}
$$

为 X 及 Y 的标准化随机变量, 则 $\rho_{XY} = \mathrm{Cov}(X^*, Y^*)$.

用定理 3.2 中的性质(4)和性质(5)可得到结果.

定理 3.4 若随机变量 X 与 Y 的相关系数存在, 则有

(1) $\rho_{XY} = \rho_{YX}$;

(2) $|\rho_{XY}| \leqslant 1$;

(3) $|\rho_{XY}| = 1$ 的充要条件为: 存在常数 $a \neq 0$, b, 使 $P\{Y=aX+b\}=1$.

当 $\rho_{XY}=0$ 时, 称随机变量 X 与 Y 不相关. 证明略.

相关系数是随机变量间线性关系强弱的一个度量. 当 $|\rho_{XY}|=1$ 时, 称 X 与 Y 完全线性相关; 其中, $\rho=1$ 称 X 与 Y 正线性相关, $\rho=-1$ 称 X 与 Y 负线性相关. 当 $|\rho_{XY}|<1$ 时, 这种线性相关程度就随着 $|\rho_{XY}|$ 的减小而减弱; 当 $|\rho_{XY}|=0$ 时, 称 X 与 Y 不相关.

【例 3-22】 设二维离散型随机变量 (X, Y) 的分布律如表 3-17 所示, 求 $\mathrm{Cov}(X, Y)$ 和相关系数 ρ_{XY}.

表 3-17

X	Y	
	0	1
0	1/8	1/4
1	1/2	1/8

解 X, Y 的边缘分布律如表 3-18 所示.

表 3-18

X	Y		
	0	1	$P_{i\cdot}$
0	1/8	1/4	3/8
1	1/2	1/8	5/8
$P_{\cdot j}$	5/8	3/8	1

易得

$$E(X)=\frac{5}{8},\ E(Y)=\frac{3}{8},\ E(X^2)=\frac{5}{8},\ E(Y^2)=\frac{3}{8},\ D(X)=\frac{15}{64},\ D(Y)=\frac{15}{64}$$

$$E(XY)=0+0+0+1\times1\times\frac{1}{8}=\frac{1}{8}$$

所以

$$\mathrm{Cov}(X,\ Y)=E(XY)-E(X)E(Y)=\frac{1}{8}-\frac{5}{8}\times\frac{3}{8}=-\frac{7}{64}$$

$$\rho_{XY}=\frac{\mathrm{Cov}(X,\ Y)}{\sqrt{D(X)}\ \sqrt{D(Y)}}=\frac{-\frac{7}{64}}{\sqrt{\frac{15}{64}}\sqrt{\frac{15}{64}}}=-\frac{7}{15}$$

【例 3-23】 设 θ 服从 $[-\pi,\ \pi]$ 上的均匀分布，$X=\sin\theta$，$Y=\cos\theta$，判断 X 与 Y 是否不相关，是否独立.

解　因为

$$E(X)=\int_{-\pi}^{\pi}\sin\theta\frac{1}{2\pi}\mathrm{d}\theta=0,\ E(Y)=\frac{1}{2\pi}\int_{-\pi}^{\pi}\cos\theta\frac{1}{2\pi}\mathrm{d}\theta=0,$$

$$D(X)=E(X^2)=\int_{-\pi}^{\pi}\sin^2\theta\frac{1}{2\pi}\mathrm{d}\theta=\frac{1}{2},\ D(Y)=\int_{-\pi}^{\pi}\cos^2\theta\frac{1}{2\pi}\mathrm{d}\theta=\frac{1}{2},$$

$$E(XY)=\int_{-\pi}^{\pi}\sin\theta\cos\theta\frac{1}{2\pi}\mathrm{d}\theta=0$$

所以，$\mathrm{Cov}(X,\ Y)=E(XY)-E(X)E(Y)=0$，从而 X 与 Y 不相关. 但因为 X 与 Y 满足关系：

$$X^2+Y^2=1$$

所以，X 与 Y 不独立.

【例 3-24】 设 $(X,\ Y)$ 服从二维正态分布，其概率密度为

$$f(x,\ y)=\frac{1}{2\pi\sigma_1\sigma_2\sqrt{1-\rho^2}}\mathrm{e}^{-\frac{1}{2(1-\rho^2)}\left[\left(\frac{x-\mu_1}{\sigma_1}\right)^2-\frac{2\rho(x-\mu_1)(y-\mu_2)}{\sigma_1\sigma_2}+\left(\frac{y-\mu_2}{\sigma_2}\right)^2\right]}$$

求其相关系数 ρ_{XY}.

解　由例 3-7，知 $(X,\ Y)$ 的边缘概率密度为

$$f_X(x)=\frac{1}{\sqrt{2\pi}\sigma_1}\mathrm{e}^{-\frac{(x-\mu_1)^2}{2\sigma_1^2}},\quad -\infty<x<+\infty$$

$$f_Y(y)=\frac{1}{\sqrt{2\pi}\sigma_2}e^{-\frac{(y-\mu_2)^2}{2\sigma_2^2}},\quad -\infty<y<+\infty$$

可知 $E(X)=\mu_1$，$E(Y)=\mu_2$，$D(X)=\sigma_1^2$，$D(Y)=\sigma_2^2$. 而

$$\mathrm{Cov}(X,\ Y)=\int_{-\infty}^{+\infty}\int_{-\infty}^{+\infty}(x-\mu_1)(y-\mu_2)f(x,\ y)\mathrm{d}x\mathrm{d}y=$$

$$\frac{1}{2\pi\sigma_1\sigma_2\sqrt{1-\rho^2}}\int_{-\infty}^{+\infty}\int_{-\infty}^{+\infty}(x-\mu_1)(y-\mu_2)e^{-\frac{1}{2(1-\rho^2)}\left[\left(\frac{x-\mu_1}{\sigma_1}\right)^2-\frac{2\rho(x-\mu_1)(y-\mu_2)}{\sigma_1\sigma_2}+\left(\frac{y-\mu_2}{\sigma_2}\right)^2\right]}\mathrm{d}x\mathrm{d}y$$

令 $t=\frac{1}{\sqrt{1-\rho^2}}\left(\frac{y-\mu_2}{\sigma_2}-\rho\frac{x-\mu_1}{\sigma_1}\right)$，$u=\left(\frac{x-\mu_1}{\sigma_1}\right)$，则有

$$\begin{aligned}\mathrm{Cov}(X,\ Y)&=\frac{1}{2\pi}\int_{-\infty}^{+\infty}\int_{-\infty}^{+\infty}(\sigma_1\sigma_2\sqrt{1-\rho^2}\,tu+\rho\sigma_1\sigma_2)e^{-(u^2+t^2)/2}\mathrm{d}t\mathrm{d}u\\&=\frac{\rho\sigma_1\sigma_2}{2\pi}\sqrt{2\pi}\sqrt{2\pi}=\rho\sigma_1\sigma_2\end{aligned}$$

于是

$$\rho_{XY}=\frac{\mathrm{Cov}(X,\ Y)}{\sqrt{D(X)}\sqrt{D(Y)}}=\rho$$

假设随机变量 X，Y 的相关系数 ρ_{XY} 存在，当 X 与 Y 独立时，由数学期望性质及协方差的定义，知 $\mathrm{Cov}(X,\ Y)=0$，从而 $\rho_{XY}=0$，即 X 与 Y 不相关. 反之，若 X 与 Y 不相关，则 X 与 Y 不一定独立. 但当 $(X,\ Y)$ 服从二维正态分布时，X 与 Y 不相关和 X 与 Y 相互独立是等价的. 这就是说，二维正态随机变量 $(X,\ Y)$ 的概率密度中的参数 ρ 就是 X 与 Y 的相关系数. $\rho_{XY}=\rho=0$ 表示 X 与 Y 不相关，由例 3-7 知，X 与 Y 相互独立的充要条件是参数 $\rho=0$，因此，二维正态分布下 X 与 Y 不相关与相互独立是等价的.

定理 3.5 若随机变量 X 与 Y 相互独立，且 $D(X)$，$D(Y)$ 均存在且都大于 0，则 X 与 Y 不相关.

证明略.

3.6 大数定律和中心极限定理

随机现象的统计规律性是在相同条件下进行大量重复实验时呈现出来的. 例如，在概率的统计定义中，曾提到事件发生的频率具有稳定性，即事件发生的频率趋于事件发生的概率，其中所指的是：当试验的次数无限增大时，事件发生的频率在某种收敛意义下逼近某一定数(事件发生的概率). 这就是最早的一个大数定律.

一般的大数定律讨论 n 个随机变量的平均值的稳定性，大数定律对上述情况从理论的高度进行了论证. 本节先介绍基本的大数定律，然后介绍基本的中心极限定理. 中心极限定理刻画的是由大量独立的且满足一定条件的随机变量的和所组成的新的随机变量的分布规律.

3.6.1 大数定律

在微积分中，收敛性及其极限是一个基本而重要的概念.

定义 3.11　设 $X_1, X_2, \cdots, X_n, \cdots$ 是一列随机变量，若对常数 a 及任意的 $\varepsilon > 0$，有

$$\lim_{n\to\infty} P\{|X_n - a| < \varepsilon\} = 1$$

则称序列 $X_1, X_2, \cdots, X_n, \cdots$ **依概率收敛**于 a. 简记为 $X_n \xrightarrow{P} a$.

定理 3.6(切比雪夫大数定律)　设随机变量 $X_1, X_2, \cdots, X_n, \cdots$ 相互独立，且具有相同的数学期望和方差：$E(X_k)=\mu$，$D(X_k)=\sigma^2(k=1, 2, \cdots)$. 将前 n 个随机变量的算术平均值记为 $\overline{X}=\frac{1}{n}\sum_{k=1}^{n}X_k$，则对于任意 $\varepsilon > 0$，有

$$\lim_{n\to\infty} P\{|\overline{X} - \mu| < \varepsilon\} = 1$$

或

$$\lim_{n\to\infty} P\left\{\left|\frac{1}{n}\sum_{k=1}^{n}X_k - \mu\right| < \varepsilon\right\} = 1$$

证

$$E\left(\frac{1}{n}\sum_{k=1}^{n}X_k\right) = \frac{1}{n}\sum_{k=1}^{n}E(X_k) = \frac{1}{n}\cdot n\mu = \mu$$

$$D\left(\frac{1}{n}\sum_{k=1}^{n}X_k\right) = \frac{1}{n^2}\sum_{k=1}^{n}D(X_k) = \frac{1}{n^2}\cdot n\sigma^2 = \frac{\sigma^2}{n}$$

由切比雪夫不等式可得

$$P\left\{\left|\frac{1}{n}\sum_{k=1}^{n}X_k - \mu\right| < \varepsilon\right\} \geqslant 1 - \frac{\sigma^2/n}{\varepsilon^2}$$

在上式中令 $n\to\infty$，并注意到概率不可能大于 1，即得

$$\lim_{n\to\infty} P\left\{\left|\frac{1}{n}\sum_{k=1}^{n}X_k - \mu\right| < \varepsilon\right\} = 1$$

定理 3.6 表明，在满足定理的条件下，随机变量 $X_1, X_2, \cdots, X_n$ 的算术平均值依概率收敛于它们的数学期望 μ，即 $\overline{X}\xrightarrow{P}\mu$，即 n 个随机变量的算术平均具有稳定性.

这一结论对一个独立同分布且期望、方差有限的随机变量也成立，若把这个分布确定为 (0-1) 分布，就有下面的伯努利大数定律.

定理 3.7(伯努利大数定律)　设 n_A 是 n 重伯努利试验中事件 A 发生的次数，且每次试验中事件 A 发生的概率为 $p(0 < p < 1)$，则对任意 $\varepsilon > 0$，有

$$\lim_{n\to\infty} P\left\{\left|\frac{n_A}{n} - p\right| < \varepsilon\right\} = 1$$

证　令

$$X_n = \begin{cases} 1, & \text{事件 } A \text{ 在第 } n \text{ 次试验中发生} \\ 0, & \text{事件 } A \text{ 在第 } n \text{ 次试验中未发生} \end{cases}$$

其中 $n=1, 2, \cdots$，则 $X_1, X_2, \cdots, X_n, \cdots$ 都服从以 p 为参数的 (0-1) 分布，$E(X_n)=p$，$D(X_n)=p(1-p)$，$n=1, 2, \cdots$，且 $n_A = X_1 + X_2 + \cdots + X_n$，由定理 3.6 可得

$$\lim_{n\to\infty} P\left\{\left|\frac{1}{n}(X_1 + X_2 + \cdots + X_n) - p\right| < \varepsilon\right\} = 1$$

于是有

$$\lim_{n\to\infty}P\left\{\left|\frac{n_A}{n}-p\right|<\varepsilon\right\}=1$$

伯努利大数定律表明，在条件完全相同的独立重复试验中，当试验次数 n 无限增大时，事件 A 出现的频率依概率收敛于事件 A 发生的概率．这就从数学上证明了频率的稳定性．由实际推断原理，在实际应用中，当试验次数很大时，便可以用事件发生的频率来代替事件的概率．现在，我们就会对第 1 章中的抛硬币试验数据的含义理解得更加透彻.

下面我们给出一个独立同分布的大数定律，叙述如下.

定理 3.8(辛钦大数定律)　设 $X_1, X_2, \cdots, X_n, \cdots$ 是独立同分布的随机变量序列，且有 $E(X_k)=\mu(k=1, 2, \cdots)$，则对于任意 $\varepsilon>0$，有

$$\lim_{n\to\infty}P\left\{\left|\frac{1}{n}\sum_{k=1}^{n}X_k-\mu\right|<\varepsilon\right\}=1$$

辛钦大数定律表明，n 次观察的算术平均值依概率收敛于它们的期望．这就在不知道随机变量 X 的分布的情况下，为估计 X 的期望提供了一条实际可行的途径.

3.6.2　中心极限定理

在实际问题中，许多随机现象是由大量相互独立的随机因素综合影响形成的，其中每一个因素在总的影响中所起的作用是微小的．这类随机变量一般都服从或近似服从正态分布．比如，射击时命中点与靶心会有偏差，这种偏差是大量微小的偶然因素所造成的微小误差的总和，可能有瞄准误差、测量误差、气象、子弹制造方面的误差及射击时武器的振动等诸多因素．在研究这类现象时可以将这些现象抽象为概率论的内容，就是要解决由许多独立的随机变量的和所组成的随机变量的分布规律.

中心极限定理是棣莫弗在 18 世纪首先提出的，内容非常丰富．利用这些结论，在研究数理统计中许多复杂随机变量的分布时可以用正态分布近似，而正态分布有许多完美的理论，从而可以获得既实用又简单的统计分析，下面我们仅介绍其中两个最基本的结论.

定理 3.9(林德伯格-列维中心极限定理)　设随机变量序列 $X_1, X_2, \cdots, X_n, \cdots$ 相互独立且服从同一分布，具有有限的数学期望和方差，$E(X_k)=\mu$，$D(X_k)=\sigma^2>0(k=1, 2, \cdots)$，则随机变量

$$Y_n=\frac{\sum_{k=1}^{n}X_k-n\mu}{\sqrt{n}\sigma}$$

的分布函数 $F_n(x)$，对于任意的 x，有

$$\lim_{n\to\infty}F_n(x)=\lim_{n\to\infty}P\left\{\frac{\sum_{k=1}^{n}X_k-n\mu}{\sqrt{n}\sigma}\leqslant x\right\}=\int_{-\infty}^{x}\frac{1}{\sqrt{2\pi}}\mathrm{e}^{-t^2/2}\mathrm{d}t=\Phi(x).\tag{3-34}$$

定理 3.9 的证明需要进一步的知识，超出本书要求，在此不作介绍．定理 3.9 说明，独立同分布的随机变量之和的标准化随机变量，在 n 充分大时，近似服从标准正态分布，即 $\dfrac{\frac{1}{n}\sum_{k=1}^{n}X_k-\mu}{\sigma/\sqrt{n}}=\dfrac{\overline{X}-\mu}{\sigma/\sqrt{n}}$ 近似地服从标准正态分布，也可写成 $\overline{X}$ 近似地服从 $N\left(\mu, \dfrac{\sigma^2}{n}\right)$．这是独

立同分布中心极限定理结果的另一种形式.

【例 3-25】 某生产线生产的产品成箱包装，每箱的质量是随机的．假设每箱平均质量 50 kg，标准差为 5 kg. 若用最大载重量为 5 t 的汽车承运，试利用中心极限定理说明每辆车最多可以装多少箱，才能保障不超载的概率大于 0.977.

解　设 $X_k(k=1,2,\cdots,n)$ 是装运的第 k 箱的质量(单位：kg)，n 是所求箱数．由条件可以把 $X_1, X_2, \cdots, X_n$ 视为独立同分布的随机变量，而 n 箱的总质量

$$T_n = X_1 + X_2 + \cdots + X_n$$

是独立同分布随机变量的和.

由条件知 $E(X_k)=50$，$\sqrt{D(X_k)}=5$；$E(T_n)=50n$，$\sqrt{D(T_n)}=5\sqrt{n}$.

由定理 3.9 知，T_n 近似服从正态分布 $N(50n, 25n)$.

箱数取决于条件：

$$P\{T_n \leqslant 5\,000\} = P\left\{\frac{T_n - 50n}{5\sqrt{n}} \leqslant \frac{5\,000 - 50n}{5\sqrt{n}}\right\} \approx \Phi\left(\frac{1\,000 - 10n}{\sqrt{n}}\right) > 0.977 = \Phi(2)$$

由此可见

$$\frac{1\,000 - 10n}{\sqrt{n}} > 2$$

从而 $n < 98.0199$，即最多可以装 98 箱.

如果定理 3.9 中的分布设定为二项分布，就可以得到中心极限定理中最简单的也是最常用的一种形式，这就是棣莫弗-拉普拉斯中心极限定理.

定理 3.10(棣莫弗-拉普拉斯中心极限定理)　设随机变量 $\eta_n \sim B(n, p)$，则对于任意 x，有

$$\lim_{n\to\infty} P\left\{\frac{\eta_n - np}{\sqrt{np(1-p)}} \leqslant x\right\} = \int_{-\infty}^{x} \frac{1}{\sqrt{2\pi}} e^{-\frac{t^2}{2}} dt = \Phi(x) \tag{3-35}$$

这个定理表明，当 n 很大时，正态分布是二项分布的极限分布．将 η_n 分解为 n 个随机变量 $X_1, \cdots, X_n$ 之和，且 $X_1, \cdots, X_n$ 都服从 0-1 分布 $B(1, p)$，$\eta_n = \sum_{i=1}^{n} X_i \sim B(n, p)$，则由定理 3.9 得

$$\lim_{n\to\infty} P\left\{\frac{\eta_n - np}{\sqrt{np(1-p)}} \leqslant x\right\} = \lim_{n\to\infty} P\left\{\frac{\sum_{k=1}^{n} X_k - np}{\sqrt{np(1-p)}} \leqslant x\right\} = \int_{-\infty}^{x} \frac{1}{\sqrt{2\pi}} e^{-\frac{t^2}{2}} dt = \Phi(x)$$

因为二项分布的极限分布是正态分布，所以我们可以用下面式子来近似地计算二项分布的概率.

$$\begin{aligned} P\{a < X \leqslant b\} &= P\left\{\frac{a - np}{\sqrt{np(1-p)}} < \frac{X - np}{\sqrt{np(1-p)}} \leqslant \frac{b - np}{\sqrt{np(1-p)}}\right\} \\ &\approx \Phi\left(\frac{b - np}{\sqrt{np(1-p)}}\right) - \Phi\left(\frac{a - np}{\sqrt{np(1-p)}}\right) \end{aligned} \tag{3-36}$$

特别地，对 $P\{a < X < b\}$，$P\{a \leqslant X < b\}$，$P\{a \leqslant X \leqslant b\}$，我们仍用式(3-36)求近似值，因为 n 较大时，$P\{X = a\}$，$P\{X = b\}$ 的值很小，可以忽略不计.

【例 3-26】设某电站供电网有 10 000 盏电灯，夜晚每盏灯开灯的概率为 0.7，而假定开关时间相互独立，估计夜晚同时开着的灯的盏数在 6 800~7 200 之间的概率.

解 令 η 表示夜晚同时开着灯的盏数，则 $\eta \sim B(10\,000,\ 0.7)$，于是有

$$E(\eta) = 10\,000 \times 0.7 = 7\,000,\ D(\eta) = 10\,000 \times 0.7 \times 0.3 = 2\,100$$

由中心极限定理，有

$$P\{6\,800 < \eta < 7\,200\} = P\left\{\frac{6\,800 - 7\,000}{\sqrt{2\,100}} < \frac{\eta - 7\,000}{\sqrt{21\,000}} < \frac{7\,200 - 7\,000}{\sqrt{2\,100}}\right\}$$

$$= P\left\{\left|\frac{\eta - 7\,000}{\sqrt{21\,000}}\right| < 4.36\right\} \approx 2\Phi\{4.36\} - 1 = 0.999\,99$$

【例 3-27】某位工人修理一台机器需要两个阶段，第一阶段所需时间(单位：h)服从均值为 0.2 的指数分布，第二阶段服从均值为 0.3 的指数分布，且与第一阶段独立. 现有 20 台机器需要修理，求他在 8 h 内完成的概率.

解 设修理第 $i(i=1,\ 2,\ \cdots,\ 20)$ 台机器，第一阶段耗时 X_i，第二阶段耗时 Y_i，共耗时 $Z_i = X_i + Y_i$，已知 $E(X_i) = 0.2$，$E(Y_i) = 0.3$，故

$$E(Z_i) = E(X_i) + E(Y_i) = 0.5$$

$$D(Z_i) = D(X_i) + D(Y_i) = 0.2^2 + 0.3^2 = 0.13$$

20 台机器需要修理的时间可以近似服从正态分布，即有

$$\sum_{i=1}^{20} Z_i \sim N(20 \times 0.5,\ 20 \times 0.13) = N(10,\ 2.6)$$

故所求概率为

$$P\left\{\sum_{i=1}^{20} Z_i \leqslant 8\right\} \approx \Phi\left(\frac{8 - 20 \times 0.5}{\sqrt{20}\ \sqrt{0.13}}\right) = \Phi(-1.21) = 0.107\,5$$

小 结

1. 基本概念

本章以二维随机变量为例，主要讨论了多维随机变量的定义和性质，二维随机变量的联合分布函数 $F(x,\ y) = P\{X \leqslant x,\ Y \leqslant y\}$、边缘分布和独立性、条件分布等. 要注意，对于 $(X,\ Y)$ 的分布可以确定关于 X，Y 的边缘分布. 反之，由关于 X，Y 的边缘分布一般不能确定 $(X,\ Y)$ 的分布. 只有 X，Y 相互独立时，由两个边缘分布才能确立 $(X,\ Y)$ 的分布. 按随机变量的类型，具体知识点如下.

(1)离散型：联合分布律、边缘分布律及独立性、条件分布律、随机变量函数 $Z = g(X,\ Y)$ 的分布律.

(2)连续型：联合概率密度、边缘概率密度及独立性、条件概率密度，还有随机变量函数 $Z = X + Y$、$Z = \max(X,\ Y)$ 和 $Z = \min(X,\ Y)$ 的分布.

2. 多维随机变量的数字特征

(1)期望和方差的进一步性质：

设 X，Y 是随机变量，则有 $E(X + Y) = E(X) + E(Y)$；

若 X, Y 相互独立，则有 $E(XY)=E(X)E(Y)$，$D(X+Y)=D(X)+D(Y)$.

(2) 协方差 $\mathrm{Cov}(X, Y)=E\{[X-E(X)][Y-E(Y)]\}$.

(3) 相关系数 $\rho_{XY}=\dfrac{\mathrm{Cov}(X, Y)}{\sqrt{D(X)}\sqrt{D(Y)}}$.

3. 三个大数定律和两个中心极限定理

切比雪夫大数定律、伯努利大数定律、辛钦大数定律和林德伯格–列维中心极限定理、棣莫弗–拉普拉斯中心极限定理.

习　题

3–1　一个袋内装有 5 个白球、3 个红球．第一次从袋中任取一个球，不放回，第二次又从袋中任取两个球，X_i 表示第 i 次取到白球的个数($i=1, 2$)．求：

(1) (X_1, X_2) 的分布律；

(2) $P\{X_1=0, X_2\neq 0\}$，$P\{X_1=X_2\}$，$P\{X_1X_2=0\}$.

3–2　设随机变量 $Y\sim N(0, 1)$，求如下随机变量 (X_1, X_2) 的分布律.

$$X_1=\begin{cases}0, & |Y|\geqslant 1\\ 1, & |Y|<1\end{cases} \text{和} X_2=\begin{cases}0, & |Y|\geqslant 2\\ 1, & |Y|<2\end{cases}$$

3–3　设某班车起点站上车人数 X 服从参数为 $\lambda(\lambda>0)$ 的泊松分布，每位乘客在中途下车的概率为 $p(0<p<1)$，并且他们在中途下车与否是相互独立的，用 Y 表示在中途下车的人数，求：

(1) 在发车时有 n 个乘客的条件下，中途有 m 人下车的概率；

(2) 二维随机变量 (X, Y) 的分布律.

3–4　已知二维随机变量 (X, Y) 的概率密度为

$$f(x, y)=\begin{cases}A\mathrm{e}^{-(2x+3y)}, & x>0, y>0\\ 0, & \text{其他}\end{cases}$$

求：

(1) 常数 A；

(2) (X, Y) 的分布函数.

3–5　设随机变量 (X, Y) 的概率密度为

$$f(x, y)=\begin{cases}A(6-x-y), & 0<x<2, 2<y<4\\ 0, & \text{其他}\end{cases}$$

求：

(1) 常数 A；

(2) $P\{X>1, Y<3\}$；

(3) $P\{X\leqslant 1.5\}$.

3–6　设二维随机变量 (X, Y) 在区域 $D=\{(X, Y): x^2+y^2\leqslant 4\}$ 上服从均匀分布，求：

(1) (X, Y) 的概率密度；

(2) $P\{Y \leqslant |X|\}$.

3-7　已知随机变量 X 与 Y 相互独立且 $X \sim E(\lambda)$，$Y \sim E(\mu)$，定义随机变量 Z 如下：

$$Z = \begin{cases} 1, & X \leqslant Y \\ 0, & X > Y \end{cases}$$

求 Z 的分布律.

3-8　将 3 个球随机地放入 3 个盒子中，用 X 和 Y 分别表示放入第一个和第二个盒子中球的个数，求 (X, Y) 的分布律及关于 X 和关于 Y 的边缘分布律，并判断 X 与 Y 是否相互独立.

3-9　设随机变量 X 与 Y 相互独立，其联合分布律如表 3-19 所示.

表 3-19

X	Y		
	1	2	3
1	a	1/9	c
2	1/9	b	1/3

试求表 3-19 中的 a，b，c.

3-10　设二维随机变量 (X, Y) 的分布函数 $F(x, y)$ 为

$$F(x, y) = \begin{cases} 1 - e^{-x} - e^{-y} + e^{-x-y-\lambda xy}, & x > 0, y > 0 \\ 0, & \text{其他} \end{cases}$$

其中参数 $0 < \lambda < 1$. 求关于 X 和 Y 的边缘分布函数，并判断 X 与 Y 是否相互独立.

3-11　设二维随机变量 (X, Y) 的分布函数为

$$f(x, y) = \begin{cases} 3x, & 0 < x < 1, 0 < y < x \\ 0, & \text{其他} \end{cases}$$

求边缘分布函数 $f_X(x)$ 和 $f_Y(y)$，并说明 X 与 Y 是否相互独立.

3-12　设二维随机变量 (X, Y) 的概率密度为

$$f(x, y) = \begin{cases} k(3x^2 + xy), & 0 < x < 1, 0 < y < 2 \\ 0, & \text{其他} \end{cases}$$

(1) 确定常数 k；

(2) 求关于 X 和关于 Y 的边缘概率密度；

(3) 说明 X 与 Y 是否相互独立；

(4) 求 $P\{X + Y < 1\}$.

3-13　设平面区域 G 是由 x 轴、y 轴及直线 $x + \frac{y}{2} = 1$ 所围成的三角形区域，二维随机变量 (X, Y) 在 G 上服从均匀分布，求 $f_{X|Y}(x|y)$ 和 $f_{Y|X}(x|y)$.

3-14　设二维随机变量 (X, Y) 的概率密度为

$$f(x, y) = \begin{cases} 3x, & 0 < x < 1, 0 < y < x \\ 0, & \text{其他} \end{cases}$$

试求 $f_{X|Y}(x|y)$ 及 $P\{X \leqslant 0.5 | Y = 0.3\}$.

3-15　已知二维随机变量 (X, Y) 的分布律如表 3-20 所示.

表 3-20

X	Y		
	-1	0	1
-1	1/5	1/10	1/5
1	0	2/5	1/10

求:

(1) $Z = X + Y$ 的分布律;

(2) $Z = \min(X, Y)$ 的分布律.

3-16　设随机变量 X 与和 Y 相互独立且服从同一分布，其分布律如表 3-21 所示.

表 3-21

$X + Y$	1	2	3
P	1/3	1/3	1/3

又设 $M = \max(X, Y)$，$N = \min(X, Y)$，求二维随机变量的分布律.

3-17　设随机变量 X 与 Y 相互独立，且 $X \sim U(0, 1)$，$Y \sim E(1)$，求:

(1) (X, Y) 的分布函数;

(2) $Z = X + Y$ 的概率密度.

3-18　设二维随机变量 (X, Y) 的分布函数为

$$f(x, y) = \begin{cases} \dfrac{1}{2}(x + y)\mathrm{e}^{-(x+y)}, & x > 0, y > 0 \\ 0, & \text{其他} \end{cases}$$

(1)问 X 与 Y 是否相互独立;

(2)求 $Z = X + Y$ 的概率密度.

3-19　设某一设备装有 3 个同类电气元件，元件工作相互独立，工作时间都服从参数为 λ 的指数分布. 当 3 个元件都正常工作时，设备才正常工作. 试求设备正常工作时间 T 的概率密度.

3-20　设二维随机变量 (X, Y) 的分布律如表 3-22 所示.

表 3-22

X	Y		
	-1	0	1
1	0.2	0.1	0.1
2	0.1	0	0.1
3	0	0.3	0.1

(1)求 $E(X)$，$E(Y)$，$D(X)$，$D(Y)$;

(2)设 $Z = X/Y$，求 $E(Z)$.

3-21　在一次拍卖中，两人竞买一幅名画，拍卖以暗标形式进行，并以最高价成交. 设两人的出价相互独立且服从[1, 2]上的均匀分布，求这幅画的期望成交价.

3-22　设二维随机变量 (X, Y) 的概率密度为

$$f(x, y)=\begin{cases}12y^2, & 0 \leqslant y \leqslant x \leqslant 1 \\ 0, & \text{其他}\end{cases}$$

求 $E(X)$, $E(Y)$, $E(XY)$, $E(X^2+Y^2)$.

3-23　两种证券 A, B 的收益率为 r_A, r_B, 人们常用收益率的方差来衡量证券的风险, 收益率的方差为正的证券称为**风险证券**. 如果 A, B 均为风险证券, 且 $|\rho_{AB}| \neq 1$, 证明 A, B 的任意投资组合 P (允许卖空)必然也是风险证券; 若 $|\rho_{AB}|=1$, 何时能得到无风险组合? 并构造相应的无风险组合; 当 ρ_{AB} 满足什么条件时, 能在不允许卖空的情况下, 得到比 A, B 的风险都小的投资组合?

3-24　已知某只股票价格变化率 r 和银行利率 r_f 存在一定的联系, r 和 r_f 的联合分布律如表 3-23 所示.

表 3-23

r_f	r							
	-3%	1%	2%	3%	4%	5%	6%	7%
1%	0.015	0.015	0.045	0.09	0.03	0.06	0.03	0.015
1.5%	0.025	0.05	0.1	0.15	0.075	0.05	0.025	0.025
2%	0.06	0.04	0.03	0.02	0.02	0.02	0.01	0

(1)求该股票价格的平均变化率;

(2)如果已知利率 $r_f=1.5\%$, 求股票价格的平均变化率.

3-25　设随机变量 X 与 Y 相互独立, 它们的概率密度分别为

$$f_X(x)=\begin{cases}1, & 0<x<1 \\ 0, & \text{其他}\end{cases}, \quad f_Y(Y)=\begin{cases}3e^{-3y}, & y>0 \\ 0, & y \leqslant 0\end{cases}$$

求 $E(2X^2Y)$.

3-26　设二维随机变量 (X, Y) 的分布律如表 3-24 所示.

表 3-24

X	Y		
	-1	0	1
-1	1/8	1/8	1/8
0	1/8	0	1/8
1	1/8	1/8	1/8

验证 X 与 Y 不相关, 但 X 与 Y 不相互独立.

3-27　设随机变量 X 与 Y 的分布律分别如表 3-25 和表 3-26 所示.

表 3-25

X	0	1
P	1/3	2/3

表 3-26

Y	-1	0	1
P	1/3	1/3	1/3

且 $P\{X^2 = Y^2\} = 1$，求：

(1) 二维随机变量 (X, Y) 的分布律；

(2) $Z = XY$ 的分布律；

(3) X 与 Y 的相关系数 ρ_{XY}.

3-28　设二维随机变量 (X, Y) 在圆域 $D = \{(x, y) \mid x^2 + y^2 \leqslant r^2\}$ 上服从均匀分布．求 X 与 Y 之间的相关系数；问 X 与 Y 是否相互独立？说明理由.

3-29　设二维随机变量 (X, Y) 的概率密度为

$$f(x, y) = \begin{cases} \frac{1}{8}(x + y), & 0 \leqslant x \leqslant 2,\ 0 \leqslant y \leqslant 2 \\ 0, & \text{其他} \end{cases}$$

求 $\operatorname{Cov}(X, Y)$，ρ_{XY}，$D(X + Y)$.

3-30　已知 3 个随机变量 X，Y，Z 满足 $E(X) = E(Y) = E(Z) = -1$，$D(X) = D(Y) = D(Z) = 1$，$\rho_{XY} = 0$，$\rho_{XZ} = 0.5$，$\rho_{YZ} = -0.5$，求 $D(X + Y + Z)$.

3-31　设 $X \sim N(\mu_1, \sigma_1^2)$，$Y \sim N(\mu_2, \sigma_2^2)$，且 X 与 Y 相互独立，求 $U = \alpha X + \beta Y$ 和 $U = \alpha X - \beta Y$ 的相关系数(其中 α，β 是不为 0 的常数).

3-32　设 X_1，X_2，…，X_n，… 是相互独立的随机变量序列，且 $X_i (i = 1, 2, \cdots)$ 服从参数为 λ 的泊松分布，求随机变量 $\dfrac{\sum_{i=1}^{n} X_i - n\lambda}{\sqrt{n\lambda}}$ 的近似分布.

3-33　设 X_1，X_2，…，X_n 是 n 个不同的个体在未来特定时期里面临的意外损失，一种风险分担机制是将 n 个个体组成一个互助组，当某个个体遭受损失时，损失平均分摊到每个个体．试用大数定律分析：这种分担机制是否会极大地降低每个个体损失的不确定性.

3-34　某单位设置一台电话总机，共有 200 个分机，设每个分机有 5% 时间要使用外线通话，并且各个分机使用外线与否是相互独立的．该单位需要多少外线才能保证每个分机要使用外线时可供使用的概率达到 0.9？

3-35　某超市有 3 种面包出售，它们的售价分别为 1 元、2 元、3 元，因为售出哪一种面包是随机的，于是售出一个面包的价格是一个随机变量，其值取 1、2、3 的概率分别为 0.3、0.2、0.5. 假设售出 300 个面包．(1) 求收入至少 400 元的概率；(2) 求售出价格为 2 元的面包多于 60 个的概率.

3-36　某复杂系统由 100 个相互独立起作用的部件所组成．在系统运行期间每个部件损坏的概率为 0.10. 为了使整个系统起作用，必须至少有 85 个部件正常工作，求整个系统起作用的概率.

课程文化 8　切比雪夫(Chebyshev，1821—1894)

切比雪夫是俄国数学家，他一生发表了 70 多篇科学论文，内容涉及数论、概率论、函数逼近论、积分学等方面．他证明了贝尔特兰公式，自然数列中素数分布的定理，大数定律的一般公式及中心极限定理．切比雪夫不仅重视纯数学，而且十分重视数学的应用.

切比雪夫是在概率论门庭冷落的年代从事这门学问的．他一开始就抓住了古典概率论中具有基本意义的问题，即那些“几乎一定要发生的事件”的规律——大数定律．历史上的第

一个大数定律是由雅各布·伯努利提出来的，后来泊松又提出了一个条件更宽的陈述，除此之外在这方面没有什么进展．相反，由于有些数学家过分强调概率论在伦理科学中的作用甚至企图以此来阐明“隐蔽着的神的秩序”，又加上理论工具的不充分和古典概率定义自身的缺陷，因此当时欧洲一些正统的数学家往往把它排除在精密科学之外.

1845 年，切比雪夫在其硕士论文中借助十分初等的工具——$\ln(1+x)$ 的麦克劳林展开式，对雅各布·伯努利大数定律作了精细的分析和严格的证明．一年之后，他又在格列尔的杂志上发表了《概率论中基本定理的初步证明》，文中给出了泊松形式的大数定律的证明．1866 年，切比雪夫发表了《论平均数》，进一步讨论了作为大数定律极限值的平均数问题．1887 年，他发表了更为重要的《关于概率的两个定理》，开始对随机变量和收敛到正态分布的条件(即中心极限定理)进行讨论.

切比雪夫引出的一系列概念和研究题材被俄国及后来苏联的数学家继承和发展．马尔科夫对矩方法作了补充，圆满地解决了随机变量的和按正态收敛的条件问题．李雅普诺夫则发展了特征函数方法，从而引起中心极限定理研究向现代化方向上的转变．以 20 世纪 30 年代柯尔莫哥洛夫建立概率论的公理体系为标志，苏联在这一领域取得了无可争辩的领先地位．近代极限理论——无穷可分分布律的研究也经伯恩斯坦、辛钦等人之手而臻于完善，成为切比雪夫所开拓的古典极限理论在 20 世纪抽枝发芽的繁茂大树．关于切比雪夫在概率论中所引进的方法论变革的伟大意义，苏联著名数学家柯尔莫哥洛夫在《俄罗斯概率科学的发展》一文中写道：“从方法论的观点来看，切比雪夫所带来的根本变革的主要意义不在于他是第一个在极限理论中坚持绝对精确的数学家(棣莫弗、拉普拉斯和泊松的证明与形式逻辑的背景是不协调的，他们不同于雅各布·伯努利，后者用详尽的算术精确性证明了他的极限定理)，切比雪夫的工作的主要意义在于他总是渴望从极限规律中精确地估计任何次试验中的可能偏差并以有效的不等式表达出来．此外，切比雪夫是清楚地预见到如随机变量及其期望(平均)值等概念的价值，并将它们加以应用的第一个人．这些概念在他之前就有了，它们可以从事件和概率这样的基本概念导出，但是随机变量及其期望值是能够带来更合适与更灵活的算法的课题．”

1894 年 12 月 8 日上午 9 时，这位令人尊敬的学者在自己的书桌前溘然长逝．他既无子女，又无金钱，但是他却给人类留下了一笔不可估价的遗产——一个光荣的学派．彼得堡数学学派是伴随着切比雪夫几十年的舌耕笔耘成长起来的．它深深地扎根在圣彼得堡大学这块沃土里，它的成员们大都重视基础理论和实际应用，善于以经典问题为突破口，并擅长运用初等工具建立高深的结果．时至今日，俄罗斯已经是一个数学发达的国家，俄罗斯数学界的领袖们仍以自己被称为切比雪夫和彼得堡学派的传人而自豪.

课程文化 9　拉普拉斯(Laplace，1749—1827)

拉普拉斯是法国分析学家、概率论学家和物理学家，法国科学院院士．拉普拉斯在研究天体问题的过程中，创造和发展了许多数学的方法，以他的名字命名的拉普拉斯变换、拉普拉斯定理和拉普拉斯方程，在科学技术的各个领域有着广泛的应用.

拉普拉斯于 1749 年 3 月 23 日生于法国西北部卡尔瓦多斯的博蒙昂诺日，1827 年 3 月 5 日卒于巴黎．拉普拉斯 1816 年被选为法兰西学院院士，1817 年任该院院长．他致力于挽救没落的世袭制：他当了六个星期的拿破仑的内政部长，后来成为元老院的掌玺大臣，并在拿破仑皇帝时期和路易十八时期两度获颁爵位，后被选为法兰西学院院长．拉普拉斯曾任拿破仑的老师，并和拿破仑结下不解之缘.

在整个18世纪，许多人都在研究概率论．这一过程终以1812年拉普拉斯出版的《概率分析理论》达到顶峰，这是一本搜集并拓展了当时所知一切概率论的鸿篇巨著．该书总结了当时整个概率论的研究，论述了概率在选举审判调查、气象等方面的应用，导入"拉普拉斯变换"等重要概念和方法．这本著作集古典概率之大成，系统化以往零散的概率论研究结果，运用17、18世纪发展起来的分析工具处理相关问题，促使概率论向公式化和公理化方向发展，为近代概率论的萌生和发展提供了前提条件.

课程文化10　A. Я. 辛钦(Aleksandr Yakovlevich Khinchin，1894—1959)

A. Я. 辛钦，苏联数学家、数学教育家、现代概率论的奠基人之一，莫斯科概率学派的开创者．1939年当选为苏联科学院通讯院士，1944年当选为苏联教育科学院院士．1941年获苏联国家奖金，并多次获列宁勋章、劳动红旗勋章、荣誉勋章等奖章．辛钦共发表150多篇数学及数学史论著，在函数的度量理论、数论、概率论、信息论等方面都有重要的研究成果．在数学中以他的名字命名的概念有：辛钦定理、辛钦不等式、辛钦积分、辛钦条件、辛钦可积函数、辛钦转换原理、辛钦单峰性准则等.

辛钦是莫斯科概率论学派的创始人之一．他最早的概率成果是伯努利试验序列的重对数律，这项研究源于数论，是莫斯科概率论学派的开端，直到现在重对数律仍然是概率论重要研究课题之一．关于独立随机变量序列，辛钦首先与柯尔莫哥洛夫讨论了随机变量级数的收敛性，他证明了：(1)作为强大数律先声的辛钦弱大数律；(2)随机变量的无穷小三角列的极限分布类与无穷可分分布类相同.

辛钦还研究了分布律的算术问题和大偏差极限问题．他提出了平稳随机过程理论，这种随机过程在任何一段相同的时间间隔内的随机变化形态都相同．他提出并证明了严格平稳过程的一般遍历定理，首次给出了宽平稳过程的概念并建立了它的谱理论基础．他还研究了概率极限理论与统计力学基础的关系，并将概率论方法广泛应用于统计物理学的研究.

第4章

数理统计的基本概念

研究背景

前面3章介绍了概率论的基本理论，研究了随机事件的性质、特点和规律性，比如：求某个随机事件的概率，用随机变量表示随机事件，求多维随机变量的边缘分布、条件分布，求随机变量的数字特征等．以上研究的随机变量的分布假定都是已知的．然而在实际中，随机变量的分布可能完全未知，或者只知道随机变量的分布，但不知道分布中包含的参数．因此，只能通过试验或观察得到的相应的观察值，以这些观察值为基础对相关问题进行分析．数理统计正是利用概率论的基本方法，研究怎样搜集带有随机误差的数据，并在设定的模型(称为统计模型)之下，对所研究的问题进行分析，从而作出统计推断.

研究意义

数理统计是应用非常广泛的一个数学分支，在科技发展日新月异的今天，它是社会经济、工农业生产和科学实验等应用中不可缺少的工具.

学习目标

本章学习数理统计的基本概念，包括总体与样本、统计量、抽样分布等，理解总体、个体、样本和统计量的概念，理解常用统计量及三大抽样分布的概念，并能够查表计算概率，理解正态分布的一些常用统计量的分布和抽样定理的内容.

通过本章内容的学习，学生应理解统计的概念，体会整体与部分的辩证唯物主义思想.

4.1 总体与样本

4.1.1 总体与个体

在数理统计中，我们把研究对象的全部元素所组成的集合称为**总体**．组成总体的每一个元素称为**个体**．总体中所包含的个体的个数称为总体的容量．容量为有限的总体称为有限总体，容量为无限的称为无限总体．如果我们只关心研究对象的一项数量指标，这样的总体称为一元总体；如果关心研究对象的两个或两个以上的数量指标，这样的总体称为多元总体．

例如；对新入学的大学生的身体状况进行体检，则新入学的全体大学生就是总体，其中每个学生就是个体．因为该年级学生数有限，即个体的个数有限，所以该总体为有限总体．如果只考察学生的身高这一个数量指标 X，这时我们研究的总体为一元总体．如果考察每个学生的身高 X_1、体重 X_2、血压 X_3、肺活量 X_4 等多个数量指标，这时所研究的总体为多元总体．又如，考察某厂生产的某批灯泡的使用寿命，将全部灯泡看作总体，每个灯泡即为个体．我们只关心灯泡的使用寿命 X 这一个数量指标，此时研究的总体为一元总体．使用寿命 X 是服从指数分布的随机变量．这种型号灯泡个数有很多，看作有无穷多，这个总体是无限总体.

总体中的每个个体都是随机试验的一个观察值，它是某个随机变量 X 的一次实现值，这样，一个总体实际上就对应于一个随机变量．从数学意义上说，**总体**可以作为随机变量 X 所有可能取值的全体，**个体**就是其中的一个具体值．因而，对总体的研究就是对随机变量 X 的研究，随机变量 X 的分布和数字特征对应着总体的分布和数字特征．今后，我们不区分总体与相应的随机变量 X，称为总体 X. 若我们研究的是一元总体，X 便是随机变量；若研究的是多元总体，X 便是随机向量.

例如，研究机构为了了解网上购物(网购)的情况，在某市调查了以下 3 个问题：

(1)2022 年网购居民占全市居民的比例；

(2)2022 年网购居民的购物次数；

(3)2022 年网购居民的购物金额.

第一个问题所涉及的总体由该市的居民组成．我们可以将网上购物一次及以上的居民记为 1，其他居民记为 0. 这样该总体可以看作由很多 1 和 0 组成的总体．若记“1”在该总体中所占比例是 p，则该总体可以由两点分布 $B(1, p)$表示.

第二个问题所涉及的总体由至少网上购物一次的该市居民组成，每个成员对应一个自然数，这个自然数就是该市居民的网购次数 X，若记 p_k 为网购 k 次的居民在总体中所占的比例，则该总体可用如下离散型分布表示：

$$P\{X=k\}=p_k,\ k=1,\ 2,\ 3,\ \cdots$$

第三个问题和第二个问题的类型一致，只是研究的指标有所不同．网购的总金额是一个连续型的指标，而不是一个离散型的指标，因此相应的分布是连续分布函数 $F(x)$．一般情况下，网购金额高的居民占少数，所以该分布不是一个对称的分布，而应该是一个右偏的分布.

总之，通过这个例子，我们可以看到任何一个总体总可以用一个分布进行描述，尽管分布的确切形式可能不知道，但它一定存在.

4.1.2　简单随机样本

在数理统计中，总体的分布一般是未知的．如果总体的个数较多或者对总体进行的研究具有破坏性，例如，考察某批灯泡的使用寿命，在这种情况下，为了研究总体的相关性质，需要从总体中抽出一部分个体进行研究．从总体中抽取部分个体的过程叫作**抽样**.

现对总体 X 进行一次抽样，设每次抽取 n 个个体，这样就得到一组观察值为 x_1，x_2，…，x_n，其中每个 x_i 是从总体中抽出的第 i 个个体的数量指标的观察值．有时，我们还需要进行多次抽样观察，再进行一次抽样就能得到另一组观察值 x_1'，x_2'，…，x_n'，其中 x_i' 是

从总体中抽出的第 i 个个体的数量指标的观察值.

于是，我们得到了许多组不同的观察值．那么就一次抽样而言，观察值是一组确定的数，若进行多次抽取，则会得到不同的数值．因此，我们可以把一次抽样看成是 n 维随机变量 X_1，X_2，…，X_n 的一次观察值．一般地，样本就是按照一定的规则从总体中抽出的部分个体(取 n 个)进行观测，再依据这 n 个个体的试验结果推断总体的性质.

样本的例子如下.

(1)某主题乐园的一次性门票为 150 元，而办理年票的价格为 600 元．为了检验该票价制度的合理性，随机抽取 1 000 位年票持有者，记录了他们在 2021 年第一季度入园的次数，如表 4-1 所示.

表 4-1

入园次数	0	1	2	3	4	5+
人数	320	380	149	75	55	21

以上是一个样本容量为 1 000 的样本.

(2)随机抽取 200 棵树木测量其胸径，经整理后得到的数据如表 4-2 所示.

表 4-2

胸径长度/cm	10~15	15~20	20~25	25~30	30~35	35~40
棵	10	25	90	40	18	17

以上是一个样本容量为 200 的样本.

进一步，我们将(1)中的样本称为完全样本，将(2)中的样本称为分组样本(分组样本的观察值没有具体的数值，只有一个范围，属于不完全样本)．虽然分组样本存在信息的损失，但是在大样本的情况下，通过分组样本可以获得总体的概况.

样本来自总体，样本必含有总体的信息．为了使所抽取的样本能很好地反映总体，抽样方法很重要．因此，要求每次抽样时，每个个体都有相同的机会被抽取，每次抽取的结果不影响其他各次抽取的结果，也不受其他各次抽取结果的影响，能较好地反映总体的特征．为此，给出下面的定义.

定义 4.1 若 X_1，X_2，…，X_n 是相互独立且与总体 X 有相同分布的随机变量，称 X_1，X_2，…，X_n 为来自总体 X 的**简单随机样本**，简称**样本**．当 X_1，X_2，…，X_n 取定某一组常数值 x_1，x_2，…，x_n (其中 X_i 取值 x_i)时，称这组常数值 x_1，x_2，…，x_n 为样本 X_1，X_2，…，X_n 的一组**样本观察值**.

注：样本中的每个分量 X_i 都与总体 X 具有相同的分布，若总体的分布函数为 $F(x)$，则每个分量 X_i 的分布函数也为 $F(x_i)$．在抽样观察时，每一个体能否被抽取到是相互独立的，即 X_i 与 X_j 是相互独立的．获取上述简单随机样本的方法称为简单随机抽样.

简单随机样本是一种非常理想化的样本．对于有限总体而言，若能保证是有放回抽样，且抽样方式是随机的，就可以得到简单随机样本．但在实际中，常常是不放回抽样，这样就很难得到简单随机样本．当所研究的总体是无限总体时，不放回抽样和有放回抽样的区别就很小，可近似地将所得到的样本看作简单随机样本.

本书所研究的样本均指简单随机样本.

4.1.3　样本的联合分布

一般地，设总体 X 的分布函数 $F(x)$，$(X_1, X_2, \cdots, X_n)$ 是取自总体 X 的样本，样本 $(X_1, X_2, \cdots, X_n)$ 的分布函数为 $F^*(x_1, x_2, \cdots, x_n)=\prod_{i=1}^{n}F(x_i)$.

特别地，若总体 X 是离散型随机变量，其分布律为 $P\{X=x_i\}=P_i$，$i=1, 2, \cdots$，则样本 $(X_1, X_2, \cdots, X_n)$ 的分布律为

$$P\{X_1=x_1^*, X_2=x_2^*, \cdots, X_n=x_n^*\}=\prod_{k=1}^{n}P\{X=x_k^*\}=\prod_{k=1}^{n}P_k^* \tag{4-1}$$

若总体 X 是连续型随机变量，其概率密度为 $f(x)$，则样本 $(X_1, X_2, \cdots, X_n)$ 的概率密度为

$$f(x_1, x_2, \cdots, x_n)=\prod_{i=1}^{n}f(x_i) \tag{4-2}$$

注意　对于离散型总体，求样本的联合分布律时，首先写出总体的分布律，利用式(4-1)，写出样本的联合分布律，并进行化简；对于连续型总体，求样本的联合概率密度时，首先写出总体的概率密度，利用式(4-2)，写出样本的联合概率密度，并进行化简．以下面两个例子为例，熟悉样本联合分布的求法.

【例 4-1】 设总体 $X\sim\pi(\lambda)$，$X_1, X_2, \cdots, X_n$ 是来自总体 X 的样本．求样本 $X_1, X_2, \cdots, X_n$ 的联合分布律.

解　X 的分布律为

$$P\{X=x\}=\frac{\lambda^x e^{-\lambda}}{x!}, \ x=0, 1, 2, \cdots$$

则 $X_1, X_2, \cdots, X_n$ 的联合分布律为

$$P\{X_1=x_1, X_2=x_2, \cdots, X_n=x_n\}=\prod_{i=1}^{n}\frac{\lambda^{x_i}e^{-\lambda}}{x_i!}=\frac{\lambda^{\sum\limits_{i=1}^{n}x_i}e^{-n\lambda}}{\prod\limits_{i=1}^{n}x_i!}$$

【例 4-2】 设总体 $X\sim N(\mu, \sigma^2)$，$X_1, X_2, \cdots, X_n$ 是来自总体 X 的样本．求样本 $X_1, X_2, \cdots, X_n$ 的联合概率密度.

解　X 的概率密度为

$$f(x)=\frac{1}{\sqrt{2\pi}\sigma}e^{-\frac{(x-\mu)^2}{2\sigma^2}}$$

则 $X_1, X_2, \cdots, X_n$ 的联合概率密度为

$$\begin{aligned} f(X_1=x_1, X_2=x_2, \cdots, X_n=x_n) &= \prod_{i=1}^{n}\frac{1}{\sqrt{2\pi}\sigma}\exp\left\{-\frac{1}{2}\left(\frac{x_i-\mu}{\sigma}\right)^2\right\} \\ &= \left(\frac{1}{\sqrt{2\pi}\sigma}\right)^n\exp\left\{-\frac{1}{2\sigma^2}\sum_{i=1}^{n}(x_i-\mu)^2\right\} \end{aligned}$$

在实际应用中，人们对总体所包含的信息了解的很少．因此，往往借助于从总体中抽取的样本，对总体 X 的分布进行推断．这类问题称为统计推断问题，是数理统计研究的主要问题.

4.1.4 样本数据的整理与显示

样本含有总体的信息，但样本中的数据常显得杂乱无章，需要对样本进行整理和加工才能显示隐藏在数据背后的规律，样本数据的整理是统计研究的基础．整理的方法有图表法和构造统计量法，这里先介绍常用的图表法，如频数(频率)表和直方图．下一节会介绍构造统计量法.

1. 频数(频率)表

饮料公司的质检部门抽查某一种产品 20 件，测得质量(单位：g)的数据如表 4-3 所示.

表 4-3

160	196	164	148	170
175	178	166	181	162
161	168	166	162	172
156	170	157	162	154

对这 20 个数据进行整理，步骤如下.

(1)对样本进行分组．首先确定组数 k，作为一般性的原则，组数通常在 5~20 之间．组数的选择可参考表 4-4.

表 4-4

n	<50	50~100	100~250	>250
k	5~7	6~10	7~14	10~20

本例仅有 20 个数据，故分 5 组，即 $k=5$.

(2)确定组距．常采用等距分组，此时各组区间的长度称为组距，其近似计算公式为

$$\text{组距 } d=(\text{样本最大观察值}-\text{样本最小观察值})/\text{组数}$$

此例子中，$d=(196-148)/5=9.6$. 为方便，可取组距为 10.

(3)确定各组端点．$a_0<a_1<\cdots<a_k$，通常 a_0 略小于最小观察值，a_k 略大于最大观察值．本例取 $a_0=147$，$a_k=197$，分组区间为：(147，157]，(157，167]，(167，177]，(177，187]，(187，197].

(4)统计样本落入每个区间的频数，作出频数(频率)表，如表 4-5 所示.

表 4-5

组号	分组区间	频数	频率	累计频率/%
1	(147，157]	4	0.20	20
2	(157，167]	8	0.40	60
3	(167，177]	5	0.25	85
4	(177，187]	2	0.10	95
5	(187，197]	1	0.05	100

2. 直方图

我们可以根据频数(频率)表(见表 4-5)为基础构造直方图(见图 4-1). 直方图在组距相等的场合常用宽度相等的长条矩形表示, 矩形的高低表示频数(频率)的大小.

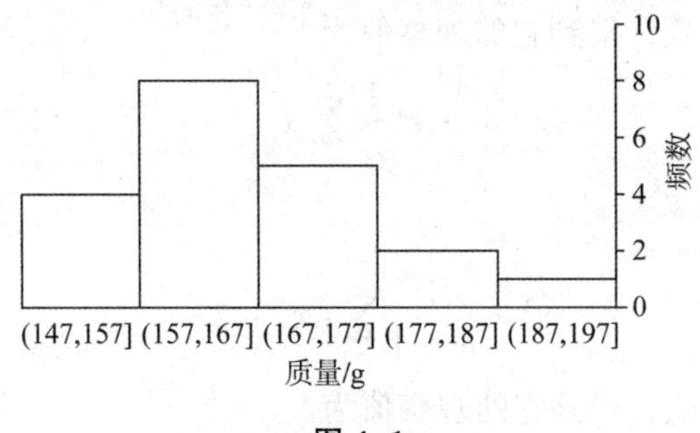

图 4-1

4.2　统计量

4.2.1　统计量

在实际中, 由样本得到样本观察值, 这些数据信息不能有效地对总体分布进行推断. 这时, 我们需要利用样本构造适当的函数, 进而利用常见的分布对总体进行推断.

定义 4.2　设 $X_1, X_2, \cdots, X_n$ 是来自总体 X 的一个样本, $g(X_1, X_2, \cdots, X_n)$ 是 $X_1, X_2, \cdots, X_n$ 的函数, 如果函数 g 中除了样本以外不含其他任何未知参数, 则称 $g(X_1, X_2, \cdots, X_n)$ 是一个统计量.

由定义知, 统计量是随机变量. 如果 $x_1, x_2, \cdots, x_n$ 是样本 $X_1, X_2, \cdots, X_n$ 的一组样本观察值, 则 $g(x_1, x_2, \cdots, x_n)$ 是统计量 $g(X_1, X_2, \cdots, X_n)$ 的样本观察值.

【例 4-3】 设 $X_1, X_2, \cdots, X_n$ 是来自总体 $N(\mu, \sigma^2)$ 的一个样本, 其中 μ 为已知, σ^2 为未知, 则下列各式哪些是统计量? 哪些不是统计量?

$$T_1 = 3X_1,\ T_2 = X_1 e^{X_2} - 2X_3,$$

$$T_3 = \frac{1}{n}(X_1 + X_2 + \cdots + X_n),\ T_4 = \max(X_1, X_2, \cdots, X_n),$$

$$T_5 = \frac{1}{\sigma^2}\sum_{i=1}^{n}(X_i - \mu)^2$$

分析　统计量的定义中有两点要注意: (1) 样本的函数; (2) 除了样本之外不含其他任何未知参数.

解　T_1, T_2, T_3, T_4 是统计量, 而 T_5 不是统计量.

由上例, 我们可以看到对于一个给定的样本, 可以构造出很多统计量. 但是, 常见的统计量并不多, 下面列出数理统计中的几个常用的统计量.

4.2.2　常用统计量

设 $X_1, X_2, \cdots, X_n$ 是来自总体 X 的一个样本, $x_1, x_2, \cdots, x_n$ 是一组样本观察值.

1. 样本均值

$$\overline{X}=\frac{1}{n}\sum_{i=1}^{n}X_i$$

把样本观察值代入上式，得到它的观察值为

$$\bar{x}=\frac{1}{n}\sum_{i=1}^{n}x_i$$

2. 样本方差

$$S^2=\frac{1}{n-1}\sum_{i=1}^{n}(X_i-\overline{X})^2$$

把样本观察值代入上式，得到它的观察值为

$$s^2=\frac{1}{n-1}\sum_{i=1}^{n}(x_i-\bar{x})^2$$

3. 样本标准差

$$S=\sqrt{\frac{1}{n-1}\sum_{i=1}^{n}(X_i-\overline{X})^2}$$

把样本观察值代入上式，得到它的观察值为

$$s=\sqrt{\frac{1}{n-1}\sum_{i=1}^{n}(x_i-\bar{x})^2}$$

4. 样本 k 阶(原点)矩

$$A_k=\frac{1}{n}\sum_{i=1}^{n}X_i^k,\ k=1,\ 2,\ \cdots$$

把样本观察值代入上式，得到它的观察值为

$$a_k=\frac{1}{n}\sum_{i=1}^{n}x_i^k,\ k=1,\ 2,\ \cdots$$

当 $k=1$ 时，样本的一阶原点矩恰好是样本均值，即 $A_1=\overline{X}$. 显然，样本均值是样本原点矩的特例.

5. 样本 k 阶中心矩

$$B_k=\frac{1}{n}\sum_{i=1}^{n}(X_i-\overline{X})^k,\ k=1,\ 2,\ \cdots$$

把样本观察值代入上式，得到它的观察值为

$$b_k=\frac{1}{n}\sum_{i=1}^{n}(x_i-\bar{x})^k,\ k=1,\ 2,\ \cdots$$

当 $k=2$ 时, $B_2=\frac{n-1}{n}S^2$.

上述统计量表示了样本的数字特征，它们是模拟总体数字特征构造的，称为样本的矩统计量，简称样本矩．它们是第 5 章矩法估计的理论基础.

【例 4-4】以下是抽样调查中得到的 8 名工人一周内各自生产的产品数：

150　140　160　130　120　180　120　200

试求其样本均值与样本方差.

解　$\bar{x}=\frac{1}{8}(150+140+160+130+120+180+120+200)=150$

$s^2=\frac{1}{7}[(150-150)^2+(140-150)^2+(160-150)^2+(130-150)^2+(120-150)^2+(180-150)^2+(120-150)^2+(200-150)^2]=828.571$

4.3　抽样分布

统计量的分布称为抽样分布．理论上，只要知道总体的分布就可以求出统计量的分布；但是一般情况下，想要求出统计量的分布是很困难的，本书仅对总体的分布是正态分布时，给出常见的几个抽样分布.

我们首先介绍数理统计中常用的分布．正态分布是生产和生活中应用最广泛的分布，在数学、物理及工程等领域都非常重要，在统计学的许多方面有着重大的影响力．第 2 章已经学习过，这里不再赘述．本节我们重点介绍χ^2 分布、t 分布和 F 分布.

4.3.1　数理统计中的常用分布

1.χ^2 分布

设 X_1，X_2，…，X_n 是 n 个相互独立的随机变量，且 $X_i\sim N(0,1)$，$i=1,2,\cdots,n$，称统计量

$$\chi^2=X_1^2+X_2^2+\cdots+X_n^2 \tag{4-3}$$

是服从自由度为 n 的χ^2 **分布**，记为$\chi^2\sim\chi^2(n)$.

一般地，若随机变量χ^2 服从χ^2 分布，则可以看作由 n 个相互独立的标准正态变量的平方和构成.

χ^2 分布中的自由度 n 表示相互独立的标准正态变量的个数.

利用多维随机变量的函数的分布的求法，可以证明$\chi^2(n)$ 分布的概率密度为

$$f(x)=\begin{cases}\dfrac{1}{2^{n/2}\Gamma(n/2)}x^{n/2-1}\mathrm{e}^{-x/2}, & x\geqslant 0\\ 0, & \text{其他}\end{cases}$$

其中 $\Gamma(\alpha)=\int_0^{+\infty}x^{\alpha-1}\mathrm{e}^{-x}\mathrm{d}x\ (\alpha>0)$是伽马函数．伽马函数又称为概率积分，它的几个特殊值对简化积分计算有重要的作用．它的几个常用的特殊值为

$$\Gamma(2)=\Gamma(1)=1,\ \Gamma\left(\frac{1}{2}\right)=\sqrt{\pi},\ \Gamma(\alpha)=(\alpha-1)\Gamma(\alpha-1)$$

图 4-2 给出了 $n=1,2,4,6,11$ 的χ^2 分布的概率密度曲线.

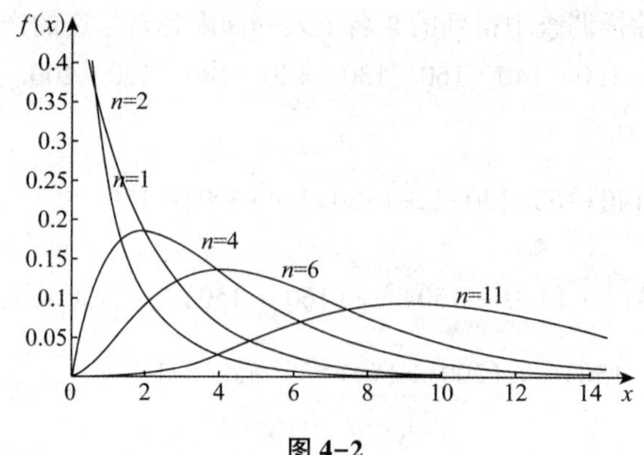

图 4-2

χ^2 分布具有以下性质.

(1) χ^2 分布具有可加性. 设 $\chi_1^2 \sim \chi^2(n_1)$, $\chi_2^2 \sim \chi^2(n_2)$, 且 χ_1^2 与 χ_2^2 相互独立, 则 $\chi_1^2 + \chi_2^2 \sim \chi^2(n_1+n_2)$.

(2) 若 $\chi^2 \sim \chi^2(n)$, 则 $E(\chi^2)=n$, $D(\chi^2)=2n$.

证 (1) 由 χ^2 分布的定义易得.

$$(2)\ E(\chi^2)=E\Big(\sum_{i=1}^{n}X_i^2\Big)=\sum_{i=1}^{n}E(X_i^2)=\sum_{i=1}^{n}D(X_i)=n$$

$$D(\chi^2)=D\Big(\sum_{i=1}^{n}X_i^2\Big)=\sum_{i=1}^{n}D(X_i^2)=\sum_{i=1}^{n}2=2n$$

其中, $D(X_i^2)=E(X_i^4)-[E(X_i^2)]^2=\dfrac{1}{\sqrt{2\pi}}\int_{-\infty}^{+\infty}x^4\mathrm{e}^{-x^2/2}\mathrm{d}x-1=2.$

推论 设 $\chi_i^2 \sim \chi^2(n_i)$, $i=1, 2, \cdots, m$, 且 $\chi_1^2, \chi_2^2, \cdots, \chi_m^2$ 相互独立, 则

$$\sum_{i=1}^{m}\chi_i^2 \sim \chi^2(n_1+n_2+\cdots+n_m)$$

利用 χ^2 分布的概率密度求概率在计算上是很复杂的, 为此制定了统计用表, 教材后面的附表给出了 χ^2 分布的上 α 分位点.

对于给定的 $\alpha(0<\alpha<1)$, 称满足条件 $P\{\chi^2>\chi_\alpha^2(n)\}=\alpha$ 的点 $\chi_\alpha^2(n)$ 为 $\chi^2(n)$ 分布的上 α 分位点, 如图 4-3 所示.

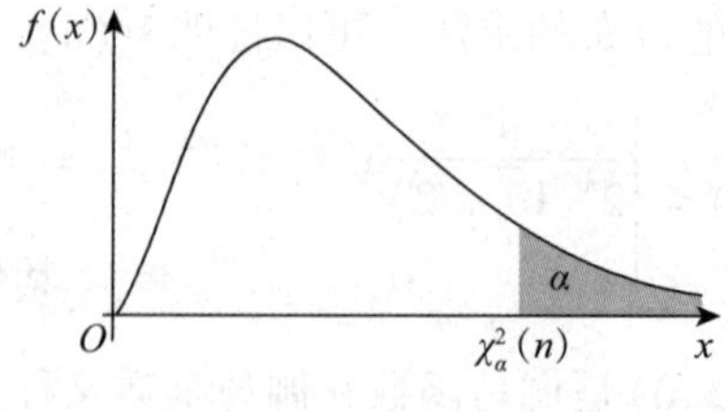

图 4-3

对于不同的 α, n, 上 α 分位点的值可以从附表查取. 例如, 设 $X \sim \chi^2(20)$, 对于 $\alpha=0.05$, 查得 $\chi_{0.05}^2(20)=31.410$.

【例 4-5】设 $\chi^2 \sim \chi^2(15)$, 查表计算概率 $P\{6.262 \leqslant \chi^2 \leqslant 24.996\}$.

解　查表，得$\chi^2_{0.975}(15)=6.262$，$\chi^2_{0.05}(15)=24.996$，故

$$\begin{aligned}P\{6.262\leqslant\chi^2\leqslant 24.996\}&=P\{\chi^2\geqslant 6.262\}-P\{\chi^2\geqslant 24.996\}\\&=0.975-0.05\\&=0.925\end{aligned}$$

附表中仅列到$n=45$，当$n>45$时，χ^2分布可近似看作正态分布，一般可以利用近似公式

$$\chi^2_\alpha(n)\approx\frac{1}{2}\left(z_\alpha+\sqrt{2n-1}\right)^2$$

给出，其中z_α是标准正态分布$N(0,\ 1)$的上α分位点．如图 4-4 所示.

对于正态分布有：$\Phi(z_\alpha)=1-\alpha$.

于是，可以由正态分布的分位数近似求得χ^2分布的分位数.

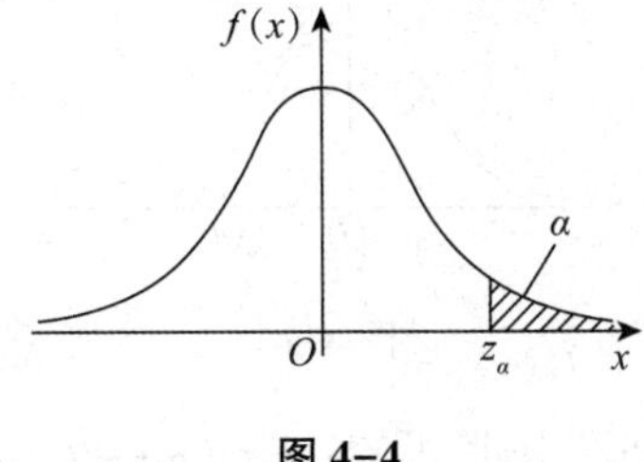

图 4-4

2. t 分布

定义 4.3　设$X\sim N(0,\ 1)$，$Y\sim\chi^2(n)$，且X与Y相互独立，则称随机变量

$$T=\frac{X}{\sqrt{Y/n}}$$

服从自由度n的t分布，记作$T\sim t(n)$.

$t(n)$ 分布的概率密度为

$$f(x)=\frac{\Gamma[(n+1)/2]}{\sqrt{n\pi}\Gamma(n/2)}\left(1+\frac{x^2}{n}\right)^{-(n+1)/2},\quad -\infty<x<+\infty$$

图 4-5 为t分布的概率密度曲线．t分布的概率密度曲线为单峰曲线，关于y轴对称，在$x=0$处取得最大值．曲线的形态与自由度n的大小有关：自由度n越小，曲线越平坦，曲线中间越低，曲线双侧尾部翘得越高；自由度越大，曲线越接近标准正态分布$N(0,\ 1)$曲线；当自由度趋于∞时，曲线趋于标准正态分布曲线．从图 4-5 可知，$\lim\limits_{|x|\to\infty}f(x)=0$.

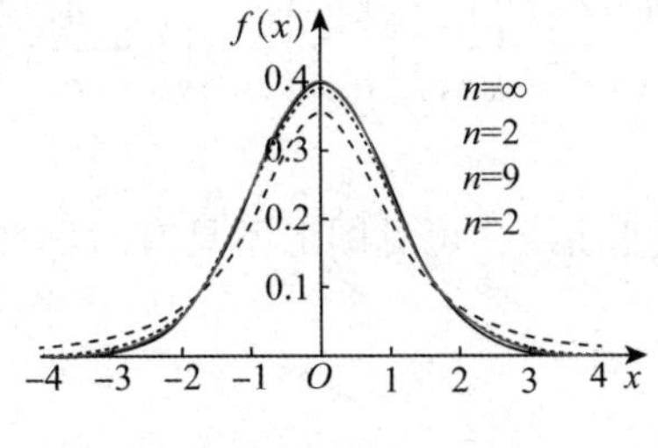

图 4-5

同时

$$\lim_{n\to\infty}f(x)=\lim_{n\to\infty}\frac{\Gamma[(n+1)/2]}{\sqrt{n\pi}\,\Gamma(n/2)}\left(1+\frac{x^2}{n}\right)^{-(n+1)/2}$$

$$=\frac{1}{\sqrt{\pi}}\mathrm{e}^{-x^2/2}\lim_{n\to\infty}\frac{\Gamma[(n+1)/2]}{\sqrt{n}\,\Gamma(n/2)}$$

$$=\frac{1}{\sqrt{2\pi}}\mathrm{e}^{-x^2/2}$$

因此当 $n\to\infty$ 时，t 分布趋近于 $N(0,\ 1)$ 分布.

对给定的 $\alpha(0<\alpha<1)$，称满足 $P\{T>t_\alpha(n)\}=\alpha$ 的 $t_\alpha(n)$ 为**t 分布的上 α 分位点**，如图 4-6 所示.

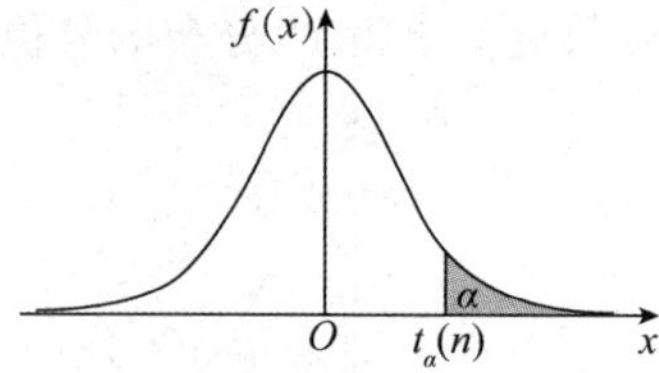

图 4-6

由 t 分布的上 α 分位点的定义及图形可知：$-t_\alpha(n)=t_{1-\alpha}(n)$.

【例 4-6】 查表计算 $t_{0.95}(20)$.

解 $t_{0.95}(20)=t_{1-0.05}(20)=-t_{0.05}(20)=-1.7247$.

当 $n\leqslant 30$ 时，$t_\alpha(n)$ 的值可以查附表，当 $n>30$ 时，对于常用的 α 值，就用标准正态分布的上 α 分位点近似，即 $t_\alpha(n)\approx z_\alpha$.

3. F 分布

定义 4.4 设 $X\sim\chi^2(n_1)$，$Y\sim\chi^2(n_2)$，且 X，Y 相互独立，称随机变量 $F=\dfrac{X/n_1}{Y/n_2}$ 服从第一个自由度为 n_1，第二个自由度为 n_2 的 **F 分布**，记为 $F\sim F(n_1,\ n_2)$.

易见，若 $F\sim F(n_1,\ n_2)$，则由 F 分布的定义有

$$\frac{1}{F}\sim F(n_2,\ n_1)$$

F 分布的概率密度为

$$f(x)=\begin{cases}\dfrac{\Gamma[(n_1+n_2)/2]}{\Gamma(n_1/2)\Gamma(n_2/2)}\left(\dfrac{n_1}{n_2}\right)\left(\dfrac{n_1}{n_2}x\right)^{\frac{n_1}{2}-1}\left(1+\dfrac{n_1}{n_2}x\right)^{-\frac{n_1+n_2}{2}}, & x\geqslant 0\\ 0, & x<0.\end{cases}$$

图 4-7 为 F 分布的概率密度曲线，可见图形不具有对称性

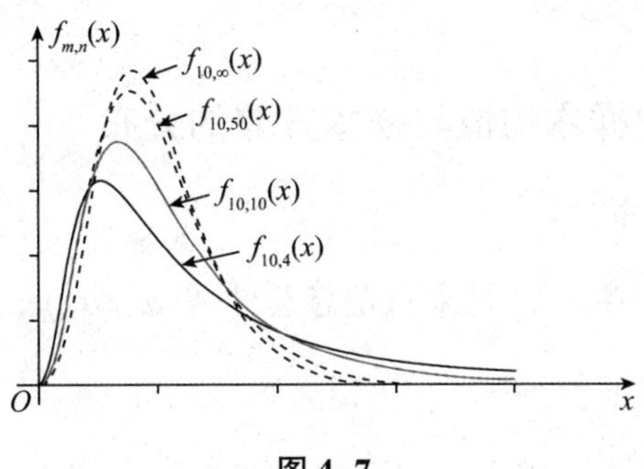

图 4-7

对于给定的 $\alpha(0<\alpha<1)$，满足 $P\{F>F_{\alpha}(n_1, n_2)\}=\alpha$ 的点 $F_{\alpha}(n_1, n_2)$ 为**F 分布的上 α 分位点**. 如图 4-8 所示.

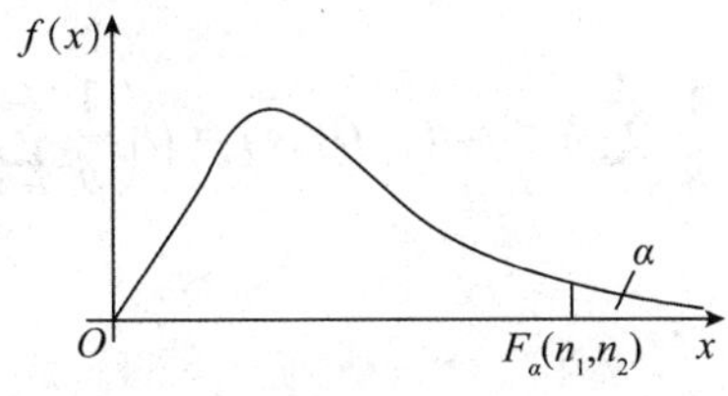

图 4-8

此外, F 分布的上 α 分位点有一个重要性质，即

$$F_{1-\alpha}(n_1, n_2)=\frac{1}{F_{\alpha}(n_2, n_1)}$$

这是因为，若 $F\sim F(n_1, n_2)$，则由 F 分布的定义有 $\frac{1}{F}\sim F(n_2, n_1)$.

利用 $F(n_1, n_2)$ 分布上 α 分位点的定义有

$$\begin{aligned}1-\alpha&=P\{F>F_{1-\alpha}(n_1, n_2)\}\\&=P\left\{\frac{1}{F}\leqslant\frac{1}{F_{1-\alpha}(n_1, n_2)}\right\}\\&=1-P\left\{\frac{1}{F}>\frac{1}{F_{1-\alpha}(n_1, n_2)}\right\}\end{aligned}$$

于是，有

$$P\left\{\frac{1}{F}>\frac{1}{F_{1-\alpha}(n_1, n_2)}\right\}=\alpha$$

所以 $\frac{1}{F_{1-\alpha}(n_1, n_2)}=F_{\alpha}(n_2, n_1)$，即 $F_{1-\alpha}(n_1, n_2)=\frac{1}{F_{\alpha}(n_2, n_1)}$.

【例 4-7】 设 $F\sim F(10, 6)$，$\alpha=0.025$，求 $F_{0.975}(10, 6)$.

解　利用 $F_{0.975}(10, 6)=\frac{1}{F_{0.025}(6, 10)}$，查表，得 $F_{0.025}(6, 10)=4.07$.

故

$$F_{0.975}(10, 6)=\frac{1}{F_{0.025}(6, 10)}=\frac{1}{4.07}=0.246$$

从 χ^2 分布、t 分布、F 分布的构成可知，标准正态变量是最基本的构成元素，它们之间有

密切的联系.

4.3.2 正态总体的样本均值与样本方差的分布

1. 单个正态总体的分布

定理 4.1 设 $X_1, X_2, \cdots, X_n$ 是来自正态总体 $N(\mu, \sigma^2)$ 的一个样本, $\overline{X}$ 是样本均值, 则有 $\overline{X} \sim N\left(\mu, \dfrac{\sigma^2}{n}\right)$.

证 因为 $X \sim N(\mu, \sigma^2)$, 则 $X_i \sim N(\mu, \sigma^2)$.

由相互独立的正态变量的线性函数仍然服从正态分布可知, $\overline{X} = \dfrac{1}{n}\sum_{i=1}^{n} X_i$ 也服从正态分布, 且

$$E(\overline{X}) = E\left(\frac{1}{n}\sum_{i=1}^{n} X_i\right) = \mu,\ D(\overline{X}) = D\left(\frac{1}{n}\sum_{i=1}^{n} X_i\right) = \frac{\sigma^2}{n}$$

因此 $\overline{X} \sim N\left(\mu, \dfrac{\sigma^2}{n}\right)$.

推论 设 $X_1, X_2, \cdots, X_n$ 是来自正态总体 $N(\mu, \sigma^2)$ 的一个样本, $\overline{X}$ 是样本均值, 则有 $\dfrac{\overline{X} - \mu}{\sigma/\sqrt{n}} \sim N(0, 1)$.

定理 4.2 设 $X_1, X_2, \cdots, X_n$ 是来自正态总体 $N(\mu, \sigma^2)$ 的一个样本, $\overline{X}$ 和 S^2 分别是样本均值和样本方差, 则有:

(1) $\overline{X}$ 与 S^2 独立;

(2) $(n-1)S^2/\sigma^2 \sim \chi^2(n-1)$.

本定理的证明用到较多的线性代数知识, 其证明超出了本课程范围, 证明略.

定理 4.3 设 $X_1, X_2, \cdots, X_n$ 是来自正态总体 $N(\mu, \sigma^2)$ 的一个样本, $\overline{X}$ 和 S^2 分别是样本均值和样本方差, 则有 $t = \dfrac{\overline{X} - \mu}{S/\sqrt{n}} \sim t(n-1)$.

证 因为 $\overline{X} \sim N\left(\mu, \dfrac{\sigma^2}{n}\right)$, 于是 $\dfrac{\overline{X} - \mu}{\sigma/\sqrt{n}} \sim N(0, 1)$.

由定理 4.2 知 $\dfrac{\overline{X} - \mu}{\sigma/\sqrt{n}}$ 与 $\dfrac{(n-1)S^2}{\sigma^2}$ 相互独立, 且 $\dfrac{(n-1)S^2}{\sigma^2} \sim \chi^2(n-1)$.

所以由 t 分布的定义知 $\dfrac{\dfrac{\overline{X} - \mu}{\sigma/\sqrt{n}}}{\sqrt{\dfrac{(n-1)}{\sigma^2}S^2 \times \dfrac{1}{n-1}}} = \dfrac{(\overline{X} - \mu)\sqrt{n}}{S} \sim t(n-1)$.

2. 两个正态总体的分布

定理 4.4 设 $X \sim N(\mu_1, \sigma_1^2)$ 与 $Y \sim N(\mu_2, \sigma_2^2)$ 是两个相互独立的正态总体. X_1,

X_2，…，X_{n_1} 和 Y_1，Y_2，…，Y_{n_2} 分别是取自两个正态总体的样本，其样本均值和样本方差分别为 $\overline{X}$ 和 S_1^2，$\overline{Y}$ 和 S_2^2，则有：

(1) $\dfrac{(\overline{X}-\overline{Y})-(\mu_1-\mu_2)}{\sqrt{\dfrac{\sigma_1^2}{n_1}+\dfrac{\sigma_2^2}{n_2}}} \sim N(0, 1)$；

(2) $F=\dfrac{S_1^2/S_2^2}{\sigma_1^2/\sigma_2^2} \sim F(n_1-1, n_2-1)$；

(3) 当 $\sigma_1^2=\sigma_2^2=\sigma^2$ 时，$T=\dfrac{(\overline{X}-\overline{Y})-(\mu_1-\mu_2)}{S_\omega\sqrt{\dfrac{1}{n_1}+\dfrac{1}{n_2}}} \sim t(n_1+n_2-2)$.

其中，称 $S_\omega^2=\dfrac{(n_1-1)S_1^2+(n_2-1)S_2^2}{n_1+n_2-2}$ 为样本的混合方差，称 $S_\omega=\sqrt{S_\omega^2}$ 为样本的混合标准差.

证　(1) 由定理 4.1 有 $\overline{X} \sim N\left(\mu_1, \dfrac{\sigma_1^2}{n_1}\right)$，$\overline{Y} \sim N\left(\mu_2, \dfrac{\sigma_2^2}{n_2}\right)$ 且相互独立，故

$$\overline{X}-\overline{Y} \sim N\left(\mu_1-\mu_2, \sqrt{\frac{\sigma_1^2}{n_1}+\frac{\sigma_2^2}{n_2}}\right)$$

将其标准化，即得结论.

(2) 由定理 4.2 的 (2)，有 $\dfrac{(n_1-1)S_1^2}{\sigma_1^2} \sim \chi^2(n_1-1)$，$\dfrac{(n_2-1)S_2^2}{\sigma_2^2} \sim \chi^2(n_2-1)$，且相互独立.

故由 F 分布的定义知 $\dfrac{\dfrac{(n_1-1)S_1^2}{\sigma_1^2}\Big/n_1-1}{\dfrac{(n_2-1)S_2^2}{\sigma_2^2}\Big/n_2-1}=\dfrac{S_1^2/S_2^2}{\sigma_1^2/\sigma_2^2} \sim F(n_1-1, n_2-1)$.

(3) 由 (1) 知

$$U=\frac{(\overline{X}-\overline{Y})-(\mu_1-\mu_2)}{\sigma\sqrt{\dfrac{1}{n_1}+\dfrac{1}{n_2}}} \sim N(0, 1)$$

又因为 $\dfrac{(n_1-1)S_1^2}{\sigma_1^2} \sim \chi^2(n_1-1)$，$\dfrac{(n_2-1)S_2^2}{\sigma_2^2} \sim \chi^2(n_2-1)$，且它们相互独立，故由 χ^2 分布的可加性知

$$V=\frac{(n_1-1)S_1^2}{\sigma^2}+\frac{(n_2-1)S_2^2}{\sigma^2} \sim \chi^2(n_1+n_2-2)$$

从而由 t 分布的定义知

$$\frac{U}{\sqrt{V/(n_1+n_2-2)}}=\frac{(\overline{X}-\overline{Y})-(\mu_1-\mu_2)}{S_\omega\sqrt{\dfrac{1}{n_1}+\dfrac{1}{n_2}}}\sim t(n_1+n_2-2)$$

【例 4-8】 X_1，X_2，…，X_n 是来自正态总体 $N(\mu, \sigma^2)$ 的一个样本，记 $\overline{X}_k=\frac{1}{k}\sum_{i=1}^{k}X_i$，$1\leqslant k<n$，求 $\overline{X}_{k+1}-\overline{X}_k$ 的分布.

解 由于

$$\begin{aligned}\overline{X}_{k+1}-\overline{X}_k&=\frac{1}{k+1}\sum_{i=1}^{k+1}X_i-\frac{1}{k}\sum_{i=1}^{k}X_i\\&=\frac{1}{k+1}\left(\sum_{i=1}^{k+1}X_i-\frac{k+1}{k}\sum_{i=1}^{k}X_i\right)\\&=\frac{1}{k+1}\left(X_{k+1}-\frac{1}{k}\sum_{i=1}^{k}X_i\right)\\&=\frac{1}{k+1}(X_{k+1}-\overline{X}_k)\end{aligned}$$

而 X_{k+1} 与 $\overline{X}_k$ 相互独立，且都服从正态分布，故 $\overline{X}_{k+1}-\overline{X}_k$ 也服从正态分布．又由于

$$\begin{aligned}E(\overline{X}_{k+1}-\overline{X}_k)&=E\left[\frac{1}{k+1}(X_{k+1}-\overline{X}_k)\right]\\&=\frac{1}{k+1}E(X_{k+1}-\overline{X}_k)\\&=0\end{aligned}$$

$$\begin{aligned}D(\overline{X}_{k+1}-\overline{X}_k)&=D\left[\frac{1}{k+1}(X_{k+1}-\overline{X}_k)\right]\\&=\frac{1}{(k+1)^2}D(X_{k+1}-\overline{X}_k)\\&=\frac{1}{(k+1)^2}\left(\sigma^2+\frac{1}{k}\sigma^2\right)\\&=\frac{\sigma^2}{k(k+1)}\end{aligned}$$

故 $\overline{X}_{k+1}-\overline{X}_k\sim N\left(0, \frac{\sigma^2}{k(k+1)}\right)$.

小　结

1. 基本概念

个体；总体(有限总体和无限总体)；随机样本.

一个总体对应一个随机变量 X，我们将不区分总体和相应的随机变量，统称为总体 X. 实际中遇到的总体往往是有限总体，它对应一个离散型随机变量；当总体中包含的个体的个

数很大时，理论上可认为它是一个无限总体.

2. 两个最重要的统计量

样本均值 $\overline{X}=\frac{1}{n}\sum_{i=1}^{n}X_i$；样本方差 $S^2=\frac{1}{n-1}\sum_{i=1}^{n}(X_i-\overline{X})^2$.

3. 3 个来自正态分布的抽样分布

χ^2 分布；t 分布；F 分布.

4. 4 个抽样分布定理

定理 4.1、定理 4.2、定理 4.3、定理 4.4. 这 4 个定理是进行后续章节统计推断的理论基础.

习　题

4-1　设总体 X 服从 $B(1, p)$，$0<p<1$，$X_1, X_2, \cdots, X_n$ 是一个样本，求该样本的联合分布律.

4-2　设 $(x_1, x_2, \cdots, x_n)$ 与 $(u_1, u_2, \cdots, u_n)$ 为两组样本的样本值，它们有下面的关系：

$$u_i=\frac{x_i-a}{b}(b\neq 0,\ a\text{ 为常数})$$

求样本均值 $\bar{u}$，$\bar{x}$ 及样本方差 s_u^2 与 s_x^2 的关系.

4-3　设总体 X 服从 $N(0, \sigma^2)$，X_1, X_2, X_3, X_4, X_5 是 X 的一个样本，当 $c=$ ________，$d=$ ________时，$c(X_1+X_2)^2+d(X_3+X_4+X_5)^2$ 服从自由度为________的 χ^2 分布.

4-4　设总体 $X\sim N(0, \sigma^2)$，X_1, X_2, X_3 为取自总体 X 的一个样本，试求：

(1) $3X_1-2X_2+X_3$ 的分布；

(2) $\frac{X_1^2+X_2^2}{\sigma^2}$ 的分布；

(3) $\frac{-\sqrt{2}X_1}{\sqrt{X_2^2+X_3^2}}$ 的分布；

(4) $\frac{2X_1^2}{X_2^2+X_3^2}$ 的分布.

4-5　设 $X_1, X_2, \cdots, X_{10}$ 为 $N(0, 0.3^2)$ 的一个样本，求 $P\left\{\sum_{i=1}^{10}X_i^2>1.44\right\}$.

4-6　查表求 $N(0, 1)$ 分布的下列上分位点：$u_{0.05}$，$u_{0.025}$，$u_{0.005}$.

4-7　查表求 χ^2 分布的下列上分位点：$\chi^2_{0.05}(10)$，$\chi^2_{0.95}(10)$，$\chi^2_{0.01}(15)$，$\chi^2_{0.99}(15)$.

4-8　查表求 t 分布的下列上分位点：$t_{0.01}(10)$，$t_{0.05}(5)$，$t_{0.10}(10)$.

4-9　查表求 F 分布的下列上分位点：$F_{0.95}(2, 5)$，$F_{0.99}(1, 10)$，$F_{0.975}(3, 8)$.

4-10　设总体 X 的概率密度为 $f(x)=\frac{1}{2}e^{-|x|}$，$x\in\mathbf{R}$，$X_1, X_2, \cdots, X_n$ 是一个样本，S^2 为样本方差，求 $E(S^2)$.

课程文化 11　数理统计的起源与发展

理论化的数理统计是伴随着概率论的发展而发展起来的一个数学分支，研究如何有效地收集、整理与分析受随机因素影响的数据，并对所考虑的问题作出推断或预测，为采取某种决策和行动提供依据或建议.

数理统计这门学科的发展大致可分为古典时期、近代时期和现代时期 3 个阶段.

古典时期(20 世纪以前)：这是描述性的统计学形成和发展阶段，是数理统计的萌芽时期．在这一时期里，瑞士数学家雅各布・伯努利系统论证了大数定律．1763 年，英国数学家贝叶斯提出了一种归纳推理的理论，后来发展为一种统计推断方法——贝叶斯方法，这一方法开创了数理统计的先河．法国数学家棣莫弗于 1733 年首次发现了正态分布的概率密度并计算出该曲线在各种不同区间内的概率，为整个大样本理论奠定了基础．1809 年，德国数学家高斯和法国数学家勒让德各自独立发现了最小二乘法，并应用于观测数据的误差分析．高斯在数理统计的理论与应用方面都作出了重要贡献，他将数理统计应用到了生物学、教育学和心理学的研究之中.

近代时期(19 世纪末至 1945 年)：数理统计的主要分支建立，是数理统计的形成时期．20 世纪初，由于概率论的发展从理论上接近完备，以及工农业生产迫切需要，这门学科得到了蓬勃发展．1889 年，英国数学家皮尔逊提出了矩估计法，次年又提出了频率曲线的理论．他更重要的贡献是 1900 年在卡方分布(由德国数学家赫尔梅特发现)的基础上提出了卡方检验，这是数理统计发展史上出现的第一个小样本分布．1908 年，英国的统计学家戈塞特创立了小样本检验代替了大样本检验的理论和方法(即 t 分布和 t 检验法)，这为多元分析奠定了理论基础．1912 年，英国统计学家费希尔推广了 t 检验法，同时发展了显著性检验及估计、方差分析等数理统计新分支．这样，数理统计的一些重要分支如假设检验、回归分析、方差分析、正交设计等都有了决定其基本面貌的内容和理论框架．数理统计成为应用广泛、方法独特的一门数学学科.

现代时期(1945 年以后)：美籍罗马尼亚数理统计学家瓦尔德致力于用数学方法使统计学精确化、严密化，取得了很多重要成果．他发展了决策理论，提出了一般的判别问题，创立了序贯分析理论，提出了著名的序贯概率比检验法(比如，用于贵重产品的抽样检查与验收)．瓦尔德的两本著作《序贯分析》和《统计决策函数论》是数理发展史上的经典之作．统计决策理论从人与大自然进行博弈的观点出发，把形形色色的统计问题纳入统一的模式之下，对第二次世界大战后数理统计许多分支的发展产生了重大影响.

随着概率论的高速发展，随机过程的统计逐步形成了内容丰富的重要分支．其中，线性滤波理论占据了显著地位，它是 20 世纪 40 年代维纳-柯尔莫哥洛夫滤波理论和 20 世纪 60 年代卡尔曼滤波理论向非线性领域的扩展．苏联学者李普泽尔和希拉也夫合作的专著《随机过程的统计》系统论述了这方面的理论.

统计学发展在趋于成熟并得到大量应用后，一些回避不了的弱点开始显露并逐渐为人们所重视．传统的统计方法不能充分利用过去经验积累起来的知识，小样本问题里表现出来难以克服的局限性，这一点在可靠性统计问题中特别突出．第二次世界大战后数理统计的发展中，一个引人注目的现象是贝叶斯学派的崛起．他们用独到的方法，加入了过去积累的经验因素，在应用中常能得到意想不到的效果．虽然如此，贝叶斯方法仍存在很多困难，先验分布的客观性常引起非议．贝叶斯学派的观点还难以被广大统计工作者普遍接受，因此和传统学派的争论仍将长期存在．目前来看，传统学派大体上仍处于支配地位．

随着计算机技术的进步和广泛应用，统计学又产生了一些新的分支和边缘性的新学科，如最优设计和非参数统计推断等，不仅使得过去难于计算的问题能够解决，而且有利地促使了那些能有效利用现代计算机强大计算能力的统计学新理论、新方法的纷纷问世．例如自助法、投影寻踪法、蒙特卡罗法等．如今统计的应用范围愈来愈广泛，已渗透到许多科学领域，应用到国民经济各个部门，成为科学研究不可缺少的工具．

课程文化 12　卡尔·皮尔逊(Karl Pearson，1857—1936)

卡尔·皮尔逊，生于伦敦，英国数学家、哲学家，现代统计学的创始人之一，被尊称为统计学之父．

在 19 世纪 90 年代以前，统计理论和方法的发展十分不完善，统计资料的搜集、整理和分析都受到很多限制．皮尔逊在生物学家高尔登和韦尔顿的影响下，从 19 世纪 90 年代初开始进军生物统计学．他认为生物现象缺乏定量研究是不行的，决心要使进化论在一般定性叙述的基础之上，进一步进行数量描述和定量分析．他运用统计方法对生物学、遗传学、优生学进行研究．同时，他在概率论研究的基础上导入了许多新的概念，把生物统计方法提炼成为处理一般统计资料的通用方法，并发展了统计方法论，把概率论与统计学两者紧密结合在一起．皮尔逊被公认是“旧派理学派和描述统计学派的代表人物”，并被誉为“现代统计科学的创立者”．

皮尔逊在统计学方面的主要贡献如下．

(1) 导出一般化的次数曲线体系．在皮尔逊之前，人们普遍认为几乎所有社会现象都是接近于服从正态分布的．如果得到的统计资料呈非正态分布就会怀疑统计资料不够或有偏差．人们不重视非正态分布的研究，甚至对提出非正态分布理论的人加以限制．皮尔逊认为，正态分布只是一种分布形态，他在高尔登优生学统计方法的启示下，在 1894 年发表了《关于不对称曲线的剖析》，1895 年发表了《同类资料的偏斜变异》等论文，得到包括正态分布、矩形分布、J 型分布、U 型分布等 13 种曲线及其方程式．他的这一成果，打破了以往次数分布曲线的“唯正态”观念，推进了次数分布曲线理论的发展和应用，为大样本理论奠定了基础．

(2) 提出卡方检验．皮尔逊认为，理论分布与实际分布之间总存在着或多或少的差异．这些差异是由于观察次数不充分、随机误差太大引进的呢？还是由于所选配的理论分布本身就与实际分布有实质性差异？这需要进一步的检验．1900 年，皮尔逊发现了一个著名的统计量卡方(χ^2)．卡方可以用来检验实际值的分布数列与理论数列是否在合理范围内相符合，即用以测定观察值与期望值之间的差异显著性．“卡方检验法” 提出后得到了广泛的应用，在现代统计理论中占有重要地位．

(3) 发展了相关和回归理论．皮尔逊推广了高尔登的相关结论和方法，推导出人们称之为 “皮尔逊积动差”的公式，给出了简单的计算；说明对三个变量的一般相关理论，并且赋予多重回归方程系数以零阶相关系数的名称．他意识到只有通过回归才能回答韦尔顿提出的关于出现相关器官的选择问题，意识到要测定复回归系数值，广泛搜集所有变量的基本平均数、标准差和相关的数据．他提出了净相关、复相关、总相关、相关比等概念，发现了计算复相关和净相关的方法及相关系数的公式.

(4)推导出统计学上的概差．皮尔逊推导出他称之为“频率常数”的概差，并编制了各种概差计算表．这是他自己认为的最重要贡献之一．这些概差对于先前缺乏度量的大多数统计资料的抽样变异性而言，意味着很大的进展和开创性.

课程文化 13　威廉·戈塞特(William Gosset，1876—1937)

威廉·戈塞特，英国统计学家，是小样本统计理论的开创者.

在 20 世纪，许多大公司雇用了统计学家．戈塞特在爱尔兰吉尼斯啤酒厂工作时发现，供酿酒用的麦子每批的质量相差很大，而同一批麦子中能抽样供试验的又很少，每批样本在不同的温度下做实验，其结果相差很大．这样一来，实际上取得的麦子样本不再是大样本，只能是小样本．可是，从小样本来分析数据是否可靠？误差有多大？小样本理论就在这样的背景下应运而生．1905 年，戈塞特利用酒厂里大量的小样本数据撰写了第一篇论文《误差法则在酿酒过程中的应用》．更进一步，为了搞清楚小样本和大样本之间的差别，戈塞特尝试把一个总体中的所有小样本的平均数的分布刻画出来．他在一个大容器里放了一批纸牌，把它们弄乱，随机地抽若干张，对这一样本做实验记录观察值，然后把纸牌弄乱，抽出几张，对相应的样本再做实验观察，记录观察值．大量地记录这种随机抽样的小样本观察值，就可借以获得小样本观察值的分布函数．若观察值等于平均数，则戈塞特称其为 t 分布函数.

1908 年，由于公司禁止员工发表文章，戈塞特不得不以“学生”为笔名在《生物计量学》杂志发表了论文《平均数的规律误差》．这篇论文开创了小样本统计理论的先河，为研究样本分布理论奠定了重要基础，是统计推断理论发展史上的里程碑．戈塞特的这项成果，不仅不再依靠近似计算，而且能用所谓小样本来进行推断，并且还使统计学的对象由集团现象转变为随机现象．换句话说，总体应理解为含有未知参数的概率分布(总体分布)所定义的概率空间；要根据样本来推断总体，还必须强调样本要从总体中随机地抽取．不过戈塞特推导 t 分布的方法是不完整的，后来费希尔利用 n 维几何方法给出了完整的证明.

戈塞特在其论著中，引入了均值、方差、方差分析、样本等概率统计的基本概念．1907—1937 年间，戈塞特发表了 22 篇统计学论文，这些论文于 1942 年以《学生论文集》为书名重新发表.

第5章

参数估计与假设检验

研究背景

统计推断的基本问题可以分为两大类，一类是估计问题，另一类是假设检验问题．所谓统计推断就是借助总体的样本，对总体的未知分布进行推断，就是对总体分布所属的类型或总体分布中所含的未知参数作出统计推断．比如，要了解一个地区的人口特征，不可能对每个人的特征一一测量；对产品质量进行检验，往往都是破坏性的，也不可能对每件产品进行测量．这就需要抽取部分个体，根据获得的样本数据对所研究的总体特征进行推断.

研究意义

统计推断是数理统计的核心部分．统计推断的任务就是尽可能地利用样本观测数据中的信息，对总体作出比较精确的判断．当总体分布形式已知，其中有某些参数未知时，要研究总体的性质，就要研究参数估计问题和假设检验问题.

学习目标

本章学习点估计、参数的矩估计与最大似然估计、区间估计、假设检验、单正态总体的参数假设检验和双正态总体的参数假设检验．理解点估计的概念、估计量的评选标准，能够对常用统计量讨论无偏性和有效性．能够应用矩估计法作参数估计；对常用分布中的参数作最大似然估计；掌握单正态总体参数的双边检验.

通过本章的学习，学生应能够用参数估计和假设检验的方法解决实际问题，体会实践是检验真理的唯一标准这一辩证唯物主义思想，培养精益求精的工匠精神和一丝不苟的工作作风.

5.1　点估计

总体作为随机变量，其统计规律完全由分布函数给出．因此，统计推断的一个重要任务是由样本推断总体的分布．当样本容量充分大时，总体分布可以由经验分布近似得到．下面给出的定理当作结论掌握，不要求证明.

定理　设总体 X 的分布函数为 $F(x)$，经验分布函数为 $F_n(x)$，对于任意实数 x，当

$n \to +\infty$ 时，有

$$P\{\sup_{-\infty<x<+\infty}|F_n(x)-F(x)|\to 0\}=1 \tag{5-1}$$

证明过程略，有需要的读者可以阅读相关文献．当样本容量 n 足够大时，经验分布函数是总体分布函数的一个良好近似，这个定理称为格里文科定理．定理表明：当样本足够大时，用样本估计总体是合理的．这就是数理统计的理论基础.

估计理论是数理统计的重要内容之一．在实际应用中常遇到的问题是总体分布函数类型已知，而其中的若干参数未知，或者总体的分布完全未知，只关心总体中某些数字特征．例如，我们知道正态总体 $X\sim N(\mu,\sigma^2)$，其概率分布由两个参数 μ 及 σ^2 确定．也就是说，要研究的总体，当它的分布类型已知时，还需要确定分布函数中的参数是什么值，这样分布函数才能完全确定. 再比如，某厂生产的器件的寿命总体 X 的分布函数类型未知，但我们只关心这些器件的平均使用寿命和寿命的波动情况，即需要求出寿命 X 的数学期望和方差，由于总体的数字特征与它的分布中的参数有密切关系，通常我们把这些数字特征也称为参数．于是提出了参数估计问题．设总体 X 的分布函数为 $F(x;\theta)$，我们需要从总体 X 中抽取样本 $(X_1,X_2,\cdots,X_n)$，利用样本提供的信息，建立样本的函数来对参数 θ 作出估计；另外，作出估计后的评价标准又如何确定？这类统计问题，称为**参数估计问题**.

参数估计按照给出结果的方式不同分为点估计和区间估计．我们首先讨论点估计，参数的点估计有多种方法，比如：矩估计法、最大似然估计法、贝叶斯估计法及最小二乘估计法等，在这一章我们主要讨论矩估计法和最大似然估计法.

5.1.1 点估计的概念

1. 引例

设某种电子元件的寿命 X (单位：h)服从指数分布，其概率密度为

$$f(x;\theta)=\begin{cases}\dfrac{1}{\theta}e^{-\frac{x}{\theta}}, & x>0\\ 0, & x\leqslant 0\end{cases}$$

其中，$\theta>0$，为未知参数．现已知样本容量为 9 的样本观察值为

1 335，1 784，1 403，1 646，1 686，1 984，2 524，1 184，2 024

试估计未知参数 θ.

我们知道指数分布是常用的连续分布，用来描述某个事件发生的等待时间，电子元件的寿命即等待电子元件用坏的时间．同时，我们还知道指数分布总体 X 的均值为 θ，即 $E(X)=\theta$，因此用样本的均值 $\overline{X}$ 作为 θ 的估计量是最自然的做法．根据样本的观察值计算可得，样本均值的观察值为

$$\bar{x}=\frac{1\,335+1\,784+\cdots+2\,024}{9}=1\,730$$

因此，我们将统计量 $\overline{X}$ 作为 θ 的估计量；同时将样本均值的观察值 $\bar{x}=1\,730$ 作为 θ 的估计值．这就是本节要求的点估计.

2. 点估计的定义

设总体 X 的分布函数 $F(x;\theta)$ 的形式已知，θ 是待估参数，$\theta\in\Theta$. 这里 Θ 是未知参数真

实值的取值范围，这个取值范围是事先知道的．$(X_1, X_2, \cdots, X_n)$ 是取自总体 X 的样本，$(x_1, x_2, \cdots, x_n)$ 为相应的样本观察值．为了估计未知参数，首先构造一个统计量 $g(X_1, X_2, \cdots, X_n)$，然后计算该统计量的值 $g(x_1, x_2, \cdots, x_n)$ 作为待估参数 θ 的精确值的估计．称 $g(X_1, X_2, \cdots, X_n)$ 为 θ 的估计量，记作 $\widehat{\theta}(X_1, X_2, \cdots, X_n)$；称 $g(x_1, x_2, \cdots, x_n)$ 为 θ 的估计值，记作 $\widehat{\theta}(x_1, x_2, \cdots, x_n)$.

综上所述，点估计问题就是要构造一个适当的统计量 $\widehat{\theta}(X_1, X_2, \cdots, X_n)$，用它的观察值 $\widehat{\theta}(x_1, x_2, \cdots, x_n)$ 作为未知参数 θ 的近似值．在不致混淆的情况下统称估计量和估计值为**点估计**，并都简记为 $\widehat{\theta}$. 由于估计量是样本的函数，因此对于不同的样本值，θ 的估计值一般是不相同的．此外，由于 θ 的估计值是数轴上的一个点，用估计值 $\widehat{\theta}(x_1, x_2, \cdots, x_n)$ 作为 θ 真值的近似值就相当于用一个点来估计 θ，故此得名点估计.

注意到在引例中，未知参数 θ 的点估计量为 $\widehat{\theta}=\overline{X}$. 此外，对于这个参数，按照点估计的定义，还可以用其他统计量作为估计量，例如，取 $\widehat{\theta}_i = X_i (i=1, 2, \cdots, 9)$，其可以作为参数的估计量，相应的估计值就是每个样本值了；再比如，如果记

$$X_{\min} = \min\{X_1, X_2, \cdots, X_9\}, X_{\max} = \max\{X_1, X_2, \cdots, X_9\}$$

这里的 $X_{\min}$ 和 $X_{\max}$ 也可以作为这个参数的估计量，相应的估计值就是 1 184 和 2 524. 这表明：点估计的结果不是唯一确定的.

用不同的估计方法求出的估计量可能不相同，相应的估计值也可能有变化，原则上，任何统计量都可以作为未知参数的估计量，那么哪一个是最好的估计呢？所谓“好”的标准又是什么呢？实际上，根据不同要求，衡量的标准也不一而足．下面介绍几个常用的标准.

5.1.2　常用评价估计量的标准

1. 无偏性

由于参数 θ 的估计量 $\widehat{\theta}$ 是一个统计量，它具有随机性，评价其好坏不能从某一组样本观察值来给出是“好”还是“不好”的判断，因而必须从估计量的统计规律出发，从整体上来作判断．评价估计量，我们常常希望 $\widehat{\theta}$ 与真值 θ 的偏离越小越好，由于 $\widehat{\theta}$ 是随机变量，根据具体样本求得的观察值有时与 $\widehat{\theta}$ 偏离小些，有时可能会偏离大些，有时为负偏差，因而我们只能从平均意义上去考量，希望 $E(\widehat{\theta})$ 与 θ 越接近越好，当其均值为 0 时便产生了无偏估计的概念.

设 $(X_1, X_2, \cdots, X_n)$ 是总体 X 的一个样本，$\theta \in \Theta$ 是包含在总体 X 的分布中的待估参数，这里 Θ 是 θ 可能取值的范围.

定义 5.1　设 $\widehat{\theta}=\theta(X_1, X_2, \cdots, X_n)$ 是参数 θ 的一个估计量，若 $E(\widehat{\theta})$ 存在，且对于任意 $\theta \in \Theta$，满足 $E(\widehat{\theta})=\theta$，则称 $\widehat{\theta}$ 是 θ 的无偏估计量．否则为有偏估计量．若 $\lim\limits_{n\to\infty} E(\widehat{\theta})=\theta$，则称 $\widehat{\theta}$ 是 θ 的渐近无偏估计量.

在科学技术中 $E(\widehat{\theta})-\theta$ 称为以 $\widehat{\theta}$ 作为 θ 的估计的系统误差．无偏估计的实际意义就是无系统误差.

【例 5-1】设总体 X 的 k 阶原点矩存在，即 $\alpha_k = E(X^k)$ 为有限值，证明：样本的 k 阶原点矩为总体的 k 阶原点矩的无偏估计量.

证　由样本的 k 阶原点矩定义，有

$$A_k = \frac{1}{n}\sum_{i=1}^{n} X_i^k$$

根据无偏估计量的定义，计算期望得

$$E(A_k) = \frac{1}{n}\sum_{i=1}^{n} E(X_i^k) = \frac{1}{n}\cdot n \cdot E(X^k) = \alpha_k$$

这就证明了：样本的 k 阶原点矩为总体的 k 阶原点矩的无偏估计量.

在本例中，特别地，由 $E(A_1)=E(\overline{X})=\alpha_1=E(X)=\mu$，可知样本均值 $\overline{X}$ 为总体均值 μ 的无偏估计量．例如正态总体 $X \sim N(\mu, \sigma^2)$，$\overline{X}$ 为 μ 的无偏估计量.

值得注意的是：即使 $\widehat{\theta}$ 作为 θ 的无偏估计量，且 $h(\theta)$ 是 θ 的函数，也未必能推出 $h(\widehat{\theta})$ 是 $h(\theta)$ 的无偏估计量．比如，依然还是正态总体，$(\overline{X})^2$ 就不再是 μ^2 的无偏估计量．根据无偏估计量的定义，计算期望得

$$E[(\overline{X})^2] = D(\overline{X}) + (E\overline{X})^2 = \frac{\sigma^2}{n} + \mu^2$$

这里 $\sigma^2 > 0$，故 $E[(\overline{X})^2] \neq \mu^2$. 即 $(\overline{X})^2$ 就不再是 μ^2 的无偏估计量.

【例 5-2】设 $(X_1, X_2, \cdots, X_n)$ 是总体 X 的一个样本，总体 X 的均值为 μ，方差为 σ^2.

(1)证明：样本的二阶中心矩是 σ^2 的有偏估计量，并且它是 σ^2 的渐近无偏估计量.

(2)试求 σ^2 的无偏估计量.

解　(1)根据样本的二阶中心矩定义，知它是未修正样本方差 S_0^2，有

$$\begin{aligned}S_0^2 = B_2 &= \frac{1}{n}\sum_{i=1}^{n}(X_i - \overline{X})^2 = \frac{1}{n}\sum_{i=1}^{n}[X_i^2 - 2X_i\overline{X} + (\overline{X})^2] \\ &= \frac{1}{n}\sum_{i=1}^{n}X_i^2 - \frac{1}{n}\cdot 2\overline{X}\sum_{i=1}^{n}X_i + \frac{1}{n}\cdot n\,(\overline{X})^2 = \frac{1}{n}\sum_{i=1}^{n}X_i^2 - (\overline{X})^2\end{aligned}$$

根据无偏估计量的定义，计算期望得

$$\begin{aligned}E(B_2) &= \frac{1}{n}\sum_{i=1}^{n}E(X_i^2) - E[(\overline{X})^2] = E(X^2) - E[(\overline{X})^2] \\ &= D(X) + (EX)^2 - [D(\overline{X}) + (E\overline{X})^2] \\ &= D(X) - D(\overline{X}) = \sigma^2 - D(\overline{X})\end{aligned}$$

其中

$$\begin{aligned}D(\overline{X}) &= D\left(\frac{1}{n}\sum_{i=1}^{n}X_i\right) = \frac{1}{n^2}\sum_{i=1}^{n}D(X_i) \\ &= \frac{1}{n^2}\sum_{i=1}^{n}D(X) = \frac{1}{n}D(X) = \frac{\sigma^2}{n}\end{aligned}$$

于是

$$E(S_0^2) = E(B_2) = \sigma^2 - \frac{\sigma^2}{n} = \frac{n-1}{n}\sigma^2 \neq \sigma^2$$

故样本的二阶中心矩，即未修正样本方差是 σ^2 的有偏估计量，并有

$$\lim_{n\to\infty}E(S_0^2)=\lim_{n\to\infty}E(B_2)=\lim_{n\to\infty}\frac{n-1}{n}\sigma^2=\sigma^2$$

故样本的二阶中心矩是 σ^2 的渐近无偏估计量.

(2) 由样本方差 S^2 的定义(修正的样本方差)，知它与未修正的样本方差存在如下关系：

$$S^2=\frac{n}{n-1}S_0^2$$

计算期望得

$$E(S^2)=\frac{n}{n-1}E(S_0^2)=\sigma^2$$

故样本方差 S^2 是 σ^2 的无偏估计量，即为所求.

综合以上两个例子可知，不论总体 X 服从什么分布，只要总体 X 的均值 $EX=\mu$ 及方差 $DX=\sigma^2$ 都是存在的，那么样本均值及样本方差

$$\overline{X}=\frac{1}{n}\sum_{i=1}^{n}X_i，\ S^2=\frac{1}{n-1}\sum_{i=1}^{n}(X_i-\overline{X})^2$$

分别为总体均值及总体方差的无偏估计量.

2. 有效性

在实际问题中，人们首先关心的是无偏估计，但是一个参数的无偏估计也不是唯一的，那么在这些估计中哪一个更好呢？直观的想法是希望所找到的估计量围绕其精确值的波动小，即要求估计量的方差小，从而估计量 $\widehat{\theta}$ 与精确值 θ 有较大偏差的可能性就小．因而我们可以用估计量的方差去衡量两个无偏估计的好坏，从而得出点估计的有效性评价.

定义 5.2　设 $\widehat{\theta_1}=\theta_1(X_1，X_2，\cdots，X_n)$ 与 $\widehat{\theta_2}=\theta_2(X_1，X_2，\cdots，X_n)$ 都是 θ 的无偏估计量，若对于任意 $\theta\in\Theta$，有 $D(\widehat{\theta_1})<D(\widehat{\theta_2})$，则称 $\widehat{\theta_1}$ 比 $\widehat{\theta_2}$ 有效.

设存在 θ 的一个无偏估计量 $\widehat{\theta_0}$ ($D(\widehat{\theta_0})<+\infty$)，若对 θ 的任一无偏估计量 $\widehat{\theta}$，都有 $D(\widehat{\theta_0})\leqslant D(\widehat{\theta})$ 成立，则称 $\widehat{\theta_0}$ 是 θ 的最小方差无偏估计量(最优无偏估计量).

【例 5-3】 设 $(X_1，X_2，X_3)$ 是总体 X 的一个样本，总体 X 的均值为 μ，方差为 $\sigma^2(>0)$. 证明：下述统计量

$$\widehat{\mu_1}=X_1，\ \widehat{\mu_2}=\frac{3}{4}X_1+\frac{1}{4}X_2，\ \widehat{\mu_3}=\frac{1}{3}X_1+\frac{1}{4}X_2+\frac{5}{12}X_3$$

均为 μ 的无偏估计量，求出每个估计量的方差，并指出哪个估计量最为有效.

证　根据无偏估计量的定义，分别计算这 3 个估计量的期望，有

$$E(\widehat{\mu_1})=E(X_1)=\mu$$

$$E(\widehat{\mu_2})=E\left(\frac{3}{4}X_1+\frac{1}{4}X_2\right)=\frac{3}{4}E(X_1)+\frac{1}{4}E(X_2)=\mu$$

$$E(\widehat{\mu_3})=E\left(\frac{1}{3}X_1+\frac{1}{4}X_2+\frac{5}{12}X_3\right)=\frac{1}{3}E(X_1)+\frac{1}{4}E(X_2)+\frac{5}{12}E(X_3)=\mu$$

所以，3 个估计量 $\widehat{\mu_1}$，$\widehat{\mu_2}$，$\widehat{\mu_3}$ 均为 μ 的无偏估计量.

下面计算它们的方差：

$$D(\widehat{\mu_1}) = D(X_1) = D(X) = \sigma^2$$

$$D(\widehat{\mu_2}) = D\left(\frac{3}{4}X_1 + \frac{1}{4}X_2\right) = \frac{9}{16}D(X_1) + \frac{1}{16}D(X_2) = \frac{5}{8}\sigma^2$$

$$D(\widehat{\mu_3}) = \frac{1}{9}D(X_1) + \frac{1}{16}D(X_2) + \frac{25}{144}D(X_3) = \frac{25}{72}\sigma^2$$

比较这 3 个估计量的方差，$\widehat{\mu_3}$ 的方差最小，故该估计量最有效.

在这个例子中，所列统计量均为样本 (X_1, X_2, X_3) 的线性函数，对于此类情形，有如下结论：设 $(X_1, X_2, \cdots, X_n)$ 是总体 X 的一个样本，总体 X 的均值为 μ，方差为 σ^2. 对于样本的所有线性函数(无常数项)，样本平均值 $\overline{X}$ 为总体均值 μ 最小方差无偏估计量，并称其为最小方差线性无偏估计量．结论的证明留作课后练习．在下面的例子中，仅就样本容量为 3 的情况给出证明.

【例 5-4】 设 (X_1, X_2, X_3) 是总体 X 的一个样本，总体 X 的均值为 μ，方差为 $\sigma^2(>0)$. 证明：

(1) 该样本的线性函数(无常数项)，记作

$$\widehat{T} = a_1X_1 + a_2X_2 + a_3X_3$$

满足 $a_1 + a_2 + a_3 = 1$ 时，$\widehat{T}$ 为 μ 的无偏估计量.

(2) 在所有的上述估计中，样本均值 $\overline{X}$ 为总体均值 μ 的最小方差无偏估计量.

证 (1) 首先要使 $\widehat{T}$ 为 μ 的无偏估计量，则由

$$E(\widehat{T}) = a_1E(X_1) + a_2E(X_2) + a_3E(X_3) = (a_1 + a_2 + a_3)E(X) = (a_1 + a_2 + a_3)\mu$$

可得 $a_1 + a_2 + a_3 = 1$.

(2) 现在进一步考虑估计量 $\widehat{T}$ 的方差：

$$D(\widehat{T}) = a_1^2D(X_1) + a_2^2D(X_2) + a_3^2D(X_3) = (a_1^2 + a_2^2 + a_3^2)\sigma^2$$

欲求 $D(\widehat{T})$ 在约束条件 $a_1 + a_2 + a_3 = 1$ 时的最小值，下面通过拉格朗日乘数法来讨论．记

$$F(\lambda) = (a_1^2 + a_2^2 + a_3^2)\sigma^2 + \lambda(1 - a_1 - a_2 - a_3)$$

其中，λ 为拉格朗日乘子. 由

$$\frac{\partial F(\lambda)}{\partial a_i} = 0,\ i = 1,\ 2,\ 3$$

可得 $a_i = \dfrac{\lambda}{2\sigma^2}$，$i = 1, 2, 3$.

由约束条件 $a_1 + a_2 + a_3 = 1$，得 $\lambda = \dfrac{2\sigma^2}{3}$，于是

$$a_i = \frac{1}{3},\ i = 1,\ 2,\ 3$$

此时 $D\widehat{T}$ 达到最小值，因而

$$\widehat{T} = \frac{1}{3}(X_1 + X_2 + X_3) = \overline{X}$$

这表明：样本均值 $\overline{X}$ 为总体均值 μ 的最小方差无偏估计量.

3. 相合性

前面讲的无偏估计和有效估计都是在样本容量 n 固定的前提下提出的. 我们自然希望随着样本容量的增大，一个好的估计量 $\hat{\theta}$ 应该越来越接近精确值 θ，使偏差 $|\hat{\theta}-\theta|$ 的概率越来越小. 这样，对估计量又有下述相合估计的评价标准.

定义 5.3　设 $\hat{\theta}=\hat{\theta}(X_1, X_2, \cdots, X_n)$ 是未知参数 θ 的一个估计量，对任意 $\varepsilon>0$，总有

$$\lim_{n\to\infty} P\{|\hat{\theta}_n-\theta|<\varepsilon\}=1$$

即当 $n\to\infty$ 时，估计量 $\hat{\theta}=\hat{\theta}(X_1, X_2, \cdots, X_n)$ 依概率收敛于 θ，则称 $\hat{\theta}$ 是 θ 的相合估计量. 即所谓相合性是指当样本容量无限增大时，估计量 $\hat{\theta}$ 与未知参数 θ 的精确值任意接近的概率趋于 1. 根据对立事件概率公式，定义式也可以写成如下形式：

$$\lim_{n\to\infty} P\{|\hat{\theta}_n-\theta|\geqslant\varepsilon\}=0$$

于是相合性也可以这样理解：当样本容量无限增大时，除去一个零概率事件以外，估计量 $\hat{\theta}$ 与未知参数 θ 的精确值无限接近，而在实际应用中，零概率事件往往忽略不计. 相合性也称为一致性. 相合性或者一致性的概念，是在极限意义下引进的，适用于大样本情形.

【例 5-5】 设正态总体 $X\sim N(\mu, \sigma^2)$，$(X_1, X_2, \cdots, X_n)$ 为取自该总体的一个样本.

证明：样本方差 S^2 是总体方差 σ^2 的相合估计量.

证　由样本均值与样本方差的定义有

$$\overline{X}=\frac{1}{n}\sum_{i=1}^{n}X_i,\ S^2=\frac{1}{n-1}\sum_{i=1}^{n}(X_i-\overline{X})^2$$

且 $E(S^2)=\sigma^2$，下面计算其方差，由于

$$\frac{(n-1)S^2}{\sigma^2}\sim\chi^2(n-1)$$

根据卡方分布的方差公式可得

$$D\left[\frac{(n-1)S^2}{\sigma^2}\right]=2(n-1)$$

即

$$D(S^2)=\frac{2\sigma^4}{n-1}$$

故由切比雪夫不等式可知，对任意的 $\varepsilon>0$，有

$$P\{|S^2-E(S^2)|\geqslant\varepsilon\}=P\{|S^2-\sigma^2|\geqslant\varepsilon\}\leqslant\frac{D(S^2)}{\varepsilon^2}$$

由概率的非负性，并将 $D(S^2)$ 代入上式，得

$$0\leqslant P\{|S^2-\sigma^2|\geqslant\varepsilon\}\leqslant\frac{2\sigma^4}{\varepsilon^2(n-1)}$$

取极限，当 $n\to\infty$ 时，上式两端的极限均为 0. 由夹逼准则可知

$$\lim_{n\to\infty}P\{|S^2-\sigma^2|\geqslant\varepsilon\}=0$$

根据相合性定义知，样本方差 S^2 是总体方差 σ^2 的相合估计量.

此外，就本例而言，由切比雪夫大数定律知

$$\lim_{n\to\infty}P\{|\overline{X}-\mu|<\varepsilon\}=1$$

对于正态总体，样本均值 $\overline{X}$ 也是总体均值 μ 的相合估计量.

5.2　参数的矩估计与最大似然估计

在上一节中，利用无偏性、有效性及相合性从各个角度出发，描述了估计量的评价标准及其合理性，那么如何求得比较理想的统计量作为未知参数的估计量呢？参数点估计的方法有许多，包括矩估计法(Moment Estimation，ME)、最大似然估计法(Maximum Likelihood Estimate，MLE)、贝叶斯估计法及最小二乘估计法等，下面介绍两种最常用的构造估计量的方法：矩估计法和最大似然估计法.

5.2.1　矩估计法

1. 矩估计法的基本思想

矩估计法是一种既直观又简单的传统估计方法．我们知道，总体矩是反映总体分布的最简单的数字特征；当总体含有待估参数时，总体矩是待估参数的函数，由于样本取自总体，根据大数定律，样本矩在一定程度上可以逼近总体矩.

我们可以从样本的原点矩和中心矩出发来阐述这个问题．首先，根据样本的 k 阶原点矩定义及大数定律有

$$A_k=\frac{1}{n}\sum_{i=1}^{n}X_i^k$$

它依概率收敛于相应的总体的 k 阶原点矩 $\mu_k=E(X^k)(k=1,2,\cdots,n)$；同时，样本原点矩的连续函数依概率收敛于相应的总体原点矩的连续函数．我们就用样本原点矩作为相应总体原点矩的估计量，而以样本原点矩的连续函数作为相应的总体原点矩的连续函数的估计量．若总体含有 m 个待估参数，我们通常按矩的阶数从 1 到 m 列出 m 个总体矩的方程，再据此分别解出待估参数关于总体原点矩的函数，并以样本原点矩作为相应总体原点矩的估计量，这种方法就是**矩估计法**，又称为数字特征法.

定义 5.4　设总体 X 的分布函数为 $F(x;\theta_1,\theta_2,\cdots,\theta_m)$，其中 $\theta_1,\theta_2,\cdots,\theta_m$ 为 m 个待估参数，$(X_1,X_2,\cdots,X_n)$ 是来自总体 X 的一个样本，假设总体 X 的前 m 阶原点矩 $E(X^m)$ 存在，从低阶到高阶依次计算总体矩，得到方程组为

$$\begin{cases}\mu_1=\mu_1(\theta_1,\theta_2,\cdots,\theta_m)\\ \mu_2=\mu_2(\theta_1,\theta_2,\cdots,\theta_m)\\ \quad\vdots\\ \mu_m=\mu_m(\theta_1,\theta_2,\cdots,\theta_m)\end{cases}$$

这是一个包含 m 个未知参数及 m 个方程的方程组，可以从中解出未知数 $\theta_1,\theta_2,\cdots,\theta_m$ 关于总体原点矩的函数，即

$$\begin{cases}\theta_1=\theta_1(\mu_1,\ \mu_2,\ \cdots,\ \mu_m)\\ \theta_2=\theta_2(\mu_1,\ \mu_2,\ \cdots,\ \mu_m)\\ \qquad\vdots\\ \theta_m=\theta_k(\mu_1,\ \mu_2,\ \cdots,\ \mu_m)\end{cases}$$

以 A_i 直接代替上式中的 μ_i（$i=1,\ 2,\ \cdots,\ m$），我们就以

$$\widehat{\theta_i}=\theta_i(A_1,\ A_2,\ \cdots,\ A_m),\ i=1,\ 2,\ \cdots,\ m \tag{5-2}$$

分别作为 θ_i（$i=1,\ 2,\ \cdots,\ m$）的估计量，这种估计量称为**矩估计量**，矩估计量的观察值称为**矩估计值**. 矩估计量与矩估计值统称为矩估计，简记为 ME.

一般地，若总体 X 为连续型随机变量，其概率密度为 $f(x;\ \theta_1,\ \theta_2,\ \cdots,\ \theta_m)$，其中 $\theta_1,\ \theta_2,\ \cdots,\theta_m$ 为待估参数，$(X_1,\ X_1,\ \cdots,\ X_n)$ 是来自总体 X 的样本，则总体 X 的 k 阶原点矩为

$$\mu_k=E(X^k)=\int_{-\infty}^{\infty}x^kf(x;\ \theta_1,\ \theta_2,\ \cdots,\ \theta_m)\,\mathrm{d}x$$

若总体 X 为离散型随机变量，其分布律为 $P\{X=x\}=P\{x;\ \theta_1,\ \theta_2,\ \cdots,\ \theta_m\}$，其中 $\theta_1,\ \theta_2,\ \cdots,\theta_m$ 为待估参数，$(X_1,\ X_1,\ \cdots,\ X_n)$ 是来自总体 X 的样本，则总体 X 的 k 阶原点矩为

$$\mu_k=E(X^k)=\sum_{x\in R_X}x^kP\{x;\ \theta_1,\ \theta_2,\ \cdots,\ \theta_m\}$$

其中，R_X 是 X 可能取值的范围.

若样本的 k 阶中心矩，记为

$$B_k=\frac{1}{n}\sum_{i=1}^{n}(X_i-\overline{X})^k$$

总体的 k 阶中心矩，记为

$$\nu_k=E[(X-EX)^k]$$

则用样本中心矩作为相应总体中心矩的估计量，而以样本中心矩的连续函数作为相应的总体中心矩的连续函数的估计量．具体做法与上面的方法类似，这里就不再赘述.

2. 矩估计法的求解步骤

矩估计法的特点或者说优势在于并不要求知道总体分布类型，只要未知参数可以表示成总体矩的函数，就能求出其矩估计，根据矩估计法的基本思想，一般求解步骤如下.

(1) 计算总体矩，并将待估计的参数表示为总体矩的函数：

$$\theta=h(\mu_1,\ \cdots,\ \mu_l;\ \nu_2,\ \cdots,\ \nu_s)$$

其中，θ 为未知参数；h 为实值函数；阶数 l 及 s 为实际计算总体矩的次数，它由未知参数的个数来确定.

(2) 用样本原点矩 A_k 替换相应的总体原点矩 μ_k，再用样本中心矩 B_k 替换相应的总体中心矩 ν_k.

(3) 所得的估计量，记为

$$\widehat{\theta}=h(\widehat{\mu_1},\ \cdots,\ \widehat{\mu_l};\ \widehat{\nu_2},\ \cdots,\ \widehat{\nu_s})=h(A_1,\ \cdots,\ A_l;\ B_2,\ \cdots,\ B_s) \tag{5-3}$$

这就是要求的矩估计量.

矩估计法更一般的提法是，利用样本的数字特征作为总体的数字特征的估计．矩估计法

是最古老的点估计方法，它直观且简便，特别是在对总体的均值与方差数字特征进行估计时，不要求知道总体的分布函数．此外，若 $\hat{\theta}$ 为 θ 的矩估计量，$g(\theta)$ 为 θ 的连续函数，则 $g(\hat{\theta})$ 为 $g(\theta)$ 的矩估计量.

【例 5-6】求未知参数 θ 的矩估计.

(1)设总体 X 为离散的，其分布律如表 5-1 所示.

表 5-1

X	1	2	3
P	θ	$\theta/2$	$1-3\theta/2$

其中未知参数 $\theta>0$，现得到样本观察值：2，3，2，1，3.

(2)设总体 X 为连续的，其概率密度为

$$f(x;\ \theta)=\begin{cases}\sqrt{\theta}x^{\sqrt{\theta}-1}, & x\in[0,\ 1]\\ 0, & x\notin[0,\ 1]\end{cases}$$

其中未知参数 $\theta>0$，$(X_1,\ X_2,\ \cdots,\ X_n)$是取自总体 X 的样本.

解　(1)计算总体矩．由于仅含一个未知参数，只需计算期望，因此有

$$E(X)=\mu_1=\sum_{i=1}^{3}x_ip_i=1\cdot\theta+2\cdot\frac{\theta}{2}+3\cdot\left(1-\frac{3\theta}{2}\right)=3-\frac{5}{2}\theta$$

以样本矩 $A_1=\overline{X}$ 替换总体矩 $\mu_1=E(X)$，得方程

$$\overline{X}=3-\frac{5}{2}\theta$$

解出 θ，得

$$\hat{\theta}=\frac{6}{5}-\frac{2}{5}\overline{X}$$

则 $\hat{\theta}$ 为 θ 的矩估计量．由已知样本观察值，计算样本均值的观察值，可得

$$\bar{x}=\frac{1}{5}\sum_{i=1}^{5}x_i=\frac{1}{5}(2+3+2+1+3)=2.2$$

将其代入估计量中，算得未知参数 θ 的矩估计值为 $\hat{\theta}=0.32$.

(2)只需计算期望，有

$$E(X)=\mu_1=\int_{-\infty}^{+\infty}xf(x)\mathrm{d}x=\int_0^1\sqrt{\theta}x^{\sqrt{\theta}}\mathrm{d}x=\frac{\sqrt{\theta}}{\sqrt{\theta}+1}$$

以样本矩 $A_1=\overline{X}$ 替换总体矩 $\mu_1=E(X)$，得方程

$$\overline{X}=\frac{\sqrt{\theta}}{\sqrt{\theta}+1}$$

解得 $\hat{\theta}=\left(\dfrac{\overline{X}}{1-\overline{X}}\right)^2$，则 $\hat{\theta}$ 为 θ 的矩估计量.

【例 5-7】设总体 $X\sim U(a,\ b)$，两个参数 a，b 未知，且 $a<b$，其概率密度为

$$f(x;\ a,\ b)=\begin{cases}\dfrac{1}{b-a}, & x\in[a,\ b]\\ 0, & x\notin[a,\ b]\end{cases}$$

$(X_1, X_2, \cdots, X_n)$是取自总体X的样本，求a，b的矩估计量.

解　由于总体为均匀分布，可知

$$E(X)=\frac{a+b}{2},\ D(X)=\frac{(b-a)^2}{12}$$

以$\overline{X}$替换$E(X)$，以S_0^2替换$D(X)$，即可得方程组

$$\begin{cases}\overline{X}=\dfrac{1}{2}(a+b)\\ S_0^2=\dfrac{1}{12}(b-a)^2\end{cases}$$

解得

$$\begin{cases}\widehat{a}=\overline{X}-\sqrt{3}S_0\\ \widehat{b}=\overline{X}+\sqrt{3}S_0\end{cases}$$

则$\widehat{a}$，$\widehat{b}$分别为a，b的矩估计量.

在本例中，已知分布中含有两个未知参数，在实际计算中，我们求得总体均值及总体方差即可，对于含有两个参数的情形，计算总体均值及总体方差是最常用的．即

$$\begin{cases}\overline{X}=A_1=\dfrac{1}{n}\sum\limits_{i=1}^{n}X_i\\ S_0^2=B_2=\dfrac{1}{n}\sum\limits_{i=1}^{n}(X_i-\overline{X})^2\end{cases}$$

因而，这个例子的结果还可写成以下形式：

$$\begin{cases}\widehat{a}=A_1-\sqrt{3B_2}\\ \widehat{b}=A_1+\sqrt{3B_2}\end{cases}\text{或}\begin{cases}\widehat{a}=\overline{X}-\sqrt{\dfrac{3}{n}\sum\limits_{i=1}^{n}(X_i-\overline{X})^2}\\ \widehat{b}=\overline{X}+\sqrt{\dfrac{3}{n}\sum\limits_{i=1}^{n}(X_i-\overline{X})^2}\end{cases}$$

【例 5-8】设总体$X\sim B(100, p)$，参数p未知，$(X_1, X_2, \cdots, X_n)$是取自总体X的样本，试求：

(1) p的矩估计量；

(2)记$q=1-p$，pq的矩估计量.

解　(1)由总体为二项分布，可知

$$E(X)=100p$$

以$\overline{X}$替换$E(X)$，故

$$\widehat{p}=\frac{\overline{X}}{100}$$

此即为未知参数p的矩估计量.

(2)若记

$$h(p)=pq=p(1-p),$$

则它是关于未知参数p的函数.

方法①　直接利用上一步的求解结果，知

$$\widehat{p} = \frac{\overline{X}}{100}$$

故

$$\widehat{h}(p) = \widehat{p}(1 - \widehat{p}) = \frac{\overline{X}}{100} - \frac{(\overline{X})^2}{10\ 000}$$

即为所求.

方法② 因为 $D(X) = 100pq$，且

$$h(p) = pq = \frac{D(X)}{100}$$

以 S_0^2 替换 $D(X)$，即可得

$$\widehat{h}(p) = \frac{1}{10\ 000}\sum_{i=1}^{n}(X_i - \overline{X})^2$$

也是要求的矩估计量.

在这个例子中，利用不同的总体矩得到的矩估计量会有所不同，这是由于不同的矩包含了总体分布的信息不同.

5.2.2 最大似然估计法

1. 最大似然估计法的基本思想

最大似然估计法是统计学中最重要、应用最广泛的估计方法之一，适用于总体的分布类型是已知的统计模型，其基本思想是：在已经得到试验结果的情况下，我们应该寻找使这个结果出现的可能性最大的那个 θ 作为真实值 θ 的估计.

首先，若 X 为离散型随机变量，其分布律为 $P\{X = x\} = P\{x;\ \theta\}$ 的形式已知，$\theta \in \Theta$，θ 为未知参数，Θ 是 θ 可能取值的范围.（X_1，X_2，$\cdots$，X_n）是取自总体 X 的样本，（x_1，x_2，$\cdots$，x_n）是其样本观察值，则多个变量：X_1，X_2，$\cdots$，X_n 的联合分布律为

$$P\{X_1 = x_1,\ X_2 = x_2,\ \cdots,\ X_n = x_n\} = \prod_{i=1}^{n} P\{x_i;\ \theta\}$$

对上式的理解可以从两个方面考虑．一方面，当考虑参数 θ 固定时，它表示各个随机变量 X_1，X_2，$\cdots$，X_n 分别取值为 x_1，x_2，$\cdots$，x_n 的概率；另一方面，当考虑样本观察值 x_1，x_2，$\cdots$，x_n 固定时，它是关于参数 θ 的函数，我们把它记作 $L(\theta)$，并称

$$L(\theta) = \prod_{i=1}^{n} P\{x_i;\ \theta\} \tag{5-4}$$

为似然函数．似然函数 $L(\theta)$ 的值的大小意味着该样本观察值出现的可能性的大小．最大似然估计法的直观想法就是：既然已经得到了样本观察值 x_1，x_2，$\cdots$，x_n，那么它出现的可能性应该是最大的．因此，我们应该这样选择参数 θ 的值，使这组样本观察值出现的可能性最大，也就是使似然函数 $L(\theta)$ 达到最大值，这个 $\widehat{\theta}$ 就是 θ 的一个最大似然估计值，此时，统计量 $\widehat{\theta} = \theta(X_1,\ X_2,\ \cdots,\ X_k)$ 为未知参数 θ 的最大似然估计量.

其次，若 X 为连续型随机变量，其概率密度为 $f(x;\ \theta)$ 的形式已知，$\theta \in \Theta$，θ 为待估参数，Θ 是 θ 可能取值的范围．设（X_1，X_2，$\cdots$，X_n）是取自总体 X 的样本，（x_1，x_2，$\cdots$，x_n）是其样本（X_1，X_2，$\cdots$，X_n）的观察值．则多个变量 X_1，X_2，$\cdots$，X_n 的联合概率密度为

$$\prod_{i=1}^{n} f\{x_i;\ \theta\}$$

一方面，当 θ 固定时，上式表示多个随机变量 X_1，X_2，$\cdots$，X_n 在 x_1，x_2，$\cdots$，x_n 处的概率密度；另一个方面，当样本观察值 x_1，x_2，$\cdots$，x_n 固定时，上式是 θ 的函数，我们仍把它记作 $L(\theta)$，并称

$$L(\theta) = \prod_{i=1}^{n} f\{x;\ \theta\} \tag{5-5}$$

为似然函数．与离散情形的思想类似，既然已经得到了样本观察值 x_1，x_2，$\cdots$，x_n，则似然函数 $L(\theta)$ 的大小与随机变量 X_1，X_2，$\cdots$，X_n 落在样本观察值 x_1，x_2，$\cdots$，x_n 附近的概率的大小成正比．我们选择使似然函数 $L(\theta)$ 最大的那个 $\widehat{\theta}$ 作为精确值 θ 的估计值，这个 $\widehat{\theta}$ 就是 θ 的一个最大似然估计值．此时，统计量 $\widehat{\theta} = \theta(X_1,\ X_2,\ \cdots,\ X_k)$ 为未知参数 θ 的最大似然估计量.

定义 5.5　若对任意给定的样本观察值$(x_1,\ x_2,\ \cdots,\ x_n)$，存在 $\theta^* = \theta^*(x_1,\ x_2,\ \cdots,\ x_n)$，使得

$$L(\theta^*) = \max_{\theta \in \Theta} L(\theta) \tag{5-6}$$

则称 $\theta^* = \theta^*(x_1,\ x_2,\ \cdots,\ x_n)$ 为 θ 的最大似然估计值，其相应的统计量 $\theta^*(X_1,\ X_2,\ \cdots,\ X_n)$ 称为 θ 的最大似然估计量，它们统称为 θ 的最大似然估计，简记为 MLE.

当 θ_1，θ_2，$\cdots$，θ_r 为多个未知参数时，似然函数是关于 θ_1，θ_2，$\cdots$，θ_r 的多元函数 $L(\theta_1,\ \cdots,\ \theta_r)$．若对任意给定的样本观察值$(x_1,\ x_2,\ \cdots,\ x_n)$，存在

$$\theta_i^* = \theta_i^*(x_1,\ \cdots,\ x_n),\ i = 1,\ 2,\ \cdots,\ r$$

使得

$$L(\theta_1^*,\ \cdots,\ \theta_r^*) = \max_{(\theta_1,\ \cdots,\ \theta_r) \in \Theta} L(\theta_1,\ \cdots,\ \theta_r) \tag{5-7}$$

则将 $\theta_i^* = \theta_i^*(x_1,\ \cdots,\ x_n)$，$i = 1,\ 2,\ \cdots,\ r$ 称为 θ_i 的最大似然估计值，相应的统计量称为最大似然估计量.

最大似然估计法的应用极其广泛，尤其在人工智能方面，其地位举足轻重.

2. 最大似然估计法的求解步骤

假设似然函数关于未知参数可微，利用微分法可求得未知参数的最大似然估计，其主要步骤如下.

(1) 写出似然函数 $L(\theta)$.

(2) 当 $L(\theta)$ 关于 θ 可微时，由微分学可知，要使 $L(\theta)$ 取得最大值，θ 应满足

$$\frac{\mathrm{d}L(\theta)}{\mathrm{d}\theta} = 0$$

从上式可解出 θ，便可得 θ 的最大似然估计量.

在实际计算过程中，为了简便易求，常常将似然函数取对数，并称 $\ln L(\theta)$ 为对数似然函数．因为 $\ln L(\theta)$ 与 $L(\theta)$ 的单调性一致，所以 $L(\theta)$ 与 $\ln L(\theta)$ 在 θ 的同一数值处取得最大值，因此估计量 $\widehat{\theta}$ 常可从方程

$$\frac{\mathrm{d}[\ln L(\theta)]}{\mathrm{d}\theta} = 0$$

中解得.

(3)判断驻点为最大值点：利用微分法求最值时，如果问题的实际背景本来就具备最大值，并且解得驻点是唯一的，就可以判定该驻点即为最大值点，也就是要求的最大似然估计.

此外，最大似然估计法也适用于分布中含多个未知参数 θ_1，θ_2，…，θ_r 的情况，这时似然函数是这些未知参数的多元函数，计算偏导数求驻点，即

$$\frac{\partial}{\partial\theta_i}L(\theta_i)=0\ (i=1,\ 2,\ \cdots,\ r)$$

或者

$$\frac{\partial}{\partial\theta_i}\ln L(\theta_i)=0\ (i=1,\ 2,\ \cdots,\ r)$$

解上述由 r 个方程组成的方程组，同样可得各未知参数的最大似然估计 $\widehat{\theta_i}$，上式称为对数似然方程组.

【例 5-9】设总体 $X\sim B(1,\ p)$，$(X_1,\ X_2,\ \cdots,X_n)$ 是来自总体 X 的一个样本，试求未知参数 p 的最大似然估计.

解　设$(x_1,\ x_2,\ \cdots,x_n)$是相应于样本$(X_1,\ X_2,\ \cdots,X_n)$的样本观察值，X 的分布律为

$$P\{X=x\}=p^x(1-p)^{1-x},\ x=0,\ 1$$

由此可以写出似然函数，得

$$L(p)=\prod_{i=1}^{n}p^{x_i}(1-p)^{1-x_i}=p^{\sum\limits_{i=1}^{n}x_i}(1-p)^{n-\sum\limits_{i=1}^{n}x_i}$$

取自然对数，可得对数似然函数为

$$\ln L(p)=\left(\sum_{i=1}^{n}x_i\right)\ln p+\left(n-\sum_{i=1}^{n}x_i\right)\ln(1-p)$$

关于未知参数 p 求导数，并令其为 0，有

$$\frac{\mathrm{d}[\ln L(p)]}{\mathrm{d}p}=\frac{\sum\limits_{i=1}^{n}x_i}{p}-\frac{n-\sum\limits_{i=1}^{n}x_i}{1-p}=0$$

求得驻点(唯一)，从而参数 p 的最大似然估计值为

$$\widehat{p}=\frac{1}{n}\sum_{i=1}^{n}x_i=\overline{x}$$

参数 p 的最大似然估计量为

$$\widehat{p}=\frac{1}{n}\sum_{i=1}^{n}X_i=\overline{X}$$

【例 5-10】已知总体 X 服从泊松分布，其分布律为

$$P\{X=x\}=\frac{\mathrm{e}^{-\lambda}\lambda^x}{x!},\ x=0,\ 1,\ 2,\ \cdots$$

$(X_1,\ X_2,\ \cdots,X_n)$是来自总体 X 的一个样本，且$(x_1,\ x_2,\ \cdots,x_n)$是与其相应的样本观察值，试求未知参数 λ 的最大似然估计.

解　关于 λ 的似然函数为

$$L(\lambda)=\prod_{i=1}^{n}\frac{\mathrm{e}^{-\lambda}\lambda^{x_i}}{x_i!}=\mathrm{e}^{-n\lambda}\frac{\lambda^{\sum\limits_{i=1}^{n}x_i}}{\prod\limits_{i=1}^{n}x_i!}$$

取自然对数，可得对数似然函数为

$$\ln L(\lambda)=-n\lambda+\left(\sum_{i=1}^{n}x_i\right)\ln\lambda-\sum_{i=1}^{n}\ln(x_i!)$$

关于未知参数 λ 求导数，并令其为 0，有

$$\frac{\mathrm{d}[\ln L(\lambda)]}{\mathrm{d}\lambda}=-n+\frac{1}{\lambda}\sum_{i=1}^{n}x_i=0$$

求得驻点(唯一)，根据一元函数微分法求最值，参数 λ 的最大似然估计值为

$$\widehat{\lambda}=\frac{1}{n}\sum_{i=1}^{n}x_i=\bar{x}$$

参数 λ 的最大似然估计量为

$$\widehat{\lambda}=\frac{1}{n}\sum_{i=1}^{n}X_i=\bar{X}$$

【例 5-11】设总体 $X\sim N(\mu,\ \sigma^2)$，其中 μ，σ^2 为未知参数 . $(X_1,\ X_2,\ \cdots,X_n)$ 是取自总体 X 的样本 . 求参数 μ，σ^2 的最大似然估计量.

解　正态总体 X 的概率密度为

$$f(x;\ \mu,\ \sigma^2)=\frac{1}{\sqrt{2\pi}\sigma}\mathrm{e}^{-\frac{(x-\mu)^2}{2\sigma^2}}=\frac{1}{\sqrt{2\pi}\sigma}\exp\left[-\frac{1}{2\sigma^2}(x-\mu)^2\right]$$

据此可以写出似然函数，得

$$L(\mu,\ \sigma^2)=\prod_{i=1}^{n}\frac{1}{\sqrt{2\pi}\sigma}\exp\left[-\frac{1}{2\sigma^2}(x_i-\mu)^2\right]$$

$$=(2\pi)^{-n/2}(\sigma^2)^{-n/2}\exp\left[-\frac{1}{2\sigma^2}\sum_{i=1}^{n}(x_i-\mu)^2\right]$$

取自然对数，可得对数似然函数为

$$\ln L(\mu,\ \sigma^2)=-\frac{n}{2}\ln(2\pi)-\frac{n}{2}\ln\sigma^2-\frac{1}{2\sigma^2}\sum_{i=1}^{n}(x_i-\mu)^2$$

利用多元函数的微分形式不变性计算偏导数，并令其为 0，有

$$\begin{cases}\dfrac{\partial}{\partial\mu}\ln L=\dfrac{1}{\sigma^2}\left(\sum\limits_{i=1}^{n}x_i-n\mu\right)=0\\\dfrac{\partial}{\partial\sigma^2}\ln L=-\dfrac{n}{2\sigma^2}+\dfrac{1}{2(\sigma^2)^2}\sum\limits_{i=1}^{n}(x_i-\mu)^2=0\end{cases}$$

由这个对数似然方程组解得

$$\widehat{\mu}=\frac{1}{n}\sum_{i=1}^{n}x_i=\bar{x},\ \widehat{\sigma^2}=\frac{1}{n}\sum_{i=1}^{n}(x_i-\bar{x})^2$$

因此 μ，σ^2 的最大似然估计量为

$$\widehat{\mu}=\frac{1}{n}\sum_{i=1}^{n}X_i=\bar{X},\ \widehat{\sigma^2}=\frac{1}{n}\sum_{i=1}^{n}(X_i-\bar{X})^2$$

【例 5-12】若均匀分布总体 $X\sim U(a,\ b)$，求 a，b 的最大似然估计.

解　总体 X 服从均匀分布，其概率密度为

$$f(x;\ a,\ b)=\begin{cases}\dfrac{1}{b-a}, & a\leqslant x\leqslant b\\ 0, & \text{其他}\end{cases}$$

据此写出似然函数为

$$L(a,\ b)=\begin{cases}\dfrac{1}{(b-a)^n}, & a\leqslant x_i\leqslant b\\ 0, & \text{其他}\end{cases}$$

很显然，二元函数 $L(a,\ b)$ 关于 a，b 是不连续的，这时不能用似然方程组来求最大似然估计，必须从最大似然估计的定义出发，求 $L(a,\ b)$ 的最大值.

设 $(X_1,\ X_2,\ \cdots,X_n)$ 是来自总体 X 的一个样本，且 $(x_1,\ x_2,\ \cdots,x_n)$ 是与其相应的样本观察值. 为使 $L(a,\ b)$ 达到最大, $b-a$ 应该尽量地小，但 b 又不能小于 $\max\{x_1,\ x_2,\ \cdots,\ x_n\}$，否则 $L(a,\ b)=0$；类似地, a 不能大于 $\min\{x_1,\ x_2,\ \cdots,\ x_n\}$，否则 $L(a,\ b)=0$. 因此 a 和 b 的最大似然估计值为

$$\hat{a}=\min\{x_1,\ x_2,\ \cdots,\ x_n\}$$
$$\hat{b}=\max\{x_1,\ x_2,\ \cdots,\ x_n\}$$

最大似然估计量为

$$\hat{a}=\min\{X_1,\ X_2,\ \cdots,\ X_n\}$$
$$\hat{b}=\max\{X_1,\ X_2,\ \cdots,\ X_n\}$$

在我们所举的例子中，除了均匀分布外，矩估计和最大似然估计都是一致的. 矩估计的优点是简单易求，只需知道总体的矩，总体的分布形式不必知道. 而最大似然估计则需要知道总体分布形式，并且在一般情况下，似然方程的求解非常复杂，往往需要在计算机上通过迭代运算才能计算出近似解. 常用的方法是牛顿-拉弗森(Newton-Raphson)算法. 对于含多个未知参数的似然方程也可用拟牛顿算法，它们都是迭代算法. 读者可参考相关的文献.

5.2.3　杂例

【例 5-13】 若总体 X 的分布律为

$$X\sim\begin{pmatrix}1 & 2 & 3\\ \theta^2 & 2\theta(1-\theta) & (1-\theta)^2\end{pmatrix}$$

上式为矩阵形式的分布律：矩阵的第一行为随机变量的取值，第二行为相应取值的概率。其中 $0<\theta<1$ 为未知参数. 现取得样本观察值: $x_1=1$, $x_2=2$, $x_3=1$. 试求:

(1) θ 的矩估计;

(2) θ 的最大似然估计.

解　(1)求矩估计，由所给分布律算总体矩，有

$$E(X)=\theta^2+2\cdot 2\theta(1-\theta)+3(1-\theta)^2=3-2\theta$$

列方程，仅含一个未知参数 θ，并求解，得

$$3-2\theta=\overline{X}$$

即

$$\hat{\theta}_{\mathrm{ME}}=\frac{3-\overline{X}}{2}=\frac{3-\bar{x}}{2}=\frac{3-\frac{4}{3}}{2}=\frac{5}{6}$$

(2)求最大似然估计，写出似然函数，也就是样本出现的概率，为

$$\begin{aligned} L(\theta) &= P\{X_1 = x_1,\ X_2 = x_2,\ X_3 = x_3\} \\ &= P\{X_1 = x_1\} \cdot P\{X_2 = x_2\} \cdot P\{X_3 = x_3\} \\ &= P\{X_1 = 1\} \cdot P\{X_2 = 2\} \cdot P\{X_3 = 1\} \\ &= \theta^2 \cdot 2\theta(1-\theta) \cdot \theta^2 = 2\theta^5(1-\theta) \end{aligned}$$

则对数似然函数为

$$\ln L(\theta) = \ln 2 + 5\ln\theta + \ln(1-\theta)$$

算导数，求驻点，得

$$\frac{\mathrm{d}[\ln L(\theta)]}{\mathrm{d}\theta} = \frac{5}{\theta} - \frac{1}{1-\theta} = 0$$

从而最大似然估计为

$$\widehat{\theta}_{\mathrm{MLE}} = \frac{5}{6}$$

【例 5-14】若总体 X 的概率密度为

$$f(x) = \begin{cases} \dfrac{1}{\theta}\mathrm{e}^{-(x-\mu)/\theta}, & x \geqslant \mu \\ 0, & \text{其他} \end{cases}$$

其中，θ，$\mu > 0$，均为未知参数．设$(X_1,\ X_2,\ \cdots,\ X_n)$是来自总体 X 的一个样本，试求

(1) θ，μ 的矩估计量；

(2) θ，μ 的最大似然估计量．

解　(1)求矩估计，先计算总体矩，得

$$\mu_1 = E(X) = \int_{-\infty}^{+\infty} xf(x)\,\mathrm{d}x = \int_{\mu}^{+\infty} x\,\frac{1}{\theta}\mathrm{e}^{-(x-\mu)/\theta}\mathrm{d}x = \mu + \theta$$

$$\mu_2 = E(X^2) = \int_{-\infty}^{+\infty} x^2 f(x)\,\mathrm{d}x = \int_{\mu}^{+\infty} x^2\,\frac{1}{\theta}\mathrm{e}^{-(x-\mu)/\theta}\mathrm{d}x = (\mu+\theta)^2 + \theta^2$$

样本矩记为

$$A_1 = \frac{1}{n}\sum_{i=1}^{n} X_i = \overline{X},\ A_2 = \frac{1}{n}\sum_{i=1}^{n} X_i^2$$

令$\begin{cases}\mu_1 = A_1 \\ \mu_2 = A_2\end{cases}$，则可得关于未知参数 θ，μ 的方程组为

$$\begin{cases} \mu + \theta = A_1 \\ (\mu+\theta)^2 + \theta^2 = A_2 \end{cases}$$

解方程组，可得矩估计量为

$$\widehat{\theta}_{\mathrm{ME}} = \sqrt{\frac{1}{n}\sum_{i=1}^{n}(X_i - \overline{X})^2}$$

$$\widehat{\mu}_{\mathrm{ME}} = \overline{X} - \sqrt{\frac{1}{n}\sum_{i=1}^{n}(X_i - \overline{X})^2}$$

(2)求最大似然估计，写出似然函数：

$$L(\theta,\ \mu)=\prod_{i=1}^{n}\frac{1}{\theta}\mathrm{e}^{-(x_i-\mu)/\theta}=\frac{1}{\theta^n}\mathrm{e}^{-\sum\limits_{i=1}^{n}(x_i-\mu)/\theta},\ x_i\geqslant\mu$$

取自然对数，则对数似然函数为

$$\ln L(\theta,\ \mu)=-n\ln\theta-\frac{1}{\theta}\sum_{i=1}^{n}(x_i-\mu),\ x_i\geqslant\mu$$

此时，不能通过微分法求出最大值．以下由最大似然估计的定义出发求解.

由于 $x_i\geqslant\mu$，故 μ 的取值最大不超过 $x_{(1)}=\min(x_1,\ x_2,\ \cdots,\ x_n)$.

又由于函数

$$L(\theta,\ \mu)=\frac{1}{\theta^n}\mathrm{e}^{-\sum\limits_{i=1}^{n}x_i/\theta+n\mu/\theta}$$

关于变量 μ 是单调增加的．当 μ 取得最大值的时候，$L(\theta,\ \mu)$ 也取得最大值．从而可得 μ 的最大似然估计量为

$$\widehat{\mu}_{\mathrm{MLE}}=X_{(1)}=\min(X_1,\ X_2,\ \cdots,\ X_n)$$

由对数似然函数及估计值：$\widehat{\mu}_{\mathrm{MLE}}=x_{(1)}=\min(x_1,\ x_2,\ \cdots,\ x_n)$，得

$$\ln L(\theta)=-n\ln\theta-\frac{1}{\theta}\sum_{i=1}^{n}(x_i-x_{(1)})$$

关于 θ 求导数，令其为 0，并解出 θ，有

$$\frac{\mathrm{d}[\ln L(\theta)]}{\mathrm{d}\theta}=\frac{-n}{\theta}+\frac{1}{\theta^2}\sum_{i=1}^{n}(x_i-x_{(1)})=0$$

从而可得 θ 最大似然估计量为

$$\widehat{\theta}_{\mathrm{MLE}}=\overline{X}-X_{(1)}$$

通过微分法求最大值和从最大似然估计的定义出发来求解最大似然估计是最常见的方法．此外，最大似然估计法还有一条非常实用的性质：设 $u=g(\theta)$ 是 θ 的函数，其存在单值反函数 $\theta=h(u)$，并且 $\widehat{\theta}$ 是 θ 的最大似然估计，则 $g(\widehat{\theta})$ 是 $g(\theta)$ 的最大似然估计．这种性质称为最大似然估计的不变性．并且，这条性质对于多个参数的情形仍然适用.

【例 5-15】 假设总体 X 服从指数分布，其概率密度为

$$f(x;\ \theta)=\begin{cases}\dfrac{1}{\theta}\mathrm{e}^{-\frac{x}{\theta}}, & x>0\\ 0, & x\leqslant 0\end{cases}$$

其中，$\theta>0$，为未知参数．现有样本观察值为 130，168，143，169，174，198，212，108，252，试求总体均值及 $P\{X>180\}$ 的最大似然估计.

解 根据指数分布的总体均值，$E(X)=\theta$. 其似然函数为

$$L(\theta)=\prod_{i=1}^{n}\frac{1}{\theta}\mathrm{e}^{-\frac{x_i}{\theta}},\ x_i>0,\ i=1,\ \cdots,\ n$$

对数似然函数为

$$\ln L(\theta)=-n\ln\theta-\frac{1}{\theta}\sum_{i=1}^{n}x_i$$

令 $\dfrac{\mathrm{d}}{\mathrm{d}\theta}\ln L(\theta)=0$，得关于未知参数 θ 的方程：

$$-\frac{n}{\theta}+\frac{1}{\theta^2}\sum_{i=1}^{n}x_i=0$$

解得，$\widehat{E(X)}=\widehat{\theta}=\bar{x}$，由给定样本观察值计算，可知 $\bar{x}=172.7$，此即为总体均值的最大似然估计值.

若记指数分布的分布函数 $F(x)$，则

$$P\{X>180\}=1-F(180)=1-(1-\mathrm{e}^{-\frac{180}{\theta}})=\mathrm{e}^{-\frac{180}{\theta}}$$

$P\{X>180\}$ 的最大似然估计值记为 $\widehat{p}_{\mathrm{MLE}}$，由最大似然估计的不变性得

$$\widehat{p}_{\mathrm{MLE}}=\mathrm{e}^{-\frac{180}{\bar{x}}}=\mathrm{e}^{-\frac{180}{172.7}}=0.353$$

5.3　区间估计

5.3.1　置信区间的概念

在日常生活中，当我们估计一个未知量的时候，通常采用两种办法：一种方法是用一个数，也就是用实轴上的一个点去估计，我们称它为点估计．前面讨论的矩估计和最大似然估计都属于这种情况. 另一种方法是采用一个区间去估计未知量，例如：估计某人的身高在 175~180 cm，明天北京的气温在 30~32℃等，这类估计都是区间估计.

很显然，区间估计的长度，衡量的是该区间的精度．区间估计的长度越长，它的精度也就越低．例如：估计某人的身高，甲估计他是 170~180 cm，乙估计他是 150~190 cm，显然甲的区间估计较乙短，因而精度较高．但是这个区间短，包含该人真正身高的可能性就降低了，即概率小．我们把这个概率称为区间估计的可靠度．相反，乙的区间估计长，精度差，但可靠度比甲大．由此可见，区间估计中，精度(用区间估计的长度来度量)和可靠度(用估计的区间包含未知量的概率来度量)是相互矛盾的．在实际问题中，我们总是在保证可靠度的条件下，尽可能地提高精度.

为此，我们引入置信区间的定义.

定义 5.6　设总体 X 的分布函数 $F(x;\theta)$ 含有一个未知参数 θ，$\theta\in\Theta$，Θ 是 θ 可能取值的范围．对于给定的常数 $\alpha(0<\alpha<1)$，若 $(X_1, X_2, \cdots, X_n)$ 是取自总体 X 的样本，确定两个统计量

$$\underline{\theta}=\underline{\theta}(X_1, X_2, \cdots, X_n)$$

和

$$\bar{\theta}=\bar{\theta}(X_1, X_2, \cdots, X_n)$$

其中，$\underline{\theta}<\bar{\theta}$，对于任意 $\theta\in\Theta$ 满足

$$P\{\underline{\theta}(X_1, X_2, \cdots, X_n)<\theta<\bar{\theta}(X_1, X_2, \cdots, X_n)\}\geqslant 1-\alpha \tag{5-8}$$

则称随机区间 $(\underline{\theta}, \bar{\theta})$ 是 θ 的置信水平为 $1-\alpha$ 的**置信区间**，$\underline{\theta}$ 和 $\bar{\theta}$ 分别称为 θ 的置信水平为 $1-\alpha$ 的双侧置信区间的**置信下限和置信上限**，$1-\alpha$ 称为**置信水平(又称置信度)**.

置信区间 $(\underline{\theta}, \bar{\theta})$ 是一个随机区间，对一个给定的样本 $(X_1, X_2, \cdots, X_n)$，这个区间

可能包含未知参数 θ，也可能不包含．上式的含义是，若反复抽样多次(各次得到的样本的容量相等，假定为 n)，每个样本值算得一个区间 $(\underline{\theta}, \bar{\theta})$，每个这样的区间要么包含 θ 的真值，要么不包含 θ 的真值．根据伯努利大数定理，如果我们用频率来代替概率，就可以这样解释了，在这样多的区间中，包含 θ 真值的约占 $100(1-\alpha)\%$，不包含 θ 真值的约仅占 $100\alpha\%$. 如，$\alpha = 0.01$，反复抽样 1 000 次，则得到的 1 000 个区间中不包含 θ 真值的约为 10 个．对每个样本值所确定的具体区间而言，它属于包含 θ 真值的区间的置信概率为 $100(1-\alpha)\%$.

5.3.2 求置信区间的方法

我们常常基于点估计构造置信区间的方法来获得置信区间，下面通过一个例子来说明求解方法.

1. 引例

设总体 X 服从指数分布，其概率密度为

$$f(x) = \begin{cases} \dfrac{1}{\theta}e^{-\frac{x}{\theta}}, & x > 0 \\ 0, & x \leqslant 0 \end{cases}$$

其中，$\theta > 0$，为未知参数．若($X_1, X_2, \cdots, X_n$)是取自总体 X 的样本．试求 θ 的置信水平为 $1-\alpha$ 的置信区间.

在这里，变量 X 服从指数分布，现在构造新的变量 $Y = \dfrac{2}{\theta}X$，这是原来变量 X 的函数，容易求出其概率密度为

$$h(y) = \begin{cases} \dfrac{1}{2}e^{-\frac{y}{2}}, & y > 0 \\ 0, & y \leqslant 0 \end{cases}$$

这是自由度为 2 的 χ^2 分布，即 $Y \sim \chi^2(2)$.

以下考虑 $\dfrac{2n\bar{X}}{\theta} \sim \chi^2(2n)$.

由于 $\dfrac{2}{\theta}X_i \sim \chi^2(2)$，$i = 1, 2, \cdots, n$. 结合 χ^2 分布的独立和可加性，可得

$$\sum_{i=1}^{n} \frac{2}{\theta}X_i \sim \chi^2(2n)$$

而

$$\sum_{i=1}^{n} \frac{2}{\theta}X_i = \frac{2}{\theta}\sum_{i=1}^{n} X_i = \frac{2n}{\theta}\bar{X}$$

故

$$\frac{2n}{\theta}\bar{X} \sim \chi^2(2n)$$

因此，我们构造了一个关于参数 θ 的枢轴量，其中 $\bar{X}$ 是 θ 的最大似然估计．它的分布只依赖于样本容量 n.

对于给定的置信水平 $1-\alpha$，从已知的枢轴量出发，构造

$$P\{\chi^2_{1-\frac{\alpha}{2}}(2n) < \frac{2n}{\theta}\overline{X} < \chi^2_{\frac{\alpha}{2}}(2n)\} = 1-\alpha$$

其中，χ^2 分布的分位数如图 5-1 所示.

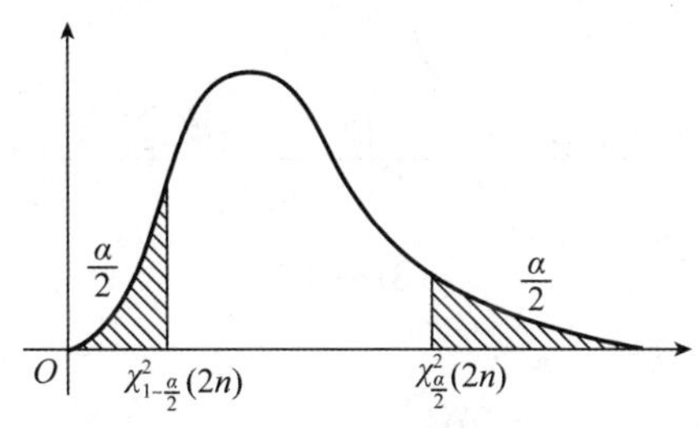

图 5-1

将事件经过不等式变形，得

$$\frac{2n\overline{X}}{\chi^2_{\frac{\alpha}{2}}(2n)} < \theta < \frac{2n\overline{X}}{\chi^2_{1-\frac{\alpha}{2}}(2n)}$$

这样我们就得到了所要求的置信区间：

$$\left(\frac{2n\overline{X}}{\chi^2_{\frac{\alpha}{2}}(2n)}, \frac{2n\overline{X}}{\chi^2_{1-\frac{\alpha}{2}}(2n)}\right)$$

在这个例子中，基于点估计构造置信区间的关键是确定一个合适的样本枢轴量，在它的基础上推导出所要求的区间.

2. 求置信区间的步骤

求未知参数 θ 置信区间的一般步骤如下.

(1)选取一个评价较优的估计量 $\hat{\theta}$.

(2)结合 $\hat{\theta}$，确定一个包含未知参数 θ 的枢轴量，记作

$$u = u(X_1, X_2, \cdots, X_n; \theta)$$

(3)对给定的置信水平 $1-\alpha$，确定 λ_1 与 λ_2，使之满足

$$P\{\lambda_1 < u < \lambda_2\} = 1-\alpha$$

通常我们取满足 $P\{u \leqslant \lambda_1\} = P\{u \geqslant \lambda_2\} = \frac{\alpha}{2}$ 的 λ_1 与 λ_2.

(4)利用不等式变形，求解出 θ 的置信水平为 $1-\alpha$ 的置信区间 $(\underline{\theta}, \overline{\theta})$.

【例 5-16】设总体 $X \sim N(\mu, 100)$，μ 为未知参数，$(X_1, X_2, \cdots, X_n)$为来自总体 X 的样本. 试求 μ 的置信水平为 $1-\alpha$ 的置信区间.

解　样本均值 $\overline{X}$ 是 μ 的最大似然估计量，从 $\overline{X}$ 出发确定包含 μ 的枢轴量：

$$U = \frac{\overline{X}-\mu}{\sigma/\sqrt{n}} = \frac{\overline{X}-\mu}{10/\sqrt{n}} \sim N(0, 1)$$

对于给定的置信水平 $1-\alpha$，确定 λ_1 与 λ_2 满足 $P\left\{\lambda_1 < \frac{\overline{X}-\mu}{10/\sqrt{n}} < \lambda_2\right\} = 1-\alpha$.

显然满足上式的λ_1与λ_2不止一对，通常取$\lambda_1=-u_{\alpha/2}$，$\lambda_2=u_{\alpha/2}$，其中$u_{\alpha/2}$是标准正态双侧分位数，如图 5-2 所示.

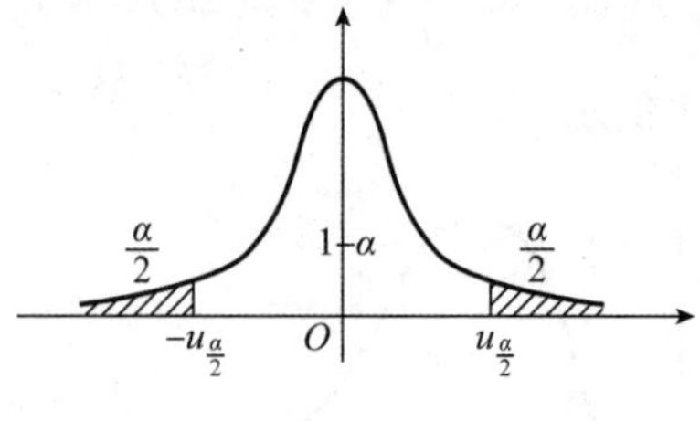

图 5-2

将事件经过不等式变形，得

$$\overline{X}-u_{\frac{\alpha}{2}}\frac{10}{\sqrt{n}}<u<\overline{X}+u_{\frac{\alpha}{2}}\frac{10}{\sqrt{n}}$$

于是μ的置信水平为$1-\alpha$的置信区间为

$$\left(\overline{X}-u_{\frac{\alpha}{2}}\frac{10}{\sqrt{n}},\ \overline{X}+u_{\frac{\alpha}{2}}\frac{10}{\sqrt{n}}\right)$$

若令$\alpha=0.05$，μ的置信水平为95%的置信区间为

$$\left(\overline{X}-19.6\cdot\frac{10}{\sqrt{n}},\ \overline{X}+19.6\cdot\frac{10}{\sqrt{n}}\right)=\left(\overline{X}-\frac{19.6}{\sqrt{n}},\ \overline{X}+\frac{19.6}{\sqrt{n}}\right)$$

用该区间估计μ，一方面，估计成功的概率为 95%；另外，我们能够以 95%的把握断言：以样本均值$\overline{X}$代替μ的绝对误差小于$\frac{19.6}{\sqrt{n}}$. 这正是区间估计相对于点估计的优势所在.

5.3.3 正态总体参数的置信区间

下面重点介绍正态总体均值和方差的区间估计问题. 着重研究单个正态总体均值与方差的区间估计问题.

1. 均值μ的置信区间

设已给定置信水平为$1-\alpha$，并设$(X_1, X_2, \cdots, X_n)$是来自正态总体$N(\mu, \sigma^2)$的样本，$\overline{X}$和S^2分别是样本均值和样本方差. 对总体均值作区间估计，分为总体方差已知和未知两种情况.

1)已知方差σ^2，对均值μ进行区间估计

我们在引例中已作详细讨论. 由于$\overline{X}=\frac{1}{n}\sum_{i=1}^{n}X_i$是$\mu$的无偏估计，且由第 4 章定理4.1 可知，随机变量

$$Z=\frac{\overline{X}-\mu}{\sigma/\sqrt{n}}\sim N(0,1)$$

对于给定的$\alpha(0<\alpha<1)$，查标准正态分布$N(0,1)$的分布表，一定存在一个$u_{\alpha/2}$，使得

$$P\left\{\left|\frac{\overline{X}-\mu}{\sigma/\sqrt{n}}\right|<u_{\alpha/2}\right\}=1-\alpha$$

即

$$P\left\{\overline{X}-\frac{\sigma}{\sqrt{n}}u_{\alpha/2}\leqslant\mu\leqslant\overline{X}+\frac{\sigma}{\sqrt{n}}u_{\alpha/2}\right\}=1-\alpha$$

因此μ的置信水平为$1-\alpha$的置信区间为

$$\left(\overline{X}-\frac{\sigma}{\sqrt{n}}u_{\alpha/2},\ \overline{X}+\frac{\sigma}{\sqrt{n}}u_{\alpha/2}\right)\tag{5-9}$$

比如$\alpha=0.05$时，查正态分布表知$u_{0.025}=1.96$，且$\sigma=1$，$n=16$，由一个样本观察值算得样本均值的观察值$\bar{x}=5.20$，于是得到一个区间$(5.20-0.49,5.20+0.49)$，即$(4.71,5.69)$.

注意，这已经不是随机区间了，但我们仍称它为置信水平为0.95的置信区间．其含义是：若反复抽样多次，每个样本值($n=16$)确定一个区间．用频率加以解释：在这么多区间中，包含μ的约占95个，不包含μ的约占5个．于是，我们只要随便做一次抽样，得到样本观察值($x_1,x_2,\cdots,x_n$)，计算出$\bar{x}$，便可视为μ是“落”在上述区间内，这就给出了μ的区间估计．当然，也可能碰上这个区间不包含μ的偶然情况，出现这种情况的可能性约为5%．现在得到区间$(4.71,5.69)$，则该区间与那些包含μ的区间的可信程度为95%，或“该区间包含μ”这一陈述的可信程度为95%.

另外，置信水平为$1-\alpha$的置信区间并不是唯一的，已知方差σ^2，对μ的区间估计中

$$P\left\{-u_{0.04}<\frac{\overline{X}-\mu}{\sigma/\sqrt{n}}<u_{0.01}\right\}=0.95$$

即

$$P\left\{\overline{X}-\frac{\sigma}{\sqrt{n}}u_{0.01}\leqslant\mu\leqslant\overline{X}+\frac{\sigma}{\sqrt{n}}u_{0.04}\right\}=0.95$$

从而

$$\left(\overline{X}-\frac{\sigma}{\sqrt{n}}u_{0.01},\ \overline{X}+\frac{\sigma}{\sqrt{n}}u_{0.04}\right)$$

这个区间也是μ的置信水平为$1-\alpha$的置信区间．我们将

$$\left(\overline{X}-\frac{\sigma}{\sqrt{n}}u_{\alpha/2},\ \overline{X}+\frac{\sigma}{\sqrt{n}}u_{\alpha/2}\right)\text{和}\left(\overline{X}-\frac{\sigma}{\sqrt{n}}u_{0.01},\ \overline{X}+\frac{\sigma}{\sqrt{n}}u_{0.04}\right)$$

加以比较，它们的区间长度分别是

$$2\times\frac{\sigma}{\sqrt{n}}u_{0.025}\ \text{和}\ \frac{\sigma}{\sqrt{n}}(u_{0.04}+u_{0.01})$$

前者的区间长度较后者短，表示估计的精度较高．故当n固定时，我们选用区间$\left(\overline{X}-\frac{\sigma}{\sqrt{n}}u_{\alpha/2},\ \overline{X}+\frac{\sigma}{\sqrt{n}}u_{\alpha/2}\right)$.

【例5-17】某车间生产钢珠，从长期实践中知道，钢珠直径X可以认为服从$N(\mu,0.06)$的正态分布，从某天产品中任取6个，测得直径(单位：mm)如下：

14.6，15.1，14.9，14.8，15.2，15.1

试求钢珠平均直径μ的置信水平为95%的置信区间.

解 这里 $1-\alpha=0.95$，$\alpha=0.05$，$u_{\alpha/2}=u_{0.025}=1.96$，$\sigma^2=0.06$. 则

$$1.96\frac{\sigma}{\sqrt{n}}=1.96\times\sqrt{0.06/6}=0.196$$

根据所给样本值，计算

$$\bar{x}=\frac{1}{6}(14.6+15.1+14.9+14.8+15.2+15.1)=14.95$$

故 μ 的置信水平为 95% 的置信区间为 $(14.95-0.196, 14.95+0.196)$，从而区间 $(14.754, 15.146)$ 即为所求.

对置信水平为 $1-\alpha$ 的置信区间, α 取不同的值，置信区间也不同，一般经常取 $\alpha=0.05$ 或 $\alpha=0.01$，有时也取 $\alpha=0.1$. 这要根据具体问题而定.

上述求 μ 的置信区间 $\left(\bar{X}-\frac{\sigma}{\sqrt{n}}u_{\alpha/2}, \bar{X}+\frac{\sigma}{\sqrt{n}}u_{\alpha/2}\right)$ 是在 X 服从已知方差为 σ^2 的正态分布条件下得到的. 对于不同的 α，查正态分布表确定出 $u_{\alpha/2}$，从而求出置信区间.

如果 X 服从任意分布，这时只要 n 充分大，仍可用 $\left(\bar{X}-\frac{\sigma}{\sqrt{n}}u_{\alpha/2}, \bar{X}+\frac{\sigma}{\sqrt{n}}u_{\alpha/2}\right)$ 作为总体均值 μ 的置信区间. 这时根据中心极限定理可知，无论 X 服从什么分布，当 n 充分大时，都有随机变量

$$Z=\frac{\bar{X}-\mu}{\sigma/\sqrt{n}}\overset{a}{\sim}N(0, 1)$$

即该变量近似服从标准正态分布.

至于样本容量 n 要多大才算足够大，这没有绝对的标准，一般认为 n 最好在 100 以上.

2) 方差 σ^2 未知，对均值 μ 进行区间估计

由于 σ^2 未知，又 S^2 是 σ^2 的无偏估计，很自然的想法就是用样本方差

$$S^2=\frac{1}{n-1}\sum_{i=1}^{n}(X_i-\bar{X})^2=\frac{1}{n-1}\left(\sum_{i=1}^{n}X_i^2-n\bar{X}^2\right)$$

来代替 σ^2. 由第 4 章定理 4.3 知，随机变量

$$t=\frac{\bar{X}-\mu}{S/\sqrt{n}}\sim t(n-1)$$

对于给定的 $\alpha(0<\alpha<1)$，查 t 分布的分布表，可得 $t(n-1)$ 分布的分位点 $t_{\alpha/2}(n-1)$，使得

$$P\left\{\left|\frac{|\bar{X}-\mu|}{S/\sqrt{n}}\right|<t_{\alpha/2}(n-1)\right\}=1-\alpha$$

即

$$P\left\{\bar{X}-\frac{S}{\sqrt{n}}t_{\alpha/2}(n-1)\leqslant\mu\leqslant\bar{X}+\frac{S}{\sqrt{n}}t_{\alpha/2}(n-1)\right\}=1-\alpha$$

于是得到 μ 的置信水平为 $1-\alpha$ 的置信区间为

$$\left(\bar{X}-\frac{S}{\sqrt{n}}t_{\alpha/2}(n-1), \bar{X}+\frac{S}{\sqrt{n}}t_{\alpha/2}(n-1)\right) \tag{5-10}$$

【例 5-18】 某商店购进一批银耳，现在从中随机抽取 8 包检查质量(单位：g)，结果如下：502，505，499，501，498，497，499，501，已知这批银耳的质量服从正态分布，试求这批银耳每包平均质量的置信水平为 0.95 的置信区间.

解　由题设易知，样本均值与样本方差的观察值为

$$\bar{x} = 500.25,\ s^2 = \frac{1}{n-1}\sum_{i=1}^{n}(x_i - \bar{x})^2 = 6.5$$

即 $s = \sqrt{s^2} = 2.55$.

由于 $1-\alpha = 0.95$，$\alpha = 0.05$，$n = 8$，查 t 分布的分布表，得 $t_{0.025}(7) = 2.36$. 代入计算公式，有

$$\bar{x} + t_{\alpha/2}(n-1)\frac{s}{\sqrt{n}} = 500.25 + 2.36\frac{2.55}{\sqrt{8}} = 502.38$$

$$\bar{x} - t_{\alpha/2}(n-1)\frac{s}{\sqrt{n}} = 500.25 - 2.36\frac{2.55}{\sqrt{8}} = 498.12$$

因此 μ 的置信水平为 0.95 的置信区间为(498.12，502.38).

在实际问题中，总体方差 σ^2 未知的情况居多，故式(5-10)比式(5-9)有更大的实用价值.

2. 单个正态总体方差 σ^2 的区间估计

根据实际问题的需要，只讨论 μ 未知的情况.

由第 4 章定理 4.2 知，随机变量

$$\chi^2 = \frac{(n-1)S^2}{\sigma^2} \sim \chi^2(n-1)$$

对于给定的 $\alpha(0 < \alpha < 1)$，查 χ^2 分布的分布表，可得 $\chi^2(n-1)$ 分布的分位点 $\chi^2_{\alpha/2}(n-1)$ 和 $\chi^2_{1-\alpha/2}(n-1)$，使

$$P\left\{\frac{(n-1)S^2}{\chi^2_{\alpha/2}(n-1)} < \sigma^2 < \frac{(n-1)S^2}{\chi^2_{1-\alpha/2}(n-1)}\right\} = 1-\alpha$$

于是得到 σ^2 的置信水平为 $1-\alpha$ 的置信区间为

$$\left(\frac{(n-1)S^2}{\chi^2_{\alpha/2}(n-1)},\ \frac{(n-1)S^2}{\chi^2_{1-\alpha/2}(n-1)}\right) \tag{5-11}$$

则标准差 σ 的置信水平为 $1-\alpha$ 的置信区间为

$$\left(\frac{\sqrt{(n-1)}S}{\sqrt{\chi^2_{\alpha/2}(n-1)}},\ \frac{\sqrt{(n-1)}S}{\sqrt{\chi^2_{1-\alpha/2}(n-1)}}\right) \tag{5-12}$$

注意，当概率密度曲线的图形不对称时，如 χ^2 分布和 F 分布，习惯上仍取对称的分位点来确定置信区间. 但这样确定的置信区间长度并不是最短，由于最短置信区间的计算太繁杂，通常采用式(5-11)与式(5-12)来估计方差与标准差的置信水平为 $1-\alpha$ 的置信区间.

【例 5-19】 设某种涂料的 9 个样品，其干燥时间(单位：h)分别为

6.0，5.7，5.8，6.5，7.0，6.3，5.6，6.1，5.0

若干燥时间总体 $X \sim N(\mu, \sigma^2)$，试求 μ 的置信水平为 0.95 的置信区间.

(1)已知 $\sigma=0.6$ h；(2) σ 为未知.

解 (1)已知 $\sigma=0.6$ h 时，由式(5-9)得 μ 的置信水平为 0.95 的置信区间为

$$\left(\overline{X}-\frac{\sigma}{\sqrt{n}}u_{\alpha/2},\ \overline{X}+\frac{\sigma}{\sqrt{n}}u_{\alpha/2}\right)=\left(\bar{x}-\frac{0.6}{\sqrt{9}}u_{0.025},\ \bar{x}+\frac{0.6}{\sqrt{9}}u_{0.025}\right)$$
$$=\left(6-\frac{0.6}{3}\cdot 1.96,\ 6+\frac{0.6}{3}\cdot 1.96\right)$$
$$=(5.608,\ 6.392)$$

(2)当 σ 为未知时，由式(5-10)得 μ 的置信水平为 0.95 的置信区间为

$$\left(\overline{X}-\frac{S}{\sqrt{n}}t_{\alpha/2}(n-1),\ \overline{X}+\frac{S}{\sqrt{n}}t_{\alpha/2}(n-1)\right)=\left(\bar{x}-\frac{s}{\sqrt{9}}t_{0.025}(8),\ \bar{x}+\frac{s}{\sqrt{9}}t_{0.025}(8)\right)$$
$$=\left(6-\frac{0.574\,5}{3}\cdot 2.306,\ 6+\frac{0.574\,5}{3}\cdot 2.306\right)$$
$$=(5.558,\ 6.442)$$

【例 5-20】分别用金球和铂球测定万有引力常数(单位：$10^{-11}\mathrm{m}^3\cdot\mathrm{kg}^{-1}\cdot\mathrm{s}^{-2}$). 设测定值总体为 $X\sim N(\mu,\ \sigma^2)$，其中 μ，σ^2 均为未知. 现得到测定结果如下.

(1)用金球测定观察值为：6.683，6.681，6.676，6.678，6.679，6.672.

(2)用铂球测定观察值为：6.661，6.661，6.667，6.667，6.664.

试对(1)及(2)这两种情况分别求 μ 的置信水平为 0.9 的置信区间；并求 σ^2 的置信水平为 0.9 的置信区间.

解 (1)当 σ 为未知时，由式(5-10)得 μ 的置信水平为 0.9 的置信区间为

$$\left(\overline{X}-\frac{S}{\sqrt{n}}t_{\alpha/2}(n-1),\ \overline{X}+\frac{S}{\sqrt{n}}t_{\alpha/2}(n-1)\right)=\left(\bar{x}-\frac{s}{\sqrt{6}}t_{0.05}(5),\ \bar{x}+\frac{s}{\sqrt{6}}t_{0.05}(5)\right)$$
$$=\left(6.678\,2-\frac{0.003\,87}{2.449\,5}\times 2.015,\right.$$
$$\left.6.678\,2+\frac{0.003\,87}{2.449\,5}\times 2.015\right)$$
$$=(6.675,\ 6.681)$$

由式(5-11)得 σ^2 的置信水平为 0.9 的置信区间为

$$\left(\frac{(n-1)S^2}{\chi^2_{\alpha/2}(n-1)},\ \frac{(n-1)S^2}{\chi^2_{1-\alpha/2}(n-1)}\right)=\left(\frac{5\times 1.496\,6\times 10^{-5}}{11.071},\ \frac{5\times 1.496\,6\times 10^{-5}}{1.145}\right)$$
$$=(6.8\times 10^{-6},\ 6.5\times 10^{-5})$$

(2)当 σ 为未知时，由式(5-10)得 μ 的置信水平为 0.9 的置信区间为

$$\left(\overline{X}-\frac{S}{\sqrt{n}}t_{\alpha/2}(n-1),\ \overline{X}+\frac{S}{\sqrt{n}}t_{\alpha/2}(n-1)\right)=\left(\bar{x}-\frac{s}{\sqrt{5}}t_{0.05}(4),\ \bar{x}+\frac{s}{5}t_{0.05}(4)\right)$$
$$=\left(6.664-\frac{0.003}{2.236}\times 2.131\,8,\right.$$
$$\left.6.664+\frac{0.003}{2.236}\times 2.131\,8\right)$$
$$=(6.661,\ 6.667)$$

由式(5-11)得 σ^2 的置信水平为 0.9 的置信区间为

$$\left(\frac{(n-1)S^2}{\chi^2_{\alpha/2}(n-1)}, \frac{(n-1)S^2}{\chi^2_{1-\alpha/2}(n-1)}\right) = \left(\frac{4\times 9\times 10^{-6}}{9.488}, \frac{4\times 9\times 10^{-6}}{0.711}\right)$$
$$= (3.8\times 10^{-6}, 5.06\times 10^{-5})$$

在实际应用中经常会遇到两个正态总体的区间估计问题，例如，要考察一项新技术对提高产品的某项质量指标的作用，我们设采用新技术前产品的质量指标服从正态分布 $N(\mu_1, \sigma_1^2)$，采用新技术后，产品的质量指标服从正态分布 $N(\mu_2, \sigma_2^2)$. 于是，评价此新技术的效果问题就归结为研究两个正态总体均值差 $\mu_1-\mu_2$ 的问题. 又如，产品的某一数量指标 X 服从正态分布 $N(\mu_1, \sigma_1^2)$，由于原料、设备、工艺及操作人员的变动，引起总体均值、方差有所改变，变化后的质量指标 Y 服从正态分布 $N(\mu_2, \sigma_2^2)$，为知道这些变化有多大，依然需要考虑两个正态总体均值差 $\mu_1-\mu_2$、方差比 σ_1^2/σ_2^2 的估计问题. 类似的例子可以举出很多，说明两个正态总体的区间估计问题有很广泛的实际意义.

5.4 假设检验

本节讨论假设检验，它是统计推断的另一类重要内容. 在参数估计中我们知道，当总体 X 的分布形式已知时，可以借助于总体 X 的一个样本来估计总体分布函数中的未知参数的取值，并且给出包含该值的置信区间，也就是所谓的点估计与区间估计. 假设检验与参数估计有着密不可分的联系，尤其是与区间估计有一些相同之处：研究的对象仍然是分布函数中的参数，主要是正态分布中的参数；所使用的统计量是一样的. 假设检验先是提出假设，再通过数理统计的方法进行科学的检验，由样本提供的信息对假设的正确性进行推断，作出接受假设或拒绝假设的决策. 本节将主要介绍假设检验的基本概念、理论、方法及正态总体中未知参数的假设检验问题.

通过本节内容的学习，要求达到以下目标：

(1) 了解假设检验的基本概念及基本思想；

(2) 掌握假设检验的一般步骤；

(3) 熟练掌握单正态总体参数显著性检验的方法；

(4) 掌握双正态总体参数显著性检验的方法.

5.4.1 引例

为了对假设检验有一个初步了解，先结合下面的例子来谈一谈假设检验的思路与做法，并引入与假设检验相关的一些概念.

机器包装小食品，每袋的净重是一个随机变量，它服从正态分布，额定标准为每袋净重 500 g，根据长期经验得知其标准差为 10 g，而且比较稳定. 某天开工后，为检查包装机工作是否正常，从装好的小食品中随机地抽取 9 袋，测其净重(单位：g)为

501，472，486，506，495，497，489，503，488

问这天机器工作是否正常？

(1) 设 μ，σ 分别为该天袋装盐重总体 X 的均值和标准差，则由题设知 $X\sim N(\mu, 100)$，要判断该天机器工作是否正常，就是要判断这一天袋装小食品质量的均值是否等于

500 g. 为此提出两个相互对立的假设：

$$H_0: \mu = \mu_0 = 500; \ H_1: \mu \neq \mu_0$$

这里把 H_0 称为**原假设或零假设**，H_1 称为**备择假设**. 按照统计推断的基本思想，根据样本提供的信息，作出接受 H_0 或拒绝 H_0 的决策．如果 H_0 成立，则认为这天机器工作正常，否则认为这天机器工作不正常.

(2)为了解决上述目标，我们知道，样本均值 $\overline{X}$ 是总体均值 μ 的无偏估计量，容易算得其观察值为

$$\bar{x} = \frac{1}{n}\sum_{i=1}^{n} x_i = \frac{1}{9}(501 + 472 + 486 + 506 + 495 + 497 + 489 + 503 + 488) = 493$$

当 H_0 成立时，比较这个观察值与 $\mu_0 = 500$ 的大小相当，也就说它们的差距 $|\bar{x} - \mu_0|$ 不应该太大，这个差距可归结为研究

$$\frac{|\bar{x} - \mu_0|}{\sigma/\sqrt{n}} = \frac{|\bar{x} - 500|}{10/\sqrt{9}}$$

的大小去作进一步分析．为此引入一个小正数 ε 作为参数对上式进行限制，当 $\dfrac{|\bar{x} - \mu_0|}{\sigma/\sqrt{n}} = \dfrac{|\bar{x} - 500|}{10/\sqrt{9}} < \varepsilon$ 时，认为差距不显著，从而接受原假设 H_0，否则就拒绝原假设 H_0.

(3)如何确定参数 ε 呢？因为统计量 $Z = \dfrac{\overline{X} - \mu_0}{\sigma/\sqrt{n}} \sim N(0, 1)$，再根据标准正态分布双侧分位数的概念，建立概率等式如下：

$$P\{|Z| \geqslant \varepsilon\} = P\left\{\frac{|\overline{X} - \mu_0|}{\sigma/\sqrt{n}} \geqslant \varepsilon\right\} = \alpha$$

其中，α 是小概率，比如 α 取值为 0.05. 从而可以确定

$$\varepsilon = u_{\alpha/2} = u_{0.025} = 1.96$$

α 与确定参数 ε 有关，参数又与确定差距的显著程度有关，通常称 α 为**显著性水平**. 同时将参数 ε 的取值称为**临界值**.

(4)事件 $\{|Z| \geqslant \varepsilon\} = \left\{\dfrac{|\overline{X} - \mu_0|}{\sigma/\sqrt{n}} \geqslant \varepsilon\right\}$ 是小概率事件，当样本均值 $\bar{x}$ 满足

$$\frac{|\bar{x} - \mu_0|}{\sigma/\sqrt{n}} = \frac{|493 - 500|}{10/\sqrt{9}} = 2.1 > \varepsilon = 1.96$$

时，依据小概率事件的实际不可能发生原理，这个事件在一次试验中实际上是不可能发生的，这表明样本观察值 $\bar{x}$ 与均值 μ_0 之间存在显著性差距，从而拒绝原假设 H_0 而接受备择假设 H_1，即认为该天机器工作不正常．统计量 $Z = \dfrac{\overline{X} - \mu_0}{\sigma/\sqrt{n}}$ 的观察值 z 落在区域 $|z| \geqslant u_{\alpha/2}$ 时，就拒绝原假设 H_0，这是我们作出决策的依据，这个区域称为**拒绝域**，同时将区域 $|z| < u_{\alpha/2}$ 称为**接受域**，拒绝域与接受域共同的边界点就是临界值.

5.4.2　假设检验的基本思想

分析小概率事件等式：$P\{|Z|\geqslant\varepsilon\}=P\left\{\dfrac{|\overline{X}-\mu_0|}{\sigma/\sqrt{n}}\geqslant\varepsilon\right\}=\alpha$，不难发现，我们假定原假设 H_0 为真，并拒绝原假设，使其成为小概率事件，这是假设检验的关键环节.

假设检验的基本思想基于两点：小概率事件的实际不可能发生原理和概率统计反证法．在概率论中常用的小概率事件在一次试验中几乎不发生，事件 $\{|Z|\geqslant\varepsilon\}=\left\{\dfrac{|\overline{X}-\mu_0|}{\sigma/\sqrt{n}}\geqslant\varepsilon\right\}$ 是小概率事件，当这个事件发生时，也就是本不该发生的事件如今发生了. 出现这种情形的根源在于我们假设了原假设 H_0 成立，结果导致了矛盾发生，这是不合理的现象. 统计学中用这种方式推出的矛盾与微积分中反证法类似，我们称其为概率统计反证法：出现矛盾则拒绝提出的假设，认为有显著的差距，否则就没有理由拒绝.

5.4.3　假设检验的一般步骤

假设检验的一般步骤如下.

(1)提出假设：由实际问题出发，作出合适的原假设 H_0 和备择假设 H_1. 原假设与备择假设是一对相互对立的命题，如何根据问题的需要提出合适的原假设是假设检验的关键．如果我们的目的是判别某个论点是否成立，可直接将此论点取为原假设；如果要决定新提出的方法是否比原方法好，往往将原方法取为原假设.

值得注意的问题是，原假设应当注重以人为本的原则. 被错误地拒绝时导致的后果更加严重的假设应取为原假设，比如诊断某人是否有病，考虑到有病误判无病的后果，把原假设 H_0 设为有病，把备择假设 H_1 设为无病. 同样的道理，在司法审判中，原假设应取为 H_0：被告无罪，备择假设才是 H_1：被告有罪.

(2)选取统计量：选取统计量的原则与第 4 章中区间估计完全相同，统计量应当与原假设有关. 在原假设成立的情况下，统计量的分布或近似分布是已知的，然后根据样本观察值计算相应统计量的观察值.

(3)明确拒绝域和接受域：在给定的显著性水平 α 下求出临界值，一般情况下显著性水平限定为一个比较小的值，通常 $\alpha=0.05$ 或 0.01.

(4)作出决策：当统计量的观察值落在拒绝域内，就拒绝原假设 H_0，而接受备择假设 H_1；反之，接受原假设 H_0，而拒绝备择假设 H_1.

5.4.4　假设检验的三种形式

以检验总体 X 的均值 μ 为例，可以提出以下 3 种常见的假设检验问题.

1. 双边检验

此时需要检验假设：

$$H_0:\ \mu=\mu_0;\ H_1:\ \mu\neq\mu_0 \tag{5-13}$$

在备择假设中，要检验 μ 与 μ_0 差距不大，意思是说 μ 可能大于 μ_0，也可能小于 μ_0(μ 的

取值在 μ_0 双边).

2. 右边检验

此时需要检验假设:

$$H_0: \mu \leqslant \mu_0; \ H_1: \mu > \mu_0 \tag{5-14}$$

在备择假设中,要检验 μ 大于 μ_0(μ 的取值在 μ_0 右边).

3. 左边检验

此时需要检验假设:

$$H_0: \mu \geqslant \mu_0; \ H_1: \mu < \mu_0 \tag{5-15}$$

在备择假设中,要检验 μ 小于 μ_0(μ 的取值在 μ_0 左边).

右边检验与左边检验统称为**单边检验**.

5.4.5 检验的显著性水平与两类错误

统计推断是由样本提供的信息来作出对总体统计规律的推断,这是统计推断的特点.由于样本具有随机性,因此无论采取什么样的检验规则,在实际应用时所下的结论都会可能发生错误,假设检验问题也是如此.第一种情形,若原假设 H_0 本来是真实的,却由于样本观察值落入拒绝域而拒绝了原假设 H_0,这便犯下了错误,也就是所谓"弃真"的错误,这类错误通常被称为第一类错误;第二种情形,若原假设 H_0 本来是不成立的,但却由于样本观察值落入接受域,而接受了原假设 H_0,这便犯下了错误,也就是所谓"纳伪"的错误,这类错误通常被称为第二类错误.

犯第一类错误的概率记为 p,犯第二类错误的概率记为 q,即

$$\begin{aligned}
p(\varepsilon) &= P\{\text{第一类错误}\} \\
&= P\{\text{拒绝 } H_0 \mid H_0 \text{ 是真实的}\} \\
&= P\{|\overline{X} - \mu_0| \geqslant \varepsilon \mid \mu = \mu_0\} \\
&= P\left\{\frac{|\overline{X} - \mu_0|}{\sigma/\sqrt{n}} \geqslant \frac{\varepsilon}{\sigma/\sqrt{n}} \middle| \mu = \mu_0\right\} \\
&= 2 - 2\varphi\left(\frac{\varepsilon}{\sigma/\sqrt{n}}\right)
\end{aligned}$$

$$\begin{aligned}
q(\varepsilon) &= P\{\text{第二类错误}\} \\
&= P\{\text{接受 } H_0 \mid H_0 \text{ 是假的}\} \\
&= P\{|\overline{X} - \mu_0| < \varepsilon \mid \mu \neq \mu_0\} \\
&= P\{\mu_0 - \varepsilon < \overline{X} < \mu_0 + \varepsilon \mid \mu \neq \mu_0\} \\
&= P\left\{\frac{\mu_0 - \varepsilon - \mu}{\sigma/\sqrt{n}} < \frac{\overline{X} - \mu}{\sigma/\sqrt{n}} < \frac{\mu_0 + \varepsilon - \mu}{\sigma/\sqrt{n}} \middle| \mu \neq \mu_0\right\} \\
&= \varphi\left(\frac{\mu_0 + \varepsilon - \mu}{\sigma/\sqrt{n}}\right) - \varphi\left(\frac{\mu_0 + \varepsilon - \mu}{\sigma/\sqrt{n}}\right), \ \mu \neq \mu_0
\end{aligned}$$

在这里,犯第一类错误的概率 p 关于 ε 是单调减少的函数,犯第二类错误的概率 q 关于

ε 是单调增加的函数，也就是说在样本容量一定的情况下，不可能找出临界值 ε，使得 p 与 q 都尽可能小，这表明犯两类错误的概率相互制约.

奈曼-皮尔逊原则：首先控制犯第一类错误的概率不超过某个常数，常取 0.01、0.025、0.05 等，就是所谓的显著性水平 α；然后使得犯第二类错误的概率尽可能小．根据这个原则，有

$$p(\varepsilon) = 2 - 2\varphi\left(\frac{\varepsilon}{\sigma/\sqrt{n}}\right) \leqslant \alpha$$

从而

$$\varepsilon \geqslant u_{\alpha/2}\frac{\sigma}{\sqrt{n}}$$

由于犯第二类错误的概率 q 关于 ε 是单调增加的函数，因此应取

$$\varepsilon = u_{\alpha/2}\frac{\sigma}{\sqrt{n}}$$

一般我们是按照这个原则来确定拒绝域的临界值，进而得出拒绝域.

5.5　单正态总体的参数假设检验

单正态总体的参数假设检验是实际问题中经常出现的．设总体 $X \sim N(\mu,\ \sigma^2)$，X_1，X_2，…，X_n 是它的一个样本，样本均值和样本方差分别为 $\overline{X}$ 与 S^2，取定显著性水平为 α. 对于总体均值 μ 的检验主要采用标准正态分布 $N(0,\ 1)$ 和 t 分布，这是最常用的两大具有对称性的分布.

5.5.1　均值 μ 的检验

1. Z 检验法

在正态总体 $X \sim N(\mu,\ \sigma^2)$ 中，方差 σ^2 已知时，关于总体均值 μ 的假设检验是利用统计量 $Z = \dfrac{\overline{X} - \mu_0}{\sigma/\sqrt{n}}$ 来确定拒绝域的，这种检验法就称为 Z 检验法.

1) 双边检验

上节引例就是双边检验，它的拒绝域为

$$|z| \geqslant u_{\alpha/2}$$

即

$$\bar{x} \geqslant \mu_0 + \frac{\sigma}{\sqrt{n}}u_{\alpha/2}$$

或

$$\bar{x} \leqslant \mu_0 - \frac{\sigma}{\sqrt{n}}u_{\alpha/2}$$

双边检验的拒绝域如图 5-3 所示，图中 $U_0 = \dfrac{\bar{x} - \mu_0}{\sigma / \sqrt{n}}$ 为样本观察值.

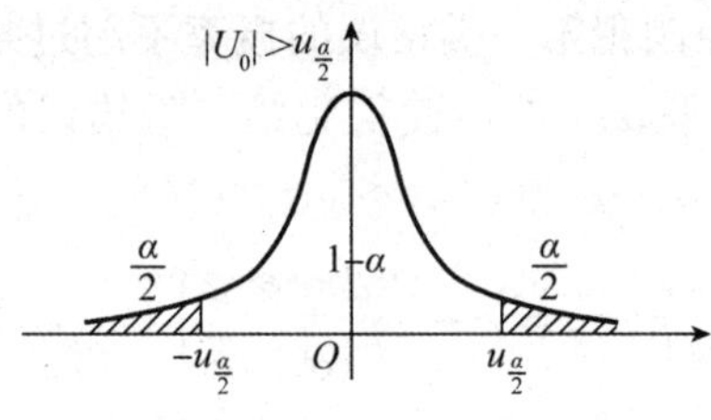

图 5-3

下面来讨论单边假设检验的拒绝域问题.

2) 右边检验

$$H_0: \mu \leqslant \mu_0;\ H_1: \mu > \mu_0$$

由小概率事件等式有

$$P\{Z \geqslant \varepsilon\} = P\left\{\frac{\bar{X} - \mu_0}{\sigma / \sqrt{n}} \geqslant \varepsilon\right\} = \alpha$$

可得临界值 $\varepsilon = u_\alpha$， 于是得到右边检验的拒绝域为

$$\frac{\bar{x} - \mu_0}{\sigma / \sqrt{n}} \geqslant u_\alpha$$

即

$$\bar{x} \geqslant \mu_0 + \frac{\sigma}{\sqrt{n}} u_\alpha$$

右边检验的拒绝域如图 5-4 所示.

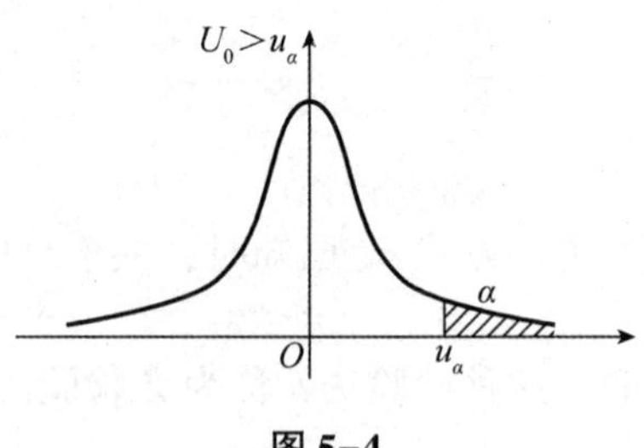

图 5-4

3) 左边检验

$$H_0: \mu \geqslant \mu_0;\ H_1: \mu < \mu_0$$

由小概率事件等式有

$$P\{Z \leqslant \varepsilon\} = P\left\{\frac{\bar{X} - \mu_0}{\sigma / \sqrt{n}} \leqslant \varepsilon\right\} = \alpha$$

可得临界值 $\varepsilon = - u_\alpha$， 于是得到左边检验的拒绝域为

$$\frac{\bar{x} - \mu_0}{\sigma / \sqrt{n}} \leqslant - u_\alpha$$

即

$$\bar{x} \leqslant \mu_0 - \frac{\sigma}{\sqrt{n}} u_\alpha$$

左边检验的拒绝域如图 5-5 所示.

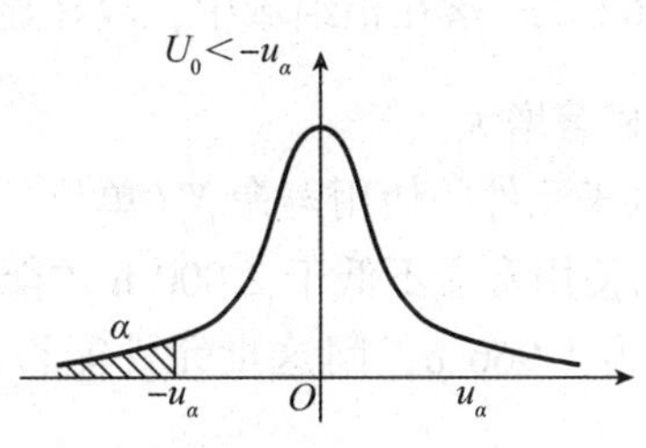

图 5-5

【例 5-21】(双边检验)某汽车美容店使用速干漆进行洗车后轮胎表面喷涂美化. 从以往的生产经验知, 其干燥时间 $X \sim N(\mu, \sigma^2)$, 且数学期望 $\mu = 6.0$, 标准差 $\sigma = 0.6$. 今有 9 个样品, 测得干燥时间(单位: s)如下:

$$6.5, 5.9, 5.8, 6.3, 6.2, 5.5, 5.2, 6.1, 5.3$$

假设方差不变, 现在根据样本检验均值是否有显著变化? 取显著性水平 $\alpha = 0.05$.

解　要检验假设:

$$H_0: \mu = 6.0; H_1: \mu \neq 6.0$$

这是双边检验问题, 用 Z 检验法, 其拒绝域为

$$\frac{|\bar{x} - 6.0|}{\sigma / \sqrt{n}} \geqslant u_{0.025}$$

其中 $u_{0.025} = 1.96$, 即

$$|\bar{x} - 6.0| \geqslant u_{0.025} \frac{\sigma}{\sqrt{n}} = 0.392$$

实际算其观察值 $\bar{x} = \frac{1}{9} \sum_{i=1}^{n} x_i = 5.87$, 有

$$|\bar{x} - 6.0| = 0.13 < 0.392$$

不在拒绝域中, 故在显著性水平 $\alpha = 0.05$ 下接受原假设 H_0, 即认为所喷漆的干燥时间没有显著差异.

【例 5-22】(右边检验)某乐器制造厂生产的吉他琴弦拉断力 X(单位: N), 从以往的生产经验知, $X \sim N(\mu, \sigma^2)$, 且数学期望 $\mu = 557$, 标准差 $\sigma = 7$. 现在提高了生产工艺, 并从中抽取 10 根成品, 测得拉断力为

$$571, 583, 559, 557, 557, 559, 557, 555, 559, 565$$

假设方差不变, 问这批吉他琴弦拉断力是否显著增大? 取显著性水平 $\alpha = 0.05$.

解　要检验假设:

$$H_0: \mu \leqslant 557; H_1: \mu > 557$$

这是右边检验问题, 用 Z 检验法, 其拒绝域为

$$\frac{\bar{x} - 557}{7 / \sqrt{10}} \geqslant u_{0.05}$$

其中 $u_{0.05}=1.645$，即

$$\bar{x}\geqslant 557+\frac{7}{\sqrt{10}}\times 1.645=560.64$$

实际算其观察值 $\bar{x}=\frac{1}{10}\sum_{i=1}^{n}x_i=562.2$，落在拒绝域中，故在显著性水平 $\alpha=0.05$ 下拒绝原假设 H_0，即认为新产品的拉断力显著增大.

【例 5-23】(左边检验)某电子元件的使用寿命 X(单位：h)服从标准差 $\sigma=100$ 的正态分布．按行业标准，这种产品的使用寿命不低于 2 000 h 才能进入市场销售．现在从一批成品中抽取 25 件，测得寿命均值为 1 966 h，问这批元件能否进入市场销售？取显著性水平 $\alpha=0.05$.

解 要检验假设：

$$H_0:\mu\geqslant 2\,000;\ H_1:\mu<2\,000$$

这是左边检验问题，用 Z 检验法，其拒绝域为

$$\frac{\bar{x}-2\,000}{100/\sqrt{25}}\leqslant -u_{0.05}$$

其中，$u_{0.05}=1.645$，即

$$\bar{x}\leqslant 2\,000-\frac{100}{\sqrt{25}}\times 1.645=1\,967.1$$

实际测得寿命均值为 $\bar{x}=1\,966$，落在拒绝域中，故在显著性水平 $\alpha=0.05$ 下拒绝原假设 H_0，即认为这批元件不能进入市场销售.

2. t 检验法

在正态总体 $X\sim N(\mu,\sigma^2)$ 中，当 μ，σ^2 未知时，关于总体均值 μ 的假设检验是利用统计量 $T=\frac{\overline{X}-\mu_0}{S/\sqrt{n}}$ 来确定拒绝域，这种检验法就称为 t 检验法.

1)双边检验

$$H_0:\mu=\mu_0;\ H_1:\mu\neq\mu_0$$

由小概率事件等式有

$$P\{|T|\geqslant\varepsilon\}=P\left\{\left|\frac{\overline{X}-\mu_0}{S/\sqrt{n}}\right|\geqslant\varepsilon\right\}=\alpha$$

可得临界值 $\varepsilon=t_{\alpha/2}(n-1)$，于是它的拒绝域为

$$|t|\geqslant t_{\alpha/2}(n-1)$$

即

$$\bar{x}\geqslant\mu_0+\frac{S}{\sqrt{n}}t_{\alpha/2}(n-1)$$

或

$$\bar{x}\leqslant\mu_0-\frac{S}{\sqrt{n}}t_{\alpha/2}(n-1)$$

双边检验的拒绝域如图 5-6 所示，图中 $T_0 = \dfrac{\bar{x} - \mu_0}{\sigma / \sqrt{n}}$ 为样本观察值，以下相同.

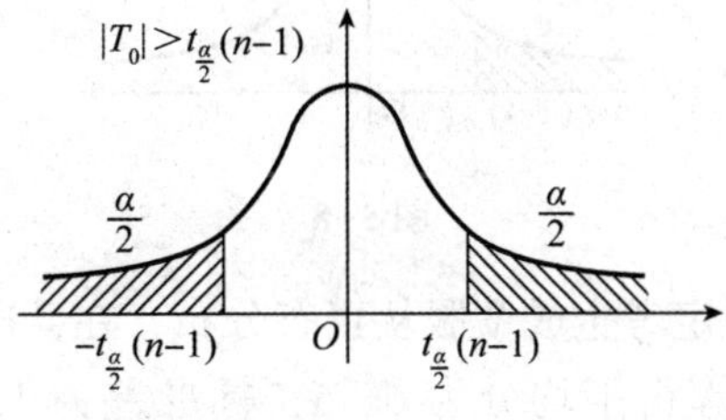

图 5-6

2) 右边检验

$$H_0: \mu \leqslant \mu_0;\ H_1: \mu > \mu_0$$

由小概率事件等式有

$$P\{T \geqslant \varepsilon\} = P\left\{\frac{\overline{X} - \mu_0}{S / \sqrt{n}} \geqslant \varepsilon\right\} = \alpha$$

可得临界值 $\varepsilon = t_\alpha(n-1)$，于是它的拒绝域为

$$t \geqslant t_\alpha(n-1)$$

即

$$\bar{x} \geqslant \mu_0 + \frac{S}{\sqrt{n}} t_\alpha(n-1)$$

右边检验的拒绝域如图 5-7 所示.

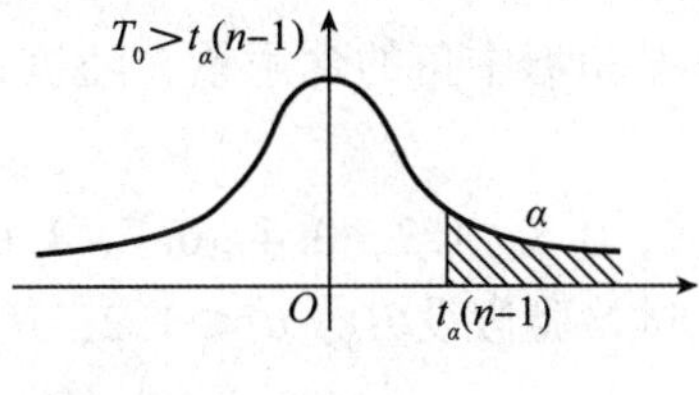

图 5-7

3) 左边检验

$$H_0: \mu \geqslant \mu_0;\ H_1: \mu < \mu_0$$

由小概率事件等式有

$$P\{T \leqslant \varepsilon\} = P\left\{\frac{\overline{X} - \mu_0}{S / \sqrt{n}} \leqslant \varepsilon\right\} = \alpha$$

可得临界值 $\varepsilon = -t_\alpha(n-1)$，于是它的拒绝域为

$$t \leqslant -t_\alpha(n-1)$$

即

$$\bar{x} \leqslant \mu_0 - \frac{S}{\sqrt{n}} t_\alpha(n-1)$$

左边检验的拒绝域如图 5-8 所示.

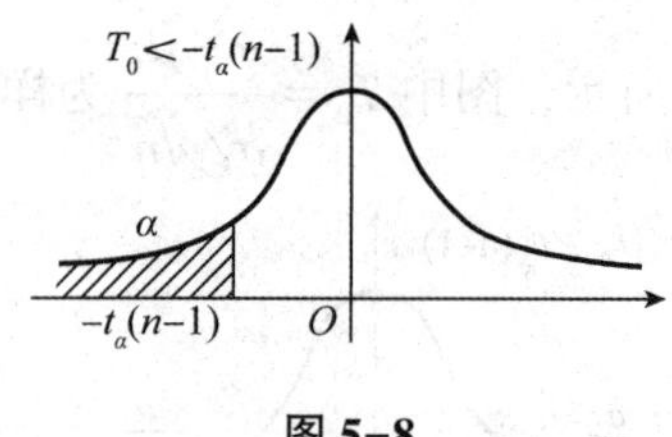

图 5-8

【例 5-24】(双边检验)假定考生成绩服从正态分布，在某次概率与数理统计统考中，随机抽取了 36 位考生的成绩，算得平均分为 66.5，标准差为 15，问在显著性水平 $\alpha=0.05$ 下，是否可以认为这次考试全体考生的平均成绩为 70 分?

解 要检验假设：

$$H_0:\mu=70;\ H_1:\mu\neq 70$$

这是双边检验问题，用 t 检验法，其拒绝域为

$$|t|=\left|\frac{\bar{x}-70}{15/\sqrt{36}}\right|\geqslant t_{0.025}(35)$$

即

$$\bar{x}\geqslant 70+\frac{15}{\sqrt{36}}t_{0.025}(35)\text{ 或 }\bar{x}\leqslant 70-\frac{15}{\sqrt{36}}t_{0.025}(35)$$

其中，$t_{0.025}(35)=2.0301$，即

$$\bar{x}\geqslant 75.075\text{ 或 }\bar{x}\leqslant 64.925$$

实际算得平均分 $\bar{x}=66.5$，不在拒绝域中，故在显著性水平 $\alpha=0.05$ 下接受原假设 H_0，即可以认为这次考试的平均成绩为 70 分.

【例 5-25】(右边检验)考察某鱼塘中鱼的含汞量，随机地取 10 条鱼测得其汞量(单位：mg)为

0.8，1.6，0.9，0.8，1.2，0.4，0.7，1.0，1.2，1.1

设鱼的含汞量 $X\sim N(\mu,\sigma^2)$，试检验假设 $H_0:\mu\leqslant 1.2$；$H_1:\mu>1.2$. 取显著性水平 $\alpha=0.01$.

解 这是右边检验问题，用 t 检验法，其拒绝域为

$$t=\frac{\bar{x}-1.2}{s/\sqrt{10}}\geqslant t_{0.01}(9)$$

其中，$t_{0.01}(9)=2.2622$，由样本观察值算得

$$\bar{x}=\frac{1}{10}\sum_{i=1}^{10}x_i=0.97,\ s=\sqrt{\frac{1}{9}\sum_{i=1}^{n}(x_i-\bar{x})^2}=0.3302$$

所以

$$t=\frac{\bar{x}-1.2}{s/\sqrt{10}}=\sqrt{10}\,\frac{0.97-1.2}{0.3302}=-2.2027<2.2622$$

故在显著性水平 $\alpha=0.01$ 下接受原假设 H_0.

【例 5-26】(左边检验)设某品牌奶粉钙的含量 $X\sim N(\mu,\sigma^2)$，其中 μ，σ^2 均未知，按规定每瓶营养品中钙的平均含量不能少于 100 mg，现从一批成品奶粉中随机地抽取 10 瓶，

测得样本观察值 $\bar{x} = 96$ mg，$s = 6$ mg. 试问该品牌奶粉是否合格？取显著性水平 $\alpha = 0.05$.

解　要检验假设：

$$H_0: \mu \geqslant 100;\ H_1: \mu < 100$$

这是左边检验问题，用 t 检验法，其拒绝域为

$$t = \frac{\bar{x} - 100}{s/\sqrt{10}} \leqslant -t_{0.05}(9)$$

其中，$t_{0.05}(9) = 1.8331$，由样本观察值算得

$$t = \frac{\bar{x} - 100}{s/\sqrt{10}} = \sqrt{10}\frac{96 - 100}{6} = -2.1082 < -1.8331$$

由于检验统计量落在拒绝域中，故在显著性水平 $\alpha = 0.05$ 下拒绝原假设 H_0，认为这批产品不合格.

5.5.2　单个正态总体方差 σ^2 的假设检验

在进行方差 σ^2 的假设检验时，我们采用另一个重要分布，即χ^2 分布进行讨论，与标准正态分布 $N(0, 1)$ 和 t 分布相比，该分布是不对称的分布．设总体 $X \sim N(\mu, \sigma^2)$，$(X_1, X_2, \cdots, X_n)$ 是它的一个样本，样本均值和样本方差分别为 $\overline{X}$ 与 S^2，取定显著性水平为 α.

与均值 μ 的假设检验类似，对方差 σ^2 的假设检验仍然分为以下 3 种情况.

(1) 双边检验：$H_0: \sigma^2 = \sigma_0^2$；$H_1: \sigma^2 = \sigma_0^2$.

(2) 右边检验：$H_0: \sigma^2 \leqslant \sigma_0^2$；$H_1: \sigma^2 > \sigma_0^2$.

(3) 左边检验：$H_0: \sigma^2 \geqslant \sigma_0^2$；$H_1: \sigma^2 < \sigma_0^2$.

χ^2 检验法：在正态总体 $X \sim N(\mu, \sigma^2)$ 中，对于方差 σ^2 的假设检验是利用χ^2 分布来确定拒绝域的，这种检验法就称为χ^2 检验法.

1. μ 已知时，σ^2 的检验

1) 双边检验

$$H_0: \sigma^2 = \sigma_0^2;\ H_1: \sigma^2 \neq \sigma_0^2$$

按照假设检验的直观想法，当 H_0 为真时，我们要用未知的 σ^2 与已知的 σ_0^2 作比较得出决策，因为 $S_0^2 = \dfrac{1}{n}\sum\limits_{i=1}^{n}(X_i - \mu)^2$ 是 σ^2 的无偏估计量，所以比值 $\dfrac{S_0^2}{\sigma_0^2}$ 应在 1 附近，这等价于比值 $\dfrac{nS_0^2}{\sigma_0^2}$ 应在 n 附近，由于

$$\frac{nS_0^2}{\sigma_0^2} = \frac{1}{\sigma_0^2}\sum_{i=1}^{n}(X_i - \mu)^2 \sim \chi^2(n)$$

而且$\chi^2(n)$ 的均值为 n，因此考虑把$\chi^2(n) = \dfrac{nS_0^2}{\sigma_0^2} = \dfrac{1}{\sigma_0^2}\sum\limits_{i=1}^{n}(X_i - \mu)^2$ 作为检验统计量．与均值检验时的思路类似，在作双边检验时，统计量的观察值落在临界值的两侧即为拒绝域，并且概率分别为 $\dfrac{\alpha}{2}$，故拒绝域的临界值分别为$\chi^2_{\alpha/2}(n)$ 与$\chi^2_{1-\alpha/2}(n)$，由此拒绝域的形式为

$$\frac{ns_0^2}{\sigma_0^2} \geqslant \chi^2_{\alpha/2}(n) \text{ 或 } \frac{ns_0^2}{\sigma_0^2} \leqslant \chi^2_{1-\alpha/2}(n)$$

与均值的单边检验类似，这里采用上述$\chi^2(n)$ 检验统计量，可以得到μ已知时，σ^2 的单边检验拒绝域形式如下.

2) 右边检验

$$H_0: \sigma^2 \leqslant \sigma_0^2; \ H_1: \sigma^2 > \sigma_0^2$$

其拒绝域为

$$\frac{ns_0^2}{\sigma_0^2} \geqslant \chi^2_{\alpha}(n)$$

3) 左边检验

$$H_0: \sigma^2 \geqslant \sigma_0^2; \ H_1: \sigma^2 < \sigma_0^2$$

其拒绝域为

$$\frac{ns_0^2}{\sigma_0^2} \leqslant \chi^2_{1-\alpha}(n)$$

2. μ 未知时，σ^2 的检验

1) 双边检验

$$H_0: \sigma^2 = \sigma_0^2; \ H_1: \sigma^2 \neq \sigma_0^2$$

当 H_0 为真时，我们要用未知的 σ^2 与已知的 σ_0^2 作比较得出决策，因为 $S^2 = \frac{1}{n-1}\sum_{i=1}^{n}(X_i - \overline{X})^2$ 是σ^2 的无偏估计量，所以比值$\frac{S^2}{\sigma_0^2}$应在 1 附近，这等价于比值$\frac{(n-1)S^2}{\sigma_0^2}$应在 $n-1$ 附近，由于

$$\frac{(n-1)S^2}{\sigma_0^2} = \frac{1}{\sigma_0^2}\sum_{i=1}^{n}(X_i - \overline{X})^2 \sim \chi^2(n-1)$$

而且$\chi^2(n-1)$ 的均值为 $n-1$，因此把$\chi^2(n-1) = \frac{(n-1)S^2}{\sigma_0^2} = \frac{1}{\sigma_0^2}\sum_{i=1}^{n}(X_i - \overline{X})^2$ 作为检验统计量. 仍然考虑统计量的观察值落在临界值的两侧即为拒绝域，并且概率分别为 $\frac{\alpha}{2}$，故拒绝域的临界值分别为

$$\chi^2_{\alpha/2}(n-1) \text{ 与 } \chi^2_{1-\alpha/2}(n-1)$$

由此拒绝域的形式为

$$\frac{(n-1)s^2}{\sigma_0^2} \geqslant \chi^2_{\alpha/2}(n-1)$$

或

$$\frac{(n-1)s^2}{\sigma_0^2} \leqslant \chi^2_{1-\alpha/2}(n-1)$$

双边检验的拒绝域如图 5-9 所示.

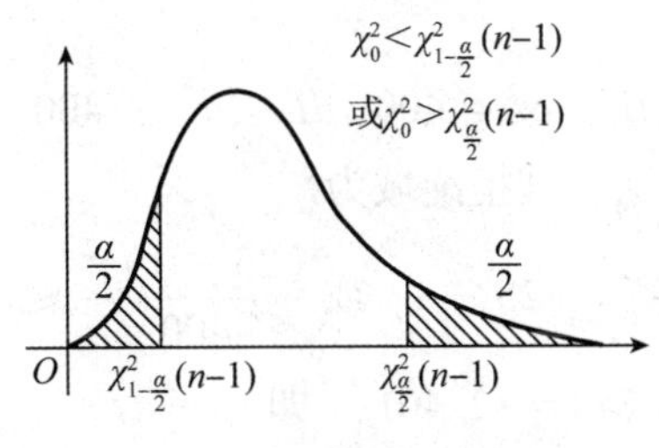

图 5-9

同样，对于单边检验问题，仍然采用上述$\chi^2(n-1)$检验统计量，可以得到μ未知时，σ^2的单边检验拒绝域形式如下.

2) 右边检验

$$H_0: \sigma^2 \leqslant \sigma_0^2; \ H_1: \sigma^2 > \sigma_0^2$$

其拒绝域为

$$\frac{(n-1)s^2}{\sigma_0^2} \geqslant \chi_{\alpha}^2(n-1)$$

右边检验的拒绝域如图 5-10 所示.

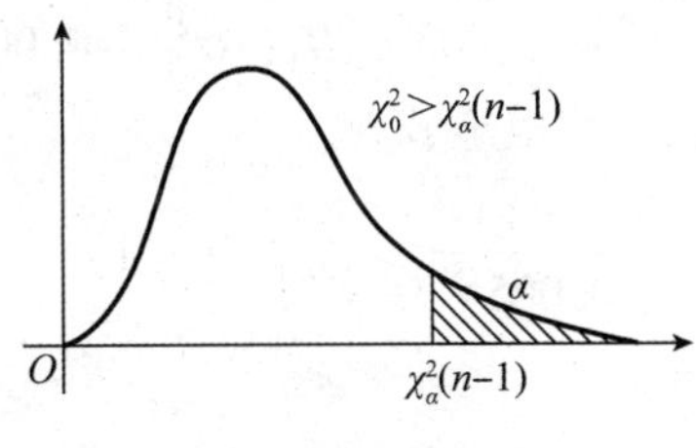

图 5-10

3) 左边检验

$$H_0: \sigma^2 \geqslant \sigma_0^2; \ H_1: \sigma^2 < \sigma_0^2$$

其拒绝域为

$$\frac{(n-1)s^2}{\sigma_0^2} \leqslant \chi_{1-\alpha}^2(n-1)$$

左边检验的拒绝域如图 5-11 所示.

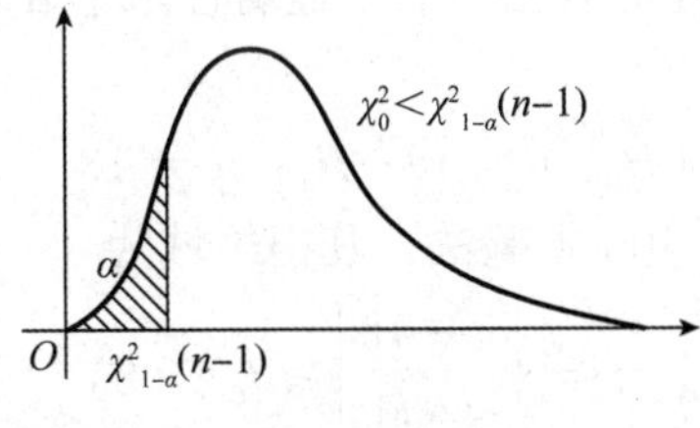

图 5-11

【例 5-27】(双边检验)某电工器材厂生产一种熔断器，其熔化时间(单位：h)长期以来服从方差$\sigma^2=400$的正态分布，从某天的生产情况看，熔化时间的波动性有所改变，现从这批产品中随机抽取容量为 25 的样本，测量其熔化时间并计算得样本方差$s^2=404.77$，问这天熔断器熔化时间的波动性与通常比较有无显著变化(取显著性水平$\alpha=0.05$)？

解 要检验假设：

$$H_0: \sigma^2 = 400; \ H_1: \sigma^2 \neq 400$$

这是双边检验问题，用χ^2 检验法，其拒绝域为

$$\frac{(25-1)s^2}{400} \geqslant \chi^2_{0.025}(25-1) \text{ 或 } \frac{(25-1)s^2}{400} \leqslant \chi^2_{0.975}(25-1)$$

其中$\chi^2_{0.025}(24) = 39.364$，$\chi^2_{0.975}(24) = 12.401$， 即

$$s^2 \geqslant 656.067 \text{ 或 } s^2 \leqslant 206.683$$

实际算得样本方差 $s^2 = 404.77$， 不在拒绝域中，故在显著性水平 $\alpha = 0.05$ 下接受原假设 H_0， 即可以认为这天熔断器熔化时间的波动性与通常比较无显著变化.

在实际问题中，生产产品的标准差通常不大可能自然减小，人们要预防的是标准差变大从而导致产品质量下降，请看下面例题.

【例 5-28】(右边检验)某种导线的质量标准要求其电阻的标准差不得超过 0.005 Ω. 现从这批产品中随机抽取样品 9 根，测得样本标准差 $s = 0.007\ \Omega$. 设总体为正态分布，问在显著性水平 $\alpha = 0.05$ 下能否认为这批导线的标准差显著地变大?

解 要检验假设：

$$H_0: \sigma^2 \leqslant 0.005^2; \ H_1: \sigma^2 > 0.005^2$$

这是右边检验问题，用χ^2 检验法，其拒绝域为

$$\frac{(9-1)s^2}{0.005^2} \geqslant \chi^2_{0.05}(9-1)$$

其中$\chi^2_{0.05}(8) = 15.507$， 即

$$s^2 \geqslant 0.000\,048\,5$$

实际算得样本方差 $s^2 = 0.000\,049$， 落在拒绝域中，故在显著性水平 $\alpha = 0.05$ 下拒绝原假设 H_0， 即认为这批导线的标准差显著地变大.

【例 5-29】(综合问题)某金店出售 18 K 的手链，假设手链的含金量服从正态分布，其合格标准为：均值为 18 K 且标准差不得超过 0.3 K. 现从出售的这批手链中随机抽取 9 件进行含金量检测(单位：K)，检测结果为

17.3，16.6，17.9，18.2，17.4，16.3，18.5，17.2，18.1

试问：该金店出售的 18 K 手链是否合格? 取定显著性水平 $\alpha = 0.01$.

解 (1)要检验假设：

$$H_0: \mu = 18; \ H_1: \mu \neq 18$$

这是对均值μ 的双边检验，用 t 检验法，其拒绝域为

$$|t| = \left|\frac{\bar{x} - 18}{S/\sqrt{9}}\right| \geqslant t_{0.005}(8)$$

即

$$\bar{x} \geqslant 18 + \frac{s}{\sqrt{9}} t_{0.005}(8) \text{ 或 } \bar{x} \leqslant 18 - \frac{s}{\sqrt{9}} t_{0.005}(8)$$

其中 $t_{0.005}(8) = 3.355$， 即

$$\bar{x} \geqslant 18 + 1.118s \text{ 或 } \bar{x} \leqslant 18 - 1.118s$$

由抽样数据算得

$$\bar{x}=\frac{1}{9}\sum_{i=1}^{9}x_i=17.5$$

$$s^2=\frac{1}{8}\sum_{i=1}^{9}(x_i-\bar{x})^2=0.55,\ s=0.742$$

将 $s=0.742$ 代入拒绝域得

$$\bar{x}\geqslant 18.83 \text{ 或 } \bar{x}\leqslant 17.17$$

由于 $\bar{x}=17.5$ 不在拒绝域中，故在显著性水平 $\alpha=0.01$ 下接受原假设 H_0，即可以认为均值为 18 K.

(2)要检验假设：

$$H_0:\ \sigma^2\leqslant 0.3^2;\ H_1:\ \sigma^2>0.3^2$$

这是对方差 σ^2 的右边检验，用χ^2 检验法，其拒绝域为

$$\frac{(9-1)s^2}{0.3^2}\geqslant \chi^2_{0.01}(9-1)$$

其中$\chi^2_{0.01}(8)=20.09$，即

$$s^2\geqslant 0.226$$

实际算得样本方差 $s^2=0.55$，落在拒绝域中，故在显著性水平 $\alpha=0.01$ 下拒绝原假设 H_0，即认为这批手链的标准差显著地变大.

综上所述，可以认为该金店出售的 18 K 手链不合格.

5.6　双正态总体的参数假设检验

本节是关于双正态总体的参数假设检验问题.

设总体 $X\sim N(\mu_1,\ \sigma_1^2)$ 及 $Y\sim N(\mu_2,\ \sigma_2^2)$，且 X 与 Y 相互独立，取样本容量分别为 n_1 与 n_2 的样本，记为$(X_1,\ X_2,\ \cdots,\ X_{n_1})$与$(Y_1,\ Y_2,\ \cdots,\ Y_{n_2})$；$X$ 与 Y 的样本均值分别记为 $\bar{X}$ 与 $\bar{Y}$；X 与 Y 的样本方差分别为 S_1^2 与 S_2^2. 取定显著性水平为 α.

关于两个总体的参数假设检验，我们主要采用 U 检验法、t 检验法和 F 检验法，将两个总体的比较转化为均值与方差的差异性检验问题.

5.6.1　均值 μ_1 与 μ_2 的差异性检验

一般对于均值 μ_1 与 μ_2 的比较，可以提出假设检验问题：

$$H_0:\ \mu_1=\mu_2;\ H_1:\ \mu_1\neq\mu_2$$

$$H_0:\ \mu_1\leqslant\mu_2;\ H_1:\ \mu_1>\mu_2$$

$$H_0:\ \mu_1\geqslant\mu_2;\ H_1:\ \mu_1<\mu_2$$

记 $\mu=\mu_1-\mu_2$，以上问题可以相应转化为 μ 的假设检验问题：

$$H_0:\ \mu=0;\ H_1:\ \mu\neq 0$$

$$H_0:\ \mu\leqslant 0;\ H_1:\ \mu>0$$

$$H_0: \mu \geqslant 0;\ H_1: \mu < 0$$

与上节的思想与方法类似，对于方差 σ_1^2 与 σ_2^2 的不同情形，我们给出相应的检验方法.

1. *U* 检验法

当方差 σ_1^2 与 σ_2^2 均为已知时，由第 4 章抽样分布定理，可知枢轴量

$$U = \frac{(\overline{X} - \overline{Y}) - \mu}{\sqrt{\dfrac{\sigma_1^2}{n_1} + \dfrac{\sigma_2^2}{n_2}}} \sim N(0,\ 1) \tag{5-16}$$

利用统计量 U 来确定拒绝域，这种检验法就称为 U 检验法.

当 $\mu_0 = 0$ 时，相应的统计量为

$$U_0 = \frac{(\overline{X} - \overline{Y})}{\sqrt{\dfrac{\sigma_1^2}{n_1} + \dfrac{\sigma_2^2}{n_2}}}$$

该检验的拒绝域分别为

$$C = \{(x_1,\ \cdots,\ x_{n_1};\ y_1,\ \cdots,\ y_{n_2}):\ |u_0| > u_{\frac{\alpha}{2}}\}$$

$$C = \{(x_1,\ \cdots,\ x_{n_1};\ y_1,\ \cdots,\ y_{n_2}):\ u_0 > u_\alpha\}$$

$$C = \{(x_1,\ \cdots,\ x_{n_1};\ y_1,\ \cdots,\ y_{n_2}):\ u_0 < -u_\alpha\}$$

第一种情形检验的拒绝域如图 5-12 所示.

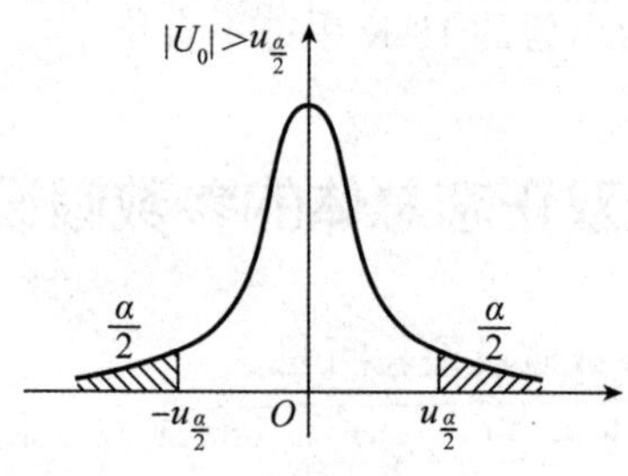

图 5-12

其余两种情形检验的拒绝域如图 5-13 所示.

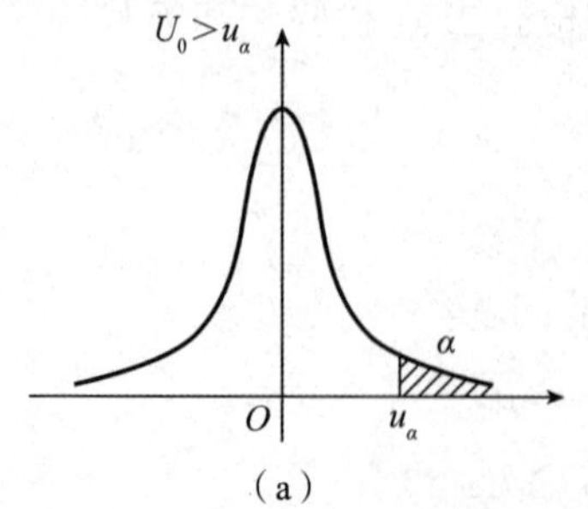

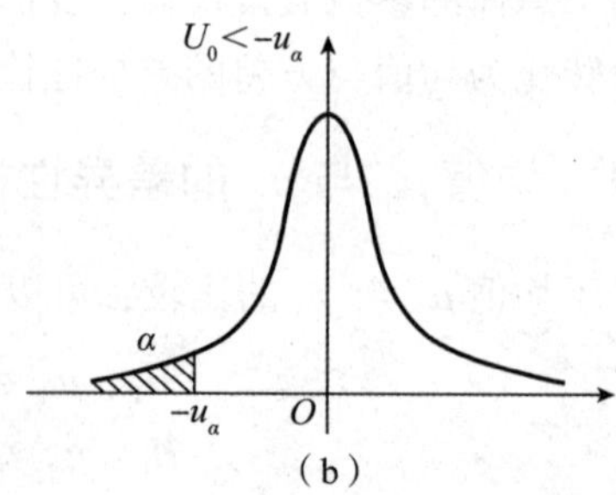

图 5-13

2. *t* 检验法

当方差 σ_1^2 与 σ_2^2 均为已知，但是 $\sigma_1^2 = \sigma_2^2 = \sigma^2$ 时，由第 4 章抽样分布定理，可知枢轴量

$$T=\frac{(\overline{X}-\overline{Y})-\mu}{S\sqrt{\frac{1}{n_1}+\frac{2}{n_2}}}\sim t(n_1+n_2-2) \tag{5-17}$$

其中

$$S^2=\frac{(n_1-1)S_1^2+(n_2-1)S_2^2}{n_1+n_2-2}$$

为样本方差的加权平均，利用统计量 T 来确定拒绝域，这种检验法就称为 t 检验法.

当 $\mu_0=0$ 时，相应的统计量为

$$T_0=\frac{(\overline{X}-\overline{Y})}{S\sqrt{\frac{1}{n_1}+\frac{2}{n_2}}}$$

3 种情形检验的拒绝域分别为

$$C=\{(x_1, \cdots, x_{n_1}; y_1, \cdots, y_{n_2}): |t_0|>t_{\frac{\alpha}{2}}(n_1+n_2-2)\}$$

$$C=\{(x_1, \cdots, x_{n_1}; y_1, \cdots, y_{n_2}): t_0>t_{\alpha}(n_1+n_2-2)\}$$

$$C=\{(x_1, \cdots, x_{n_1}; y_1, \cdots, y_{n_2}): t_0<-t_{\alpha}(n_1+n_2-2)\}$$

5.6.2　方差 σ_1 与 σ_2 的差异性检验

一般对于方差 σ_1 与 σ_2 的比较，可以提出假设检验：

$$H_0: \sigma_1^2=\sigma_2^2; H_1: \sigma_1^2\neq\sigma_2^2$$

$$H_0: \sigma_1^2\leqslant\sigma_2^2; H_1: \sigma_1^2>\sigma_2^2$$

$$H_0: \sigma_1^2\geqslant\sigma_2^2; H_1: \sigma_1^2<\sigma_2^2$$

记 $r=\frac{\sigma_1^2}{\sigma_2^2}$，类似地，我们将方差 σ_1 与 σ_2 的比较假设检验问题转化成

$$H_0: r=1; H_1: r\neq 1$$

$$H_0: r\leqslant 1; H_1: r>1$$

$$H_0: r\geqslant 1; H_1: r<1$$

与上面的思想与方法类似，对均值 μ_1 与 μ_2 未知的情形作主要介绍，已知的情形留给读者完成.

由第 4 章抽样分布定理，可知枢轴量

$$F=\frac{S_1^2}{rS_2^2}\sim F(n_1-1, n_2-1) \tag{5-18}$$

利用统计量 $F_0=\frac{S_1^2}{S_2^2}$ 来确定拒绝域，这种检验法就称为 F 检验法.

第一种情形的拒绝域为

$C=\{(x_1, \cdots, x_{n_1}; y_1, \cdots, y_{n_2}): F_0<F_{1-\frac{\alpha}{2}}(n_1-1, n_2-1)$ 或 $F_0>F_{\frac{\alpha}{2}}(n_1-1, n_2-1)\}$

其拒绝域如图 5-14 所示.

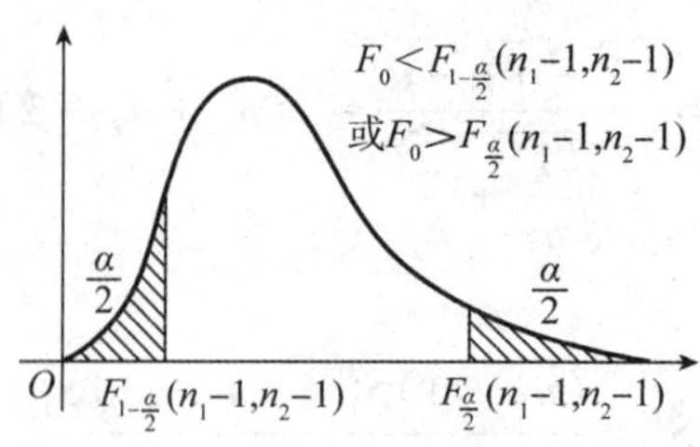

图 5-14

其他两种情形的拒绝域如下．几何解释如图 5-15 所示.

$$C=\{(x_1,\ \cdots,\ x_{n_1};\ y_1,\ \cdots,\ y_{n_2}):\ F_0>F_\alpha(n_1-1,\ n_2-1)\}$$

$$C=\{(x_1,\ \cdots,\ x_{n_1};\ y_1,\ \cdots,\ y_{n_2}):\ F_0<F_{1-\alpha}(n_1-1,\ n_2-1)\}$$

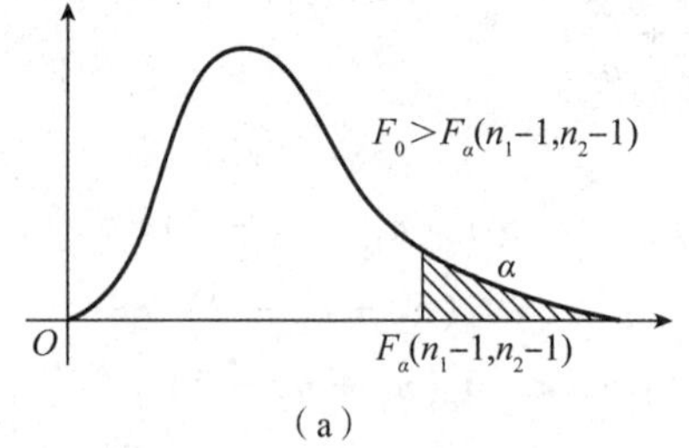

(a)

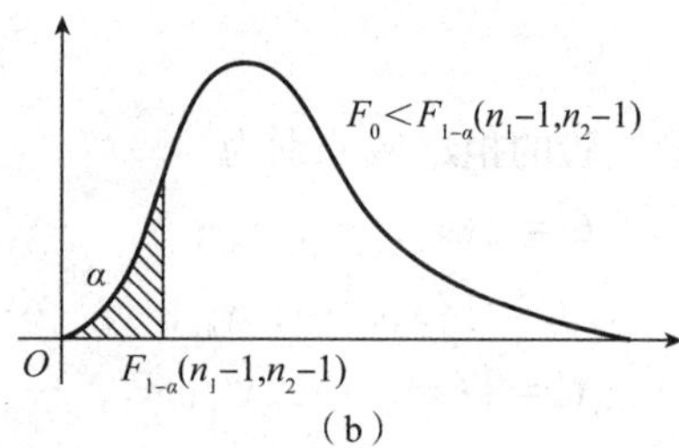

(b)

图 5-15

【例 5-30】某经济与管理学院，从学生中随机抽查 30 名男生及 24 名女生，测得男生平均高度为 172.5 cm，女生平均高度为 164.2 cm，假设男生与女生的高度服从标准差为5.4 cm 及 4.8 cm 的正态分布，试问抽样结果是否可以支持男生比女生高(显著性水平 $\alpha=0.05$)？

解　男生与女生的高度分别记为 X，Y，则 $X\sim N(\mu_1,\ 5.4^2)$，$Y\sim N(\mu_2,\ 4.8^2)$.

建立统计假设：H_0：$\mu_1\leqslant\mu_2$；H_1：$\mu_1>\mu_2$.

已知 $\bar{x}=172.5$，$\bar{y}=164.2$，$n_1=30$，$n_2=24$. 查表知 $\mu_\alpha=1.645$，算得

$$u_0=\frac{(\bar{x}-\bar{y})}{\sqrt{\dfrac{\sigma_1^2}{n_1}+\dfrac{\sigma_2^2}{n_2}}}=\frac{172.5-164.2}{\sqrt{\dfrac{5.4^2}{30}+\dfrac{4.8^2}{24}}}\approx 5.971$$

由于 $u_0>u_{0.05}$，故拒绝原假设接受备择假设，即认为抽样结果可以支持男生比女生高.

【例 5-31】检测两批产品的质量(单位：kg)为

A 批(x)：0.140，0.138，0.143，0.144，0.137，0.142.

B 批(y)：0.135，0.140，0.142，0.138，0.140，0.136.

假设数据总体 $X\sim N(\mu_1,\ \sigma_1^2)$ 及 $Y\sim N(\mu_2,\ \sigma_2^2)$，且 X 与 Y 相互独立，显著性水平 $\alpha=0.05$，检验假设：H_0：$\sigma_1^2=\sigma_2^2$；H_1：$\sigma_1^2\neq\sigma_2^2$.

解　由 F 检验法，取

$$F=\frac{S_1^2}{S_2^2}\sim F(n_1-1,\ n_2-1)$$

已知：$n_1=n_2=5$，查表知，$F_{0.025}(5,\ 5)=7.15$，$F_{0.975}(5,\ 5)=0.14$. 拒绝域为

$$F_0>F_{0.025}(n_1-1,\ n_2-1)=F_{0.025}(5,\ 5)=7.15$$

$$F_0<F_{1-\frac{\alpha}{2}}(n_1-1,\ n_2-1)=F_{0.975}(5,\ 5)=0.14$$

计算可得

$$s_1^2 = 7.8667 \times 10^{-6},\ s_2^2 = 7.1 \times 10^{-6}$$

$$F_0 = \frac{s_1^2}{s_2^2} = \frac{7.8867 \times 10^{-6}}{7.1 \times 10^{-6}} = 1.1080$$

从而 $0.14 < F_0 < 7.15$，所以接受原假设.

在实际应用中，会有大量需要处理和运算的数据，我们可以借助多种数据处理和分析软件，从而方便运算，进而使得统计方法应用更为高效.

小　结

1. 点估计

估计量是随机变量，估计值是其取得的观察值，估计量与估计值统称为点估计.

估计量的无偏性、有效性和一致性是最常见的估计量评选标准.

2. 估计方法

能够应用矩估计法作参数估计；能够应用最大似然估计法作参数估计；能够对常用分布中的参数作最大似然估计.

3. 假设检验

假设是关于总体的论断或命题，分为原假设(零假设)和备择假设(对立假设)；

假设检验是根据样本，按照一定规则判断所作原假设的真伪，并作出接受还是拒绝假设的决定.

4. 两类错误

弃真：拒绝实际真的假设称为第一类错误；

纳伪：接受实际不真的假设称为第二类错误.

5. 显著性检验

显著性水平：在假设检验中允许犯第一类错误的概率，记为 X. 它表示对原假设弃真的控制程序，一般取为 0.05，0.01，0.001 等值；只控制第一类错误概率的检验称为显著性检验.

6. 显著性检验的一般步骤

(1)提出原假设；(2)给出显著性水平；(3)确定检验统计量及拒绝域的形式；(4)按犯第一类犯错误的概率求出拒绝域；(5)根据样本观察值计算检验统计量的观察值，当其在拒绝区域中时，就拒绝原假设，否则接受原假设.

7. 正态总体参数的假设检验

分为单正态总体的参数假设检验及双正态总体的参数假设检验.

习　题

5-1　填空题.

(1)统计推断是统计学的重要内容，它大致分为两类：________与________.

(2)在统计学中参数估计有________与________两个方面的问题.

(3)对于总体分布的一个未知参数，原则上可以任意构造其估计．评选估计量好坏的3条基本标准有：________、________及________.

(4)对参数点估计有许多方法，其中既经典又很流行的方法有________与________.

(5)样本的统计量中不应包含总体分布的未知参数．与统计量不同，通过样本对未知参数进行统计推断时，在构造样本函数时，枢轴量满足两个条件：________且________.

(6)设总体X的均值μ及方差σ^2都存在，且有$\sigma^2>0$，但μ，σ^2均未知，又设$(X_1, X_2, \cdots, X_n)$是来自总体X的样本，则参数μ，σ^2的矩估计量为：________，________.

(7)设某面粉厂采取自动包装，现随机取出4袋，质量(单位：kg)为：99.3，98.3，100.5，101.2. 用矩估计法对这批袋装面粉进行估计，则平均质量及离散度(均方差)为________及________.

(8)设总体X服从正态分布，已知样本容量$n=9$，样本方差$s^2=11$. 则σ^2的置信水平为90%的置信区间为________.

(9)假设检验的统计思想是概率很小的事件，在一次试验中可以认为基本上是不会发生的，该原理称为________.

(10)设$(X_1, X_2, \cdots, X_n)$是来自正态总体$X(\mu, \sigma^2)$的样本，其中参数μ，σ^2均未知，记$\overline{X}=\dfrac{1}{n}\sum\limits_{i=1}^{n}X_i$，$Q^2=\sum\limits_{i=1}^{n}(X_i-\overline{X})^2$，则假设$H_0$：$\mu=0$的$t$检验法的统计量为________.

5-2　选择题.

(1)设未知参数μ的两个估计量为：$\widehat{\mu_1}$及$\widehat{\mu_2}$，下面叙述正确的是(　　).

A. 若$D(\widehat{\mu_1})>D(\widehat{\mu_2})$，则$\widehat{\mu_1}$是比$\widehat{\mu_2}$有效的估计量

B. 若$D(\widehat{\mu_1})<D(\widehat{\mu_2})$，则$\widehat{\mu_1}$是比$\widehat{\mu_2}$有效的估计量

C. 若$\widehat{\mu_1}$及$\widehat{\mu_2}$均为无偏估计量，且$D(\widehat{\mu_1})>D(\widehat{\mu_2})$，则$\widehat{\mu_1}$是比$\widehat{\mu_2}$有效的估计量

D. 若$\widehat{\mu_1}$及$\widehat{\mu_2}$均为无偏估计量，且$D(\widehat{\mu_1})<D(\widehat{\mu_2})$，则$\widehat{\mu_1}$是比$\widehat{\mu_2}$有效的估计量

(2)对总体均值μ的区间估计，以下说法正确的是(　　).

A. 置信水平$1-\alpha$不变，样本容量增加，则置信区间的长度变大

B. 置信水平$1-\alpha$不变，样本容量增加，则置信区间的长度变小

C. 置信水平$1-\alpha$变小，则置信区间的长度变小

D. 置信水平$1-\alpha$变大，则置信区间的长度变小

(3)设总体$X\sim N(\mu, \sigma^2)$，方差σ^2为已知．当样本容量n和置信水平$1-\alpha$都不变时，则对于不同的样本观察值，总体均值μ的置信区间的长度(　　).

A. 变大　　　B. 变小　　　C. 保持不变　　　D. 不能确定

(4) 对于给定的正数 $\alpha(0 < \alpha < 1)$，若 u_α 是标准正态分布的上 α 分位点，则以下结论正确的是(　　).

A. $P\{U < u_{\alpha/2}\} = 1 - \alpha$　　B. $P\{|U| < u_{\alpha/2}\} = \alpha$

C. $P\{U > u_{\alpha/2}\} = 1 - \alpha$　　D. $P\{|U| > u_{\alpha/2}\} = \alpha$

(5) 参数假设检验中，显著性水平 α 的含义是(　　).

A. H_0 为假，但接受 H_0 的假设的概率　　B. H_0 为真，但拒绝 H_0 的假设的概率

C. H_0 为假，但拒绝 H_0 的假设的概率　　D. H_0 为真，但接受 H_0 的假设的概率

5-3　设 $(X_1, X_2, \cdots, X_n)$ 是取自正态总体 X 的一个样本，总体 X 的均值为 μ，方差为 σ^2，试求常数 k：

(1) 使得 $\dfrac{1}{k}\sum_{i=1}^{n}|X_i - X|$ 为 σ^2 的无偏估计量；

(2) 使得 $\dfrac{1}{k}\sum_{i=1}^{n-1}(X_{i+1} - X_i)^2$ 为 σ^2 的无偏估计量.

5-4　设 (X_1, X_2, X_3) 是总体 X 的一个样本，总体 X 的均值为 μ，方差为 $\sigma^2>0$. 证明下述估计量：

(1) $\widehat{\mu_1} = \dfrac{1}{5}X_1 + \dfrac{3}{10}X_2 + \dfrac{1}{2}X_3$；

(2) $\widehat{\mu_2} = \dfrac{1}{3}X_1 + \dfrac{1}{4}X_2 + \dfrac{5}{12}X_3$；

(3) $\widehat{\mu_3} = \dfrac{1}{3}X_1 + \dfrac{1}{6}X_2 + \dfrac{1}{2}X_3$，

均为 μ 的无偏估计量. 求出每个估计量的方差，并指出哪个估计量最为有效.

5-5　设 $(X_1, X_2, \cdots, X_n)$ 是来自正态总体 X 的一个样本，总体均值 $E(X)$ 与方差 $D(X)$ 均存在且方差有界. 试证明：样本均值 $\overline{X}$ 是总体均值 $E(X)$ 的相合估计量.

5-6　若总体 X 的分布律为

$$X \sim \begin{pmatrix} 0 & 1 & 2 & 3 \\ \theta^2 & 2\theta(1-\theta) & \theta^2 & 1-2\theta \end{pmatrix}$$

其中 $0 < \theta < \dfrac{1}{2}$ 为未知参数. 现取得样本观察值：3，1，3，0，3，1，2，3. 试求：

(1) θ 的矩估计值；

(2) θ 的最大似然估计值.

5-7　设总体 X 的概率密度为

$$f(x;\theta) = \begin{cases} \dfrac{x}{\theta^2}e^{-\frac{x^2}{2\theta^2}}, & x > 0 \\ 0, & x \leqslant 0 \end{cases}$$

$(X_1, X_2, \cdots, X_n)$ 是来自总体 X 的一个样本，试求 θ 的最大似然估计量.

5-8　设总体 X 的概率密度为

$$f(x;\theta) = \begin{cases} (1+\theta)x^\theta, & 0 < x < 1; \\ 0, & \text{其他}. \end{cases}$$

其中 $\theta > -1$ 为未知参数．设(X_1，X_2， $\cdots$, X_n)是来自总体 X 的一个样本，试求：

(1) θ 的矩估计量；

(2) θ 的最大似然估计量．

5-9 设总体 X 的概率密度为

$$f(x;\ \theta_1,\ \theta_2)=\begin{cases}\dfrac{1}{\theta_2-\theta_1}, & \theta_1 < x < \theta_2;\\ 0, & \text{其他}.\end{cases}$$

其中 $\theta_2 > \theta_1$ 均为未知参数．设(X_1，X_2， $\cdots$, X_n)是来自总体 X 的一个样本，相应的样本观察值为 $(x_1, x_2, \cdots, x_n)$， 试求 θ_1，θ_2 的矩估计和最大似然估计.

5-10 根据单个正态总体参数的置信区间求解方法，填写表 5-2.

表 5-2

待估计参数	条件	枢轴量	置信下限、上限
均值 μ	σ^2 已知		
	σ^2 未知		
方差 σ^2	μ 已知		
	μ 未知		

5-11 某种电子零件的长度(单位：mm) $X \sim N(\mu,\ \sigma^2)$， 从这批零件中随机抽取 9 件，测得结果为

49.7，50.6，51.8，52.4，48.8，51.1，51.2，51.0，51.5

试求 μ 的置信水平为 95%的置信区间：

(1) $\sigma^2 = 1.5^2$；

(2) σ^2 未知.

5-12 设某种铁丝的折断力(单位：N)服从正态分布，从这批铁丝中随机抽取 10 根，进行折断力测试，得到结果为

573，572，570，568，572，570，570，596，584，572

求方差 σ^2 的置信水平为 95%置信区间.

5-13 设总体 $X \sim N(\mu,\ 9)$，若要求的未知参数 μ 的置信水平为 $1-\alpha$ 的置信区间长度不超过 2. 当 α 分别取值为 0.1 或 0.01 时，则样本容量 n 应当分别为多少？

5-14 设总体 $X \sim N(\mu,\ 4)$，其中参数 μ 未知，(X_1，X_2，$\cdots$，X_n)是来自总体 X 的一个样本.

(1)当样本容量为 16 时，求置信水平为 0.9 及 0.95 的未知参数 μ 的置信区间长度；

(2)当样本容量至少为何值时，使得 μ 的置信水平为 0.9 及 0.95 置信区间长度均不超过 1?

5-15 设某种金属纤维的长度(单位：μm) $X \sim N(\mu,\ \sigma^2)$， 随机抽取 15 根这种纤维测得平均长度 $\bar{x} = 5.4$， 样本方差 $s^2 = 0.16$， 试求 μ 及 σ 的置信水平为 95%置信区间.

5-16 根据单个正态总体参数假设体验的方法，填写表 5-3.

表 5-3

原假设	条件	枢轴量与统计量	拒绝域(图形)
H_0: $\mu=\mu_0$	$\sigma^2=\sigma_0^2$ 已知		
H_0: $\mu\leqslant\mu_0$			
H_0: $\mu\geqslant\mu_0$			
H_0: $\mu=\mu_0$	σ^2 未知		
H_0: $\mu\leqslant\mu_0$			
H_0: $\mu\geqslant\mu_0$			
H_0: $\sigma^2=\sigma_0^2$	μ 未知		
H_0: $\sigma^2\leqslant\sigma_0^2$			
H_0: $\sigma^2\geqslant\sigma_0^2$			

5-17　设总体 $X\sim N(\mu,\ \sigma^2)$，其标准差 $\sigma=150$，今抽取一个容量为 26 的样本，计算得样本均值为 1 637. 问在显著性水平为 0.05 时，能否认为期望值 μ 为 1 600?

5-18　一批熔断器，抽取 10 根测试其熔化时间(单位：min)，得到如下数据：

42，65，75，78，71，59，57，68，55，54.

若其熔化时间服从正态分布，是否可以认为总体方差 $\sigma^2=12^2$(显著性水平 $\alpha=0.10$)?

5-19　某种零件的尺寸(单位：mm)服从正态分布，其方差 $\sigma^2=1.21$，对一批这类零件检查 6 件，得尺寸数据为

32.56，29.66，31.64，30.00，31.87，31.03

在显著性水平 0.05 下，这批零件的平均尺寸能否认为是 32.50?

5-20　设某地青少年犯罪的年龄构成服从正态分布，今随机考察 9 名罪犯，其年龄如下：

22，17，19，25，25，18，16，23，24

试以 95%的概率判断犯罪青少年的平均年龄是否为 18 岁?

5-21　某产品的一项性能指标 $X\sim N(72,\ \sigma^2)$，其中 σ^2 未知. 从这批产品中随机抽取 10 件，其性能指标的样本均值 $\bar{x}=67.4$，样本方差 $s^2=35.15$. 给定显著性水平 $\alpha=0.05$，从抽样结果检验一下这一天的生产是否正常?

5-22　5 名同学测量同一个操场的面积(单位：km^2)，测得结果如下：

1.27，1.24，1.20，1.29，1.23

设测量值总体服从正态分布，试问由这批样本值能否说明这个操场的面积不到 1.25(显著性水平 $\alpha=0.05$)?

5-23　某瓶装番茄酱维生素 C 的含量服从正态分布，按规定维生素 C 的平均含量不能少于 21 mg. 现在随机取出 17 瓶，算得平均值及方差分别为 $\bar{x}=23$，$s^2=3.98^2$，问这批番茄酱的维生素 C 含量是否合格(显著性水平 $\alpha=0.1$)?

5-24　人工智能包装机，在正常工作的情况下，包装成品的标准质量为 1 kg，标准差不能超过 15 g. 假设成品的质量(单位：kg)服从正态分布，在包装好的成品中，随机取 10 个测得质量为

1.020，1.030，0.968，0.994，1.014，0.998，0.976，0.982，0.950，1.048

试问这天机器工作是否正常(显著性水平 $\alpha = 0.05$)?

5-25　某自动生产线出品的钢丝，若钢丝的折断力(单位：N)服从正态分布，其合格标准为：平均值为 580，方差不超过 64. 某日开工生产，现随机抽取 9 根钢丝进行检测，测试结果如下：

$$578, 572, 570, 568, 572, 570, 596, 586, 568$$

试问该日的生产线是否工作正常(显著性水平 $\alpha = 0.05$)?

5-26　某石料工厂使用两种不同的原料生产同种商品．现从商品中取样，在第一种原料生产的商品中取 250 袋，测得平均质量 $\bar{x}_1 = 2.55$ kg，样本标准差 $s_1 = 0.48$ kg；在第二种原料生产的商品中取 220 袋，测得平均质量 $\bar{y}_1 = 2.46$ kg，样本标准差 $s_2 = 0.57$ kg. 假设两总体 $X \sim N(\mu_1, \sigma^2)$ 及 $Y \sim N(\mu_2, \sigma^2)$，且 X 与 Y 相互独立，显著性水平 $\alpha = 0.05$. 试检验使用不同生产原料，其商品的平均质量有无显著差异.

课程文化 14　安德烈·马尔可夫(1856—1922)

安德烈·马尔可夫，俄国人，圣彼得堡科学院院士，彼得堡数学学派的代表人物，以数论和概率论方面的工作著称，他的主要著作有《概率演算》等.

在概率论中，他发展了矩法，扩大了大数定律和中心极限定理的应用范围．马尔可夫最重要的工作是提出并研究了一种能用数学分析方法研究自然过程的一般图式——马尔可夫链．同时开创了对一种无后效性的随机过程——马尔可夫过程的研究．马尔可夫经多次观察试验发现，一个系统的状态转换过程中第 n 次转换获得的状态常取决于前一次[第(n-1)次]试验的结果．马尔可夫进行深入研究后指出：对于一个系统，由一个状态转至另一个状态的转换过程中，存在着转移概率，并且这种转移概率可以依据其紧接的前一种状态推算出来，与该系统的原始状态和此次转移前的马尔可夫过程无关.

马尔可夫的研究开创了随机过程这个新的领域，以他的名字命名的马尔可夫链在现代工程、自然科学和社会科学等各个领域都有很广泛的应用.

课程文化 15　雅各布·伯努利(Jakob Bernoulli，1654—1705)

雅各布·伯努利是伯努利家族代表人物之一，瑞士数学家，公认的概率论的先驱之一．他是最早使用“积分”这个术语的人，也是较早使用极坐标系的数学家之一．他还研究了悬链线，确定了等时曲线的方程．概率论中的伯努利试验与伯努利大数定律也是他提出来的，并以他的名字命名.

伯努利在数学上的贡献涉及微积分、微分方程、无穷级数求和、解析几何、概率论及变分法等领域．他对数学的最突出的贡献是在概率论和变分法这两个领域中．在概率论方面他完成了主要论文《推测的艺术》，文章中包含了若干重要的结论．该论文也记载了雅各布·伯努利论述排列组合的工作．伯努利家族中的人总是喜欢在学术问题上争执抗衡．在寻找最速降线，即在重力的单独作用下一质点通过两定点的最短路径的问题上，雅各布·伯努利和他的弟弟约翰·伯努利就曾有过激烈的争论．而这一场严肃辩论的结果就诞生了变分法．除此之外，雅各布·伯努利在悬链线的研究中也作出过重要贡献，他还把这方面的成果用到了桥梁的设计之中．1694 年他首次给出直角坐标和极坐标下的曲率半径公式，这也是系统地使用极坐标的开始．雅各布·伯努利和他弟弟约翰·伯努利在发展和传播当时刚由牛顿和莱布尼茨发明的微积分学中起了重要的作用，对微积分的创建都有重要贡献．雅各布・伯努利对微积分学的特殊贡献在于，他指明了应当怎样把这一技术运用到应用数学的广阔领域中去，“积分”一词也是 1690 年他首先使用的.

雅各布・伯努利一生最有创造力的著作就是 1713 年出版的《猜度术》，这是关于统计和概率的第一本综合性书籍．该书包含四个部分，前三部分考察了排列、组合和赌博游戏的概率理论；在第四部分，他提出这些数学概念在政治、经济、道德等领域具有更为重要和有价值的适用性.

由于伯努利兄弟在科学问题上的过于激烈的争论，致使双方的家庭也被卷入，以至于雅各布・伯努利死后，他的《猜度术》手稿被他的遗孀和儿子在外藏匿多年，直到 1713 年才得以出版，几乎使这部经典著作的价值受到损害．由于“大数定律”的极端重要性，1913 年 12 月圣彼得堡科学院曾举行庆祝大会，纪念“大数定律”诞生 200 周年．

第 6 章

回归分析与方差分析

研究背景

在现实世界中，不少变量之间是存在着一定的关系的，一般来说，这种关系大体上可分为两类，一类是确定性的，即函数关系．例如，某产品的销售额 Y、销售量 n、单价 X 三者间有关系 $Y = nX$. 另一类是非确定性的，这类变量之间虽有一定的关系却并非完全确定，例如营销投入与销量有关，国际形势与各国 GDP 有关，科技成果产量和研发投入有关……尽管这些变量之间具有一定联系，但却不能用普通函数关系式进行表达．如即使确定了某门店在第一季度的营销投入，也无法完全确定该季度的销量与销售额度．事实上，这些变量是随机变量或至少其中一个是随机变量．这种非确定性的关系称为相关关系．回归分析是研究相关关系的一种数学工具，是数理统计学中最常用的统计方法之一.

研究意义

回归分析和方差分析是重要的统计推断方法，是与实际问题联系最为紧密、应用范围最为广泛、收效最为显著的统计分析方法，是分析数据、寻求变量之间关系有力的工具．随着科学技术的发展，它们在生物、医学、农业、林业、经济、管理、金融等许多社会领域的实际问题中有着广泛的应用.

学习目标

本章介绍回归方程的建立和显著性检验，可线性化的非线性回归，多元线性回归简介，单因素、多因素方差分析，析因设计和正交设计的方差分析．能建立回归直线方程并进行显著性检验，能将非线性回归转化为线性回归问题，知道多元回归的思想，能进行单因素、多因素的方差分析.

通过本章的学习，学生应能够强化逻辑思维能力，训练数学应用能力，能使用相关软件分析处理问题，强化科学思维.

6.1　回归方程的建立

为了说明一元线性回归的数学模型，我们先看一个实际例子.

引例　某网站的广告收入 y(单位：万元)与其页面的流量 x(单位：万次)有关，现从后台提取两周数据，如表 6-1 所示.

表 6-1

x	42	43.5	45	45.5	45	46.5	49
y	0.10	0.11	0.12	0.13	0.14	0.12	0.16
x	53	50	55	55	60	50.1	47.5
y	0.17	0.18	0.20	0.21	0.23	0.19	0.15

为了了解其相关关系的表达式，在平面直角坐标系上以 $(x_i,\ y_i)$，$i=1,\ 2,\ \cdots,\ 14$ 为点，画出散点图如图 6-1 所示，这些点大体上散布在某条直线的周围，又不完全在一条直线上，从而可认为 y 与 x 的关系基本上是线性的，而这些点与直线的偏离是由其他一切随机因素的影响造成的．一般来说，网页的流量 x 是一个可观察或可控制的普通变量，而对任意一个流量 x，相应的广告收入是一个随机变量 Y，实际观察值 y 是 Y 的一个可能取值．随 x 的变化观察值 y 线性变化的趋势可近似表示为一条直线：

$$y=\beta_0+\beta_1 x+\varepsilon \tag{6-1}$$

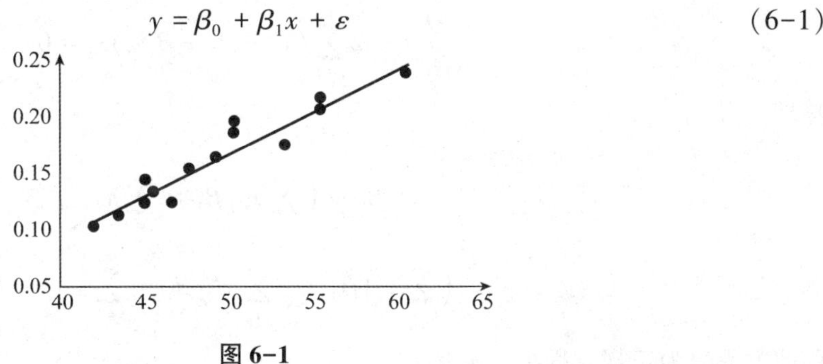

图 6-1

其中，$\beta_0+\beta_1 x$ 表示 y 随 x 的变化而线性变化的部分；ε 是一切随机因素影响的总和，称为随机误差项，它是不可观测其值的随机变量，在 Y 的方差 $D(Y)=\sigma^2$ 时，ε 是一个 $E(\varepsilon)=0$，$D(\varepsilon)=\sigma^2$ 的随机变量，在涉及分布时，可进一步假定 $\varepsilon\sim N(0,\ \sigma^2)$．一般地，将 x 取一组不同的值，$x_1,\ x_2,\ \cdots,\ x_n$，通过试验得到对应的 Y 的值 $y_1,\ y_2,\ \cdots,\ y_n$，这样就得到 n 对观察值 $(x_i,\ y_i)$，$i=1,\ 2,\ \cdots,\ n$，可把 y 的值看成由两部分叠加而成，一部分是 x 的线性函数，另一部分系试验过程中其他一切随机因素的影响．因此，由式(6-1)可认为 x_i 与 y_i 之间有如下关系：

$$y_i=\beta_0+\beta_1 x_i+\varepsilon_i,\ i=1,\ 2,\ \cdots,\ n \tag{6-2}$$

其中 $\varepsilon_i\sim N(0,\ \sigma^2)$ 且 ε_i 相互独立．此式就是一元线性回归模型.

回归分析的基本问题是依据样本 $(x_i,\ y_i)$，$i=1,\ 2,\ \cdots,\ n$ 解决如下问题：未知参数 β_0，β_1 及 σ^2 的点估计，若 $\widehat{\beta_0}$ 和 $\widehat{\beta_1}$ 分别为 β_0 和 β_1 的估计，由此得

$$\widehat{y}=\widehat{\beta_0}+\widehat{\beta_1}x \tag{6-3}$$

式(6-3)是描述 y 与 x 之间关系的**经验公式**，称其为 y 关于 x 的**一元线性回归方程**. 它就是我们要求的 y 与 x 间定量关系的表达式，其图像是类似图 6-1 中的直线，称此直线为**回归直线**，$\widehat{\beta_1}$ 也称为**回归系数**，它是回归直线的斜率，$\widehat{\beta_0}$ 称为**回归常数**，它是回归直线的截距.

回归方程的显著性检验：在实际问题中，y 与 x 之间是否存在 $y=\beta_0+\beta_1 x+\varepsilon$ 的关系式是

需要检验的.

下面先讨论未知参数 β_0，β_1 及 σ^2 的点估计问题.

要求出回归方程(6-3)，就是要求出 β_0，β_1 的估计．而求此估计的一个自然而又直观的想法便是希望对一切 x_i，观察值 y_i 与回归值的偏离达到最小．为此，一般采用最小二乘法来求 β_0，β_1 的估计．对已知样本 (x_i, y_i)，$i=1, 2, \cdots, n$，令

$$Q(\beta_0, \beta_1)=\sum_{i=1}^{n}(y_i-\beta_0-\beta_1 x_i)^2 \tag{6-4}$$

最小二乘法的基本思想是选取 β_0，β_1 的估计值 $\widehat{\beta_0}$，$\widehat{\beta_1}$，使得 $Q(\widehat{\beta_0}, \widehat{\beta_1})=\min Q(\beta_0, \beta_1)$，即对一切可能的取值，$Q$ 取最小值.

显然 $Q(\beta_0, \beta_1)$ 是 β_0，β_1 的非负二次函数且可微，易知其最小值存在，利用微积分学中求极值的方法，可知 β_0，β_1 是以下方程组的解：

$$\begin{cases}\dfrac{\partial Q}{\partial \beta_0}=-2\sum\limits_{i=1}^{n}(y_i-\widehat{\beta_0}-\widehat{\beta_1}x_i)=0\\ \dfrac{\partial Q}{\partial \beta_1}=-2\sum\limits_{i=1}^{n}(y_i-\widehat{\beta_0}-\widehat{\beta_1}x_i)x_i=0\end{cases} \tag{6-5}$$

整理，得

$$\begin{cases}n\widehat{\beta_0}+\left(\sum\limits_{i}x_i\right)\widehat{\beta_1}=\sum\limits_{i=1}^{n}y_i\\ \left(\sum\limits_{i}x_i\right)\widehat{\beta_0}+\left(\sum\limits_{i}x_i^2\right)\widehat{\beta_1}=\sum\limits_{i=1}^{n}x_iy_i\end{cases}$$

称此方程组为正规方程组，解得

$$\begin{cases}\widehat{\beta_0}=\overline{y}-\widehat{\beta_1}\overline{x}\\ \widehat{\beta_1}=\dfrac{\sum\limits_{i}x_iy_i-\dfrac{1}{n}\left(\sum\limits_{i}x_i\right)\left(\sum\limits_{i}y_i\right)}{\sum\limits_{i}x_i^2-\dfrac{1}{n}\left(\sum\limits_{i}x_i\right)^2}\triangleq\dfrac{L_{xy}}{L_{xx}}\end{cases}$$

其中

$$\overline{x}=\frac{1}{n}\sum_{i=1}^{n}x_i,\ \overline{y}=\frac{1}{n}\sum_{i=1}^{n}y_i$$

由 $\widehat{y}=\widehat{\beta_0}+\widehat{\beta_1}x=\overline{y}-\widehat{\beta_1}\overline{x}+\widehat{\beta_1}x$ 得 $\widehat{y}=\overline{y}-\widehat{\beta_1}(\overline{x}-x)$，故可知回归直线通过散点图的几何重心 $(\overline{x}, \overline{y})$．对于上文的引例，根据表 6-2 中的数据，有以下结果.

表 6-2

序号	x	y	x^2	xy	y^2
1	42	0. 10	1 764	4. 2	0. 01
2	43. 5	0. 11	1 892. 25	4. 785	0. 012 1
3	45	0. 12	2 025	5. 4	0. 014 4

续表

序号	x	y	x^2	xy	y^2
4	45.5	0.13	2 070.25	5.915	0.016 9
5	45	0.14	2 025	6.3	0.019 6
6	46.5	0.12	2 162.25	5.58	0.014 4
7	49	0.16	2 401	7.84	0.025 6
8	53	0.17	2 809	9.01	0.028 9
9	50	0.18	2 500	9	0.032 4
10	55	0.20	3 025	11	0.04
11	55	0.21	3 025	11.55	0.044 1
12	60	0.23	3 600	13.8	0.052 9
13	50.1	0.19	2 510.01	9.519	0.036 1
14	47.5	0.15	2 256.25	7.125	0.022 5
Σ	687.1	2.21	34 065.01	111.024	0.369 9

$$\sum x_i = 687.1,\ \sum y_i = 2.21,\ n = 14$$

$$\bar{x} = 49.078\ 6,\ \bar{y} = 0.157\ 9$$

$$\sum x_i^2 = 34\ 065.01,\ \sum x_i y_i = 111.024,\ \sum y_i^2 = 34\ 065.01$$

$$\frac{1}{n}\left(\sum x_i\right)^2 = 33\ 721.886\ 4,\ \frac{1}{n}\left(\sum y_i\right)^2 = 0.348\ 7$$

$$\frac{1}{n}\left(\sum x_i\right)\left(\sum y_i\right) = 108.463\ 6$$

$$L_{xy} = 2.560\ 4,\ L_{xx} = 343.123\ 6$$

$$\widehat{\beta_1} = \frac{L_{xy}}{L_{xx}} = 0.007\ 5,\ \widehat{\beta_0} = \bar{y} - \widehat{\beta_1}\bar{x} = -\ 0.208\ 4$$

故 $\widehat{y} = -\ 0.208\ 4 + 0.007\ 5x$ 即为广告收入 y 关于网页浏览量 x 的线性回归方程.

此外，可利用矩估计法求得

$$\widehat{\sigma^2} = \frac{1}{n}\sum_{i=1}^{n}(y_i - \widehat{\beta_0} - \widehat{\beta_1}x_i)^2$$

定理 6.1　对于估计量 $\widehat{\beta_0}$，$\widehat{\beta_1}$，$\widehat{\sigma^2}$，有如下结论：

(1) $\widehat{\beta_0} \sim N\left(\beta_0,\ \dfrac{\sigma^2\sum_{i=1}^{n}x_i^2}{n\sum_{i=1}^{n}(x_i - \bar{x})^2}\right)$；

(2) $\widehat{\beta_1} \sim N\left(\beta_0,\ \dfrac{\sigma^2}{\sum_{i=1}^{n}(x_i - \bar{x})^2}\right)$；

(3) $\frac{n}{\sigma^2}\widehat{\sigma^2} \sim \chi^2(n-2)$;

(4) $\widehat{\sigma^2}$ 分别与$\widehat{\beta_0}$, $\widehat{\beta_1}$ 独立.

证明略.

6.2 回归方程的显著性检验

由 6.1 节的内容可知，对于任意两个变量 x 和 y 的一组观察值 (x_i, y_i)，$i=1, 2, \cdots, n$，利用最小二乘法，都可以确定一个回归方程(6-3)，然而通常情况下，我们事先并不知道 y 与 x 之间是否真正存在线性关系，如果 y 和 x 之间并不存在显著的线性相关关系，那么用上述的方法确定出的回归方程是毫无实际意义的．因此需要对 y 和 x 是否具有线性关系进行统计检验．下面介绍几种常见的检验方法.

由式(6-2)可知，若 y 与 x 之间不存在线性关系，则一次项系数 $\widehat{\beta_1}=0$，反之，$\widehat{\beta_1}\neq 0$. 所以检验 y 与 x 之间是否具有线性关系，应归纳为检验假设：H_0：$\beta_1=0$，H_1：$\beta_1\neq 0$.

1. *t* 检验法

若 H_0 成立，即 $\beta_1=0$，则由定理 6.1 知

$$\frac{\widehat{\beta_1}}{\sigma/\sqrt{\sum_{i=1}^{n}(x_i-\bar{x})^2}} \sim N(0, 1)$$

$$\frac{n}{\sigma^2}\widehat{\sigma^2} \sim \chi^2(n-2)$$

且 $\widehat{\sigma^2}$ 与$\widehat{\beta_1}$ 独立，于是有

$$T=\frac{\dfrac{\widehat{\beta_1}}{\sigma/\sqrt{\sum_{i=1}^{n}(x_i-\bar{x})^2}}}{\sqrt{\dfrac{n}{\sigma^2}\widehat{\sigma^2}/(n-2)}} \sim t(n-2)$$

故 $P\{|T|\geqslant t_{\frac{\alpha}{2}}(n-2)\}=\alpha$，其中 α 为显著性水平.

2. 相关系数检验法

构造检验统计量

$$R=\frac{\sum_{i=1}^{n}(x_i-\bar{x})(y_i-\bar{y})}{\sqrt{\sum_{i=1}^{n}(x_i-\bar{x})^2}\sqrt{\sum_{i=1}^{n}(y_i-\bar{y})^2}}$$

通常称 R 为样本相关系数．与随机变量的相关系数类似，R 的取值 r 体现了 x 与 y 之间的线性相关程度．易知，在显著性水平 α 下，当

$$|r|>r_{\alpha}$$

时拒绝 H_0，其中 r_α 可在附表中查到．相关系数检验方法是工程上经常使用的方法.

除以上两种外，还有 F 检验法等常用方法．当假设 H_0 被拒绝时，就认为 y 与 x 存在线性关系，因此有理由认为回归效果显著；反之，若接受 H_0，则认为 y 与 x 回归效果不显著，不能用一元线性回归模型描述．回归效果不显著可能原因如下：

(1) x 对 y 没有显著影响；

(2) x 对 y 有显著影响，但这种影响不能使用简单的线性关系刻画；

(3) 除 x 外，另有不可忽略的影响 y 取值的因素.

因此，在接受 H_0 的同时，需要进行深入分析处理，此时通常需要结合实际或应用专业知识进行处理.

当经过检验证实回归效果显著时，可通过回归模型对 y 的取值进行预测，即当 $x=x_0$ 时，对 y 的取值进行区间估计.

设 $x=x_0$ 时 y 取 y_0，则有

$$y_0=\beta_0+\beta_1 x_0+\varepsilon_0,\ \varepsilon_0\sim N(0,\ \sigma^2)$$

取

$$\widehat{y_0}=\widehat{\beta_0}+\widehat{\beta_1}x_0$$

为 y_0 的预测值．可证明

$$T=\frac{y_0-\widehat{y_0}}{\frac{n}{n-2}\widehat{\sigma}\sqrt{1+\frac{1}{n}+\frac{(x_0-\bar{x})^2}{\sum_{i=1}^{n}(x_i-\bar{x})^2}}}\sim t(n-2)$$

从而有

$$P\{|T|<t_{\frac{\alpha}{2}}(n-2)\}=1-\alpha$$

因此，对给定的置信水平 $1-\alpha$，有 Y_0 的置信区间为

$$(y_0-\delta(x_0),\ y_0+\delta(x_0))$$

其中

$$\delta(x_0)=t_{\frac{\alpha}{2}}(n-2)\cdot\frac{n}{n-2}\widehat{\sigma}\sqrt{1+\frac{1}{n}+\frac{(x_0-\bar{x})^2}{\sum_{i=1}^{n}(x_i-\bar{x})^2}}$$

可以看出在 x_0 处 y 的置信区间长度为 $2\delta(x_0)$．当 $x_0=\bar{x}$ 时置信区间长度最短，估计精度最高.

当 n 较大且 x_0 与 $\bar{x}$ 取值接近时，根据

$$t_{\frac{\alpha}{2}}(n-2)\approx z_{\frac{\alpha}{2}},\ x_0\approx\bar{x},\ \frac{n}{n-2}\approx 1$$

有 y_0 的置信水平为 $1-\alpha$ 的置信区间可近似取

$$(\widehat{y_0}-z_{\frac{\alpha}{2}}\widehat{\sigma},\ \widehat{y_0}+z_{\frac{\alpha}{2}}\widehat{\sigma})$$

6.3　可线性化的非线性回归

处理实际问题时，经常会遇到散点图上样本数据明显集中到某些不是直线的曲线附近的情况，又或者虽然看似符合线性回归方程，但使用线性回归方程近似的结果误差非常大．以

上两种情况均是变量之间无线性相关关系的情况，对于这样的问题，我们可以通过线性化处理进行研究.

【例 6-1】某次运动会上，在 6 个跑步项目中，最佳成绩如表 6-3 所示.

表 6-3

距离 x/m	100	200	400	800	1 000	1 500
时间 t	9. 95″	19. 72″	43. 86″	1′42. 4″	2′13. 9″	3′32. 1″

试根据表中数据分析运动员成绩与项目距离的关系.

解

根据已知数据作散点图(见图 6-2)，x 与 t 间的关系可用线性关系刻画，使用一元线性回归分析，可得回归模型 $t = -99.9 + 0.145\,5x$.

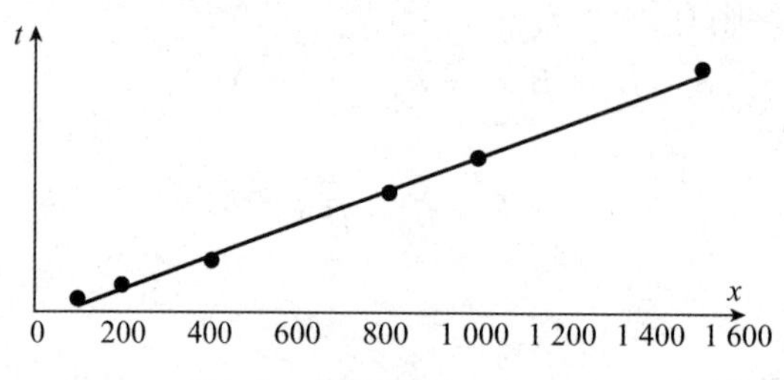

图 6-2

由此例中模型，可得理论值如表 6-4 所示.

表 6-4

距离 x/m	100	200	400	800	1 000	1 500
时间 t	4. 56″	19. 10″	48. 20″	1′46. 4″	2′15. 5″	3′28. 2″

可以看出，理论值与实际值总体是比较接近的，绝对误差不大. 但对于较短距离的情况有很大偏差，比如 100 m 时，相对误差超过 50%，这并不是一个好的结果，此外，距离更短时甚至时间会出现负值，这是不符合实际意义的. 因此，该模型有进行优化的必要.

观察散点图的分布情况，可看出短距离和长距离估计值均偏小，中距离时估计偏高，因此可猜测 x 与 t 的关系曲线应是下凸的. 考虑最简单的具有此性质的曲线，即

$$t = ax^b$$

两边同取自然对数得

$$\ln t = \ln a + b\ln x$$

令

$$\tilde{t} = \ln t,\ \tilde{a} = \ln a,\ \tilde{x} = \ln x$$

有

$$\tilde{t} = \tilde{a} + b\tilde{x}$$

对此线性关系用一元线性回归分析估计 $\tilde{a}$, b，可得 $a = e^{\tilde{a}}$，最后可得 x 与 t 的幂函数模型

$$t = 0.48x^{1.145}$$

对应估计值如表 6-5 所示.

表 6-5

距离 x/m	100	200	400	800	1 000	1500
时间 t	9. 39″	20. 78″	45. 96″	1′41. 68″	2′11. 29″	3′28. 88″

可见幂函数模型结果优于线性回归模型．常见的线性化方法使用的模型还有多项式模型、双曲线模型、对数函数模型、生长曲线模型、指数函数模型等．此外，并非所有非线性回归模型都可进行线性化.

6. 4　多元线性回归简介*

考察 m 个自变量 x_1，x_2，…，x_m 与因变量 y 之间的关系．设

$$y = \beta_0 + \beta_1 x_1 + \beta_2 x_2 + \cdots + \beta_m x_m + \varepsilon,\ \varepsilon \sim N(0,\ \sigma^2)$$

其中 β_0，β_1，β_2，…，β_m，σ^2 是与 x_1，x_2，…，x_m 无关的未知参数．这就是 m 元线性回归模型．对变量 x_1，x_2，…，x_m 进行 n 次观察得到样本观察值：

$$(x_{i1},\ x_{i2},\ \cdots,\ x_{im};\ y_i),\ i = 1,\ 2,\ \cdots,\ n$$

其中 y_1，y_2，…，y_n 独立同分布，且有

$$y_i = \beta_0 + \beta_1 x_{i1} + \beta_2 x_{i2} + \cdots + \beta_m x_{im} + \varepsilon_i,\ \varepsilon_i \sim N(0,\ \sigma^2)$$

记

$$\boldsymbol{Y} = \begin{pmatrix} y_1 \\ y_2 \\ \vdots \\ y_n \end{pmatrix},\ \boldsymbol{X} = \begin{pmatrix} 1 & x_{11} & x_{12} & \cdots & x_{1m} \\ 1 & x_{21} & x_{22} & \cdots & x_{2m} \\ \vdots & \vdots & \vdots & & \vdots \\ 1 & x_{n1} & x_{n2} & \cdots & x_{nm} \end{pmatrix}$$

$$\boldsymbol{\beta} = \begin{pmatrix} \beta_0 \\ \beta_1 \\ \vdots \\ \beta_m \end{pmatrix},\ \boldsymbol{\varepsilon} = \begin{pmatrix} \varepsilon_1 \\ \varepsilon_2 \\ \vdots \\ \varepsilon_n \end{pmatrix}$$

则利用矩阵乘法，可将

$$y_i = \beta_0 + \beta_1 x_{i1} + \beta_2 x_{i2} + \cdots + \beta_m x_{im} + \varepsilon_i,\ i = 1,\ 2,\ \cdots,\ n$$

表示为

$$\boldsymbol{Y} = \boldsymbol{X\beta} + \boldsymbol{\varepsilon}$$

利用最小二乘法，求未知参数估计，即寻找参数 β_0，β_1，β_2，…，β_m 使

$$Q = \sum_{i=1}^{n} [y_i - (\beta_0 + \beta_1 x_{i1} + \beta_2 x_{i2} + \cdots + \beta_m x_{im}\ )^2] = (\boldsymbol{Y} - \boldsymbol{X\beta})^{\mathrm{T}}(\boldsymbol{Y} - \boldsymbol{X\beta})$$

最小．利用高等数学中的结论，可得 β_0，β_1，β_2，…，β_m 的估计为

$$\widehat{\boldsymbol{\beta}} = \begin{pmatrix} \widehat{\beta}_0 \\ \widehat{\beta}_1 \\ \vdots \\ \widehat{\beta}_m \end{pmatrix} = (\boldsymbol{X}^{\mathrm{T}}\boldsymbol{X})^{-1}\boldsymbol{X}^{\mathrm{T}}\boldsymbol{Y}$$

得回归方程

$$y = \widehat{\beta}_0 + \widehat{\beta}_1 x_1 + \cdots + \widehat{\beta}_m x_m$$

类似于一元线性回归，对多元线性回归模型的假设是否符合实际，需要进行假设检验．在实际问题中，影响因变量的原因往往很多，为兼顾估计的准确性和模型的复杂程度，需要对多方因素进行合理取舍．具体的多元线性回归应用广泛且多变，本书中仅对原理进行简单介绍，感兴趣的读者可自行查阅相关资料.

6.5 单因素方差分析

方差分析(Analysis of Variance，ANOVA)是一种假设检验方法，其基本思想可概述为：把全部数据的总方差分解成几部分，每一部分表示某一影响因素或各影响因素之间的交互作用所产生的效应，将各部分方差与随机误差的方差相比较，依据 F 分布作出统计推断，从而确定各因素或交互作用的效应是否显著．因为分析是通过计算方差的估计值进行的，所以称为方差分析.

方差分析的主要目标是检验均值间的差别是否在统计意义上显著．如果只比较两个均值，事实上方差分析的结果和 t 检验完全相同．之所以很多情况下采用方差分析，是因为它具有以下两个优点：

(1)方差分析可在一次分析中同时考察多个因素的显著性，比 t 检验所需的观察值少；

(2)方差分析可以考察多个因素的交互作用.

方差分析的缺点是条件有些苛刻，需要满足如下条件：

(1)各样本是相互独立的；

(2)各样本数据来自正态总体；

(3)各处理组总体方差相等.

因此在进行方差分析之前，要进行正态性检验和方差齐性检验，如不满足上述要求，可考虑作变量代换．常用的变量代换方法有平方根变换、平方根反正弦变换、对数变换及倒数变换等.

方差分析在医药、制造业、农业等领域有重要应用，多用于试验优化和效果分析中.

6.5.1 基本概念

(1)试验指标：在一项试验中，用来衡量试验效果的特征量称为试验指标，有时简称指标，也称试验结果，通常用 y 表示．它类似于数学中的因变量或目标函数．试验指标能用数量表示的称为定量指标，如速度、温度、压力、质量、尺寸、寿命、硬度、强度、产量和成本等．不能直接用数量表示的指标称为定性指标，如颜色、人的性别等．定性指标也可以转化为定量指标，方法是用不同的数表示不同的指标值.

(2) 试验因素：试验中，凡对试验指标可能产生影响的原因都称为因素，也称因子或元，类似于数学中的自变量. 需要在试验中考察研究的因素，称为试验因素，有时也称为因素，通常用大写字母 A、B、C 等表示. 在试验中，有些因素能严格控制，称为可控因素；有些因素难以控制，称为不可控因素. 试验因素是试验中的已知条件，能严格控制，所以是可控因素. 通常把未被选作试验因素的可控因素和不可控因素都称为条件因素，统称为试验条件.

(3) 因素水平：因素在试验中所处的各种状态或所取的不同值，称为该因素的水平，也简称为水平或位级，通常用下标 1、2、3 等数字表示. 若一个因素取 K 种状态或 K 个值，就称该因素为 K 水平因素. 因素的水平，有的可以取得具体值，如 6 kg、10 cm；有的只能取大致范围或某个模糊概念，如软、硬、大、小、好、较好等；但也有无法用数值表征的，如履带的不同形式，轮胎花纹的不同种类，机器的不同操作方式，大豆的不同品种等.

(4) 处理组：所有试验因素的水平组合所形成的试验点称为处理组，也称组合处理. 三因素试验中，$A_1B_2C_3$ 是一个组合处理，它表示由 A 因素 1 水平、B 因素 2 水平和 C 因素 3 水平组合而形成的一个试验点.

6.5.2　主要步骤

假设我们在实验中只考虑因素 A，该因素有 p 个水平，每个水平做 r 次重复试验，设第 i 个水平的第 j 次重复试验的数据为 y_{ij}，如表 6-6 所示.

表 6-6

	A_1	A_2	…	A_i	…	A_p
1	y_{11}	y_{21}	…	y_{i1}	…	y_{p1}
2	y_{12}	y_{22}	…	y_{i2}	…	y_{p2}
…	…	…	…	…	…	…
j	y_{1j}	y_{2j}	…	y_{ij}	…	y_{pj}
…	…	…	…	…	…	…
r	y_{1r}	y_{2r}	…	y_{ir}	…	y_{pr}

根据这些数据，可以计算全体数据的均值 $\bar{y}$ 和各水平对应数据的均值 $y_{i\cdot}$，即

$$\bar{y} = \frac{1}{rp}\sum_{i=1}^{p}\sum_{j=1}^{r} y_{ij};\ y_{i\cdot} = \frac{1}{r}\sum_{j=1}^{r} y_{ij},\ i = 1,\ 2,\ \cdots,\ p$$

进一步可以计算全体数据的偏差平方和 S_T、因素 A 对应的偏差平方和 S_A，以及误差的偏差平方和 S_e：

$$S_T = \sum_{i=1}^{p}\sum_{j=1}^{r}(y_{ij} - \bar{y})^2$$

$$S_A = r\sum_{i=1}^{p}(y_{i\cdot} - \bar{y})^2$$

$$S_e = \sum_{i=1}^{p}\sum_{j=1}^{r}(y_{ij} - y_{i\cdot})^2$$

下一步，需要计算这 3 个偏差平方和所对应的自由度. 之所以要计算自由度，是因为如

果用偏差平方和除以对应的数据项数，得到的统计量并不是方差的无偏估计．而偏差平方和与对应的自由度的商才是方差的无偏估计．

设有 n 个数据 x_1，x_2，…，x_n，它们的平方和 $S=\sum_{i=1}^{n}x_i^2$ 的自由度取决于 $\{x_i\}$ 之间有多少个线性约束关系．设 $\boldsymbol{X}=(x_1, x_2, \cdots, x_n)^{\mathrm{T}}$，若存在秩为 m 的矩阵 $\boldsymbol{A}$，满足

$$\boldsymbol{AX}=0$$

则 S 的自由度是 $n-m$.

下面来求 S_T 的自由度．令 $x_k=y_{ij}-\bar{y}$，$i=1, 2, \cdots, p$；$j=1, 2, \cdots, r$；$k=(i-1)r+j$，则 $\{x_i\}$ 之间存在一个线性约束：

$$\sum_{i=1}^{rp}x_i=\sum_{i=1}^{p}\sum_{j=1}^{r}(y_{ij}-\bar{y})=\sum_{i=1}^{p}\sum_{j=1}^{r}y_{ij}-rp\bar{y}=0$$

即 $m=1$，$\boldsymbol{A}=(1, 1, \cdots, 1)$，故 $f_T=rp-1$. 同理可得 $f_A=p-1$，$f_e=rp-p$.

可以证明(证明略)，对于偏差平方和与其对应的自由度，如下关系成立：

$$S_T=S_A+S_e,\ f_T=f_A+f_e$$

这就是 Fisher 偏差平方和加性原理，它是全部方差分析的基础.

在得到偏差平方和及其对应的自由度后，就可以得到因素 A 和误差 e 对应的平均偏差平方和

$$\bar{S}_A=S_A/f_A,\ \bar{S}_e=S_e/f_e$$

平均偏差平方和是反映数据波动大小的一个测度，比较 $\bar{S}_A$ 和 $\bar{S}_e$ 的大小可以看出因素 A 的不同水平带来的试验指标的波动是否与随机误差相同，所以，可以由此判断因素 A 对试验指标是否有显著影响．判断 $\bar{S}_A$ 和 $\bar{S}_e$ 是否相同的方法是采用 F 检验(基于 F 分布的假设检验)，令

$$F=\bar{S}_A/\bar{S}_e$$

则可认为 F 服从自由度为 f_A 和 f_e 的 F 分布．用求出的 F 值查 F 分布表可得到对应的 P 值，一般取置信水平 $\alpha=0.05$，即当 P 值小于 0.05 时拒绝原假设，认为因素 A 对试验指标的影响显著，否则维持原假设，认为影响不显著.

6.5.3　数学模型

设因素 A 取了 p 个水平，每个水平重复了 r 次试验，在水平 A_i 下的第 i 次实验结果 y_{ij} 可以分解为

$$y_{ij}=\mu_i+\varepsilon_{ij}$$

其中，μ_i 表示在水平 A_i 下的理论指标值；ε_{ij} 是试验误差．我们把试验误差 ε_{ij} 认为是相互独立的随机变量，且服从正态分布 $N(0, \sigma^2)$，这是方差的基本假设之一.

为了看出因素各水平的影响大小，将 μ_i 再进行分解，令

$$\mu=\frac{1}{p}\sum_{i=1}^{p}\mu_i$$

$$a_i=\mu_i-\mu,\ i=1, 2, \cdots, p$$

则

$$y_{ij}=\mu+a_i+\varepsilon_{ij},\ i=1, 2, \cdots, p;\ j=1, 2, \cdots, r$$

显然$\{a_i\}$之间有关系：

$$\sum_{i=1}^{p} a_i = 0$$

a_i 表示水平 A_i 对试验结果产生的影响，它称作水平 A_i 的效应.

方差分析的数学模型就是建立在以下几条假定的基础上的.

(1) $y_{ij} = \mu + a_i + \varepsilon_{ij}$，$i = 1, 2, \cdots, p$；$j = 1, 2, \cdots, r$.

(2) $\sum_{i=1}^{p} a_i = 0$.

(3) ε_{ij} 相互独立且都服从分布 $N(0, \sigma^2)$.

由这三条假定条件建立的模型叫作线性模型.

建立模型以后，统计分析需要解决下列问题.

(1)参数估计．即通过试验估计 μ 和$\{a_i\}$，它们的估计量用$\widehat{\mu}$和$\{\widehat{a_i}\}$表示，有

$$\widehat{\mu} = \overline{y} = \frac{1}{rp}\sum_{i=1}^{p}\sum_{j=1}^{r} y_{ij}$$

$$\widehat{a_i} = y_{i\cdot} - \overline{y} = \frac{1}{r}\sum_{j=1}^{r} y_{ij} - \frac{1}{rp}\sum_{i=1}^{p}\sum_{j=1}^{r} y_{ij}$$

可以证明(本文从略)，$\widehat{\mu}$ 和$\{\widehat{a_i}\}$是 μ 和$\{a_i\}$的无偏估计.

(2)假设检验．若因素 A 对指标有影响，则效应$\{a_i\}$不全为 0；若因素 A 对指标没有影响，则效应$\{a_i\}$全为 0. 因此，要检验因素 A 对指标影响是否显著就是检验假设：

$$H_0: a_1 = a_2 = \cdots = a_p = 0$$

这需要选择一个合适的统计量．令

$$\varepsilon_{i\cdot} = \frac{1}{r}\sum_{j=1}^{r}\varepsilon_{ij},\ \overline{\varepsilon} = \frac{1}{rp}\sum_{i=1}^{p}\sum_{j=1}^{r}\varepsilon_{ij}$$

则

$$y_{i\cdot} = \frac{1}{r}\sum_{j=1}^{r} y_{ij} = \frac{1}{r}\sum_{j=1}^{r}(\mu + a_i + \varepsilon_{ij}) = \mu + a_i + \varepsilon_{i\cdot}$$

$$\overline{y} = \frac{1}{n}\sum_{i=1}^{p}\sum_{j=1}^{r}(\mu + a_i + \varepsilon_{ij}) = \mu + \varepsilon$$

故

$$\begin{aligned} S_A &= r\sum_{i=1}^{p}(y_{i\cdot} - \overline{y})^2 = r\sum_{i=1}^{p}(a_i + \varepsilon_{i\cdot} - \overline{\varepsilon})^2 \\ &= r\sum_{i=1}^{p} a_i^2 + 2r\sum_{i=1}^{p} a_i(\varepsilon_{i\cdot} - \overline{\varepsilon}) + r\sum_{i=1}^{p}(\varepsilon_{i\cdot} - \overline{\varepsilon})^2 \end{aligned}$$

$$S_e = \sum_{i=1}^{p}\sum_{j=1}^{r}(y_{ij} - y_{i\cdot})^2 = \sum_{i=1}^{p}\sum_{j=1}^{r}(\varepsilon_{i\cdot} - \overline{\varepsilon})^2$$

若原假设 H_0 成立，则 $a_1 = a_2 = \cdots = a_p = 0$，有

$$S_A = r\sum_{i=1}^{p}(\varepsilon_{i\cdot} - \overline{\varepsilon})^2$$

因为 ε_{ij} 相互独立且都服从分布 $N(0, \sigma^2)$，由统计理论推知 S_A/σ^2 服从自由度为 $f_A = (p-1)$ 的χ^2 分布，S_e/σ^2 服从自由度为 $f_e = (n-p)$ 的χ^2 分布，而且两者独立，从而

$$F = \frac{\overline{S}_A}{\overline{S}_e} = \frac{S_A/f_A}{S_e/f_e}$$

服从自由度为f_A，f_e的F分布．所以可以采用F统计量作为假设检验的统计量(这种假设检验称为F检验)，通过查F分布表确定拒绝域或P值，从而作出推断．

6.6　多因素方差分析

所谓多因素方差分析，就是同时检验多个因素影响是否显著的方差分析方法．多因素方差分析的一大优势就是可以同时考虑多个试验因素对试验指标的影响，这样，既节省了试验次数，试验误差也比进行多次单因素方差分析要小．

在多因素方差分析中，有一个很重要的问题，就是试验设计，其主要目的是通过设计每次试验中因素水平的搭配，用尽可能少的试验次数和试验数据满足方差分析的要求，获得较好的分析结果．最常用的试验设计有析因设计和正交设计．前者是对所有因素的所有水平组合都进行试验，因此又称交叉分组设计；后者是按照某种正交表设计试验，以较少的试验次数即可接近析因设计的效果．因此，析因设计一般用于两个因素且水平数较少的情况，而因素和水平较多时则多采用正交设计．除正交设计外，还有许多其他试验设计方法，如系统分组设计(嵌套设计)、正交拉丁方设计、裂区设计等，它们一般用在并非任意组合都可以实现或找不到合适的正交表的情况．实验设计确定的一个水平组合，如$A_1B_2A_3$，称作一个处理组．若在一个处理组内做多次重复试验得到多个试验数据，则称为有重复试验的设计，否则称无重复试验的设计．在方差分析中，一般要求各处理组内的重复试验数相等．对于不相等的情况，方差分析也可以计算，但公式略有差别，而且可靠性差，所以一般采用其他方法如通用线性模型来计算．

在多因素方差分析中，还有一个重要的概念，这就是因素间的交互作用，它是指几个因素的某些水平互相增强或互相削弱的现象．表 6-7 中，当A从A_1变化到A_2时，指标都增加，与B取B_1或B_2无关；同样，B从B_1变到B_2时，指标都增加，与A的水平无关，此时，我们说A和B之间没有交互作用．而在表 6-8 中，因素A对指标的影响与B的水平有关，此时我们说A和B之间存在交互作用，记作$A \times B$.

表 6-7

	A_1	A_2
B_1	2	5
B_2	7	10

表 6-8

	A_1	A_2
B_1	2	5
B_2	7	3

6.7　析因设计的方差分析

由于析因设计主要用于因素和水平数较少的情形，因此本文以双因素试验为例，介绍析因设计的方差分析的主要步骤.

设考虑两个试验因素 A 和 B，A 有 p 个水平，B 有 q 个水平，每个处理组内做 r 次重复试验，在 A_iB_j 条件下的第 k 次实验的数据记作 y_{ijk}；在 A_iB_j 条件下做的全部试验数据之和记作 Y_{ij}，显然

$$Y_{ij} = \sum_{k=1}^{r} x_{ijk} \begin{pmatrix} i = 1, 2, \cdots, p \\ j = 1, 2, \cdots, q \end{pmatrix}$$

令 K_i^A 表示在 A_i 条件下试验数据之和，K_j^B 表示在 B_j 条件下试验数据之和，即

$$\begin{cases} K_i^A = \sum_{j=1}^{q} Y_{ij},\ i = 1, 2, \cdots, p \\ K_j^B = \sum_{i=1}^{p} Y_{ij},\ j = 1, 2, \cdots, p \end{cases}$$

它们的平均值记为 k_i^A 和 k_j^B

$$k_i^A = \frac{1}{qr} K_i^A,\ k_j^B = \frac{1}{pr} K_j^B$$

整个试验的总平均为

$$\bar{y} = \frac{1}{pqr} \sum_{i=1}^{p} \sum_{j=1}^{q} \sum_{k}^{r} y_{ijk}$$

则总偏差平方和 S_T，因素 A 和 B 的偏差平方和 S_A，S_B，误差的偏差平方和 S_e，交互作用的偏差平方和 $S_{A\times B}$ 分别计算如下：

$$S_T = \sum_{i=1}^{p} \sum_{j=1}^{q} \sum_{k=1}^{r} (y_{ijk} - \bar{y})^2$$

$$S_A = qr \sum_{i=1}^{p} (k_i^A - \bar{y})^2,\ S_B = pr \sum_{j=1}^{q} (k_j^B - \bar{y})^2$$

$$S_e = \sum_{i=1}^{p} \sum_{j=1}^{q} \sum_{k=1}^{r} (y_{ijk} - y_{ij\cdot})^2,\ y_{ij\cdot} = \frac{1}{r} Y_{ij}$$

$$S_{A\times B} = S_T - S_A - S_B - S_e = r \sum_{i=1}^{p} \sum_{j=1}^{q} (y_{ij\cdot} - k_i^A - k_j^B + \bar{y})^2$$

它们的自由度分别为

$$f_A = p - 1,\ f_B = q - 1,\ f_T = pqr - 1$$

$$f_{A\times B} = (p-1)(q-1),\ f_e = pq(r-1)$$

需要注意的是：如果各处理组中没有重复试验，即 $r = 1$，那么按上式计算得 $S_e = 0$，这将导致后续步骤无法开展. 因此，在无重复试验的情形，应该用下式计算 S_e 和 f_e：

$$S_e = S_T - S_A - S_B = \sum_{i=1}^{p}\sum_{j=1}^{q}(y_{ij.} - k_i^A - k_j^B + \bar{y})^2$$

$$f_e = (p-1)(q-1)$$

此时，将无法计算 $S_{A\times B}$. 因此，无重复试验的设计无法考察交互作用.

然后，计算平均偏差平方和：

$$\bar{S}_A = S_A/f_A,\ \bar{S}_B = S_B/f_B,\ \bar{S}_{A\times B} = S_{A\times B}/f_{A\times B},\ \bar{S}_e = S_e/f_e$$

和 F 值：

$$F_A = \bar{S}_A/\bar{S}_e,\ F_B = \bar{S}_B/\bar{S}_e,\ F_{A\times B} = \bar{S}_{A\times B}/\bar{S}_e$$

利用这些 F 值查 F 分布表求得拒绝域或 P 值，即可作出统计推断.

双因素方差分析的数学模型为

$$y_{ijk} = \mu + a_i + b_j + (ab)_{ij} + \varepsilon_{ijk},\ i=1,\ 2,\ \cdots,\ p;\ j=1,\ 2,\ \cdots,\ q;\ k=1,\ 2,\ \cdots,\ r$$

其中，$\{a_i\}$，$\{b_j\}$，$\{(ab)_{ij}\}$分别为因素 A，B 的主效应及 A 与 B 的交互效应，满足

$$\sum_{i=1}^{p} a_i = \sum_{j=1}^{q} b_j = 0,\ \sum_{i=1}^{p}(ab)_{ij} = \sum_{j=1}^{q}(ab)_{ij} = 0$$

$\{\varepsilon_{ijk}\}$为实验的随机误差，它们相互独立且都服从正态分布 $N(0,\ \sigma^2)$.

6.8 正交设计的方差分析

正交设计是利用一系列规格化的正交表来科学地安排多因素试验的一种十分有效的设计方法. 其原理是从各因素各水平的全搭配中选择一部分必不可少的搭配进行试验，从而大大减少试验次数，又基本不降低研究效率.

正交表是已经制作好的规格化的表，可分为等水平和混合水平两大类. 等水平表一般记作 $L_a(b^c)$，其中 a 表示正交表的行数，即试验的次数；b 表示因素的水平数，即每个因素有 b 个水平；c 表示正交表的列数即因素数. 所以，正交表 $L_a(b^c)$ 用于 c 个因素，每个因素 b 个水平的情形，按该表设计共需做 a 次试验. 表 6-8 所示为等水平正交表 $L_4(2^3)$. 表 6-9 所示为一个混合水平正交表 $L_9(2^1\times 3^3)$，这表示可以安排 4 个因素，其中一个因素有 2 个水平，另外 3 个因素有 3 个水平，共需 9 次试验.

表 6-9

试验号	列号		
	1	2	3
1	1	1	1
2	1	2	2
3	2	1	2
4	2	2	1
列名	A	B	$A\times B$

表 6-10

试验号	列号			
	1	2	3	4
1	1	1	1	1
2	1	2	2	2
3	1	3	3	3
4	1	1	2	3
5	1	2	3	1
6	1	3	1	2
7	2	1	3	2
8	2	2	1	3
9	2	3	2	1

之所以选用正交表，是因为它具有如下性质：在任何一列中各水平都出现且出现的次数相等，在任意两列之间各种不同水平的所有可能组合都出现，且出现的次数相等．这就使得部分试验中所有因素的所有水平信息即两两因素间的所有组合信息无一遗漏，且任一因素各水平的试验条件相同，从而能最大限度地反映该因素不同水平对试验指标的影响．

在前面讨论了双因素情况下的交互作用，事实上，当有多个因素时，还存在多个因素的交互作用，称为高级交互作用，记作 $A \times B \times C$. 在正交试验设计中，交互作用一律当作因素看待，这是处理交互作用问题的一条总的原则．在正交表中，一般都为交互作用安排了相应的列，如表 6-9 中的 $L_4(2^3)$ 的第 3 列即用于安排交互作用 $A \times B$，这意味着使用这一正交表时，如果要考察交互作用，则只能考虑两个因素，因为第 3 列已经被占用了．但和因素不同的是，用于考虑交互作用的列并不影响试验方案及其实施，也就是说不必在试验中刻意安排交互作用，只需计算时按第 3 列计算即可，而且一个交互作用不一定只占 1 列，也可能占有多列．

因为正交设计中把交互作用看作因素安排到正交表的列中，所以使得方差分析的计算过程更加简单了．设选用正交表 $L_a(b^c)$ 进行正交试验，即有 c 列，每列 b 个水平，共 a 个处理组，设每个处理组有 r 个数据，第 i 个处理组的第 t 个数据记为 y_{it}，则全体的均值 $\bar{y}$ 和第 j 列第 k 个水平的均值 $\bar{y}_{jk}$ 为

$$\bar{y} = \frac{1}{ar}\sum_{i=1}^{a}\sum_{t=1}^{r} y_{it},\ \bar{y}_{jk} = \frac{1}{r \cdot c(j,\ k)}\sum_{g(i,\ j)=k}\sum_{t=1}^{r} y_{it}$$

其中，$c(j,\ k)$ 表示第 j 列中第 k 个水平出现的次数；$g(i,\ j)=k$ 表示第 i 个处理组中第 j 列的水平是 k. 由此，总偏差平方和 S_T、各列的偏差平方和 S_j 为

$$S_T = \sum_{i=1}^{a}\sum_{k=1}^{r}(y_{ik} - \bar{y})^2,\ S_j = \frac{ar}{b}\sum_{k=1}^{b}(\bar{y}_{jk} - \bar{y})^2$$

其对应的自由度分别为

$$f_T = ar - 1,\ f_j = b - 1$$

注意，第 j 列的偏差平方和 S_j 可能是因素的偏差平方和，可能是交互作用的偏差平方

和，也可能是空列的偏差平方和．如果正交表中留有空列，则令

$$S_{e1} = \sum_{c_{空}} S_j,\ f_{e1} = \sum_{c_{空}} f_j$$

其中 $c_{空}$ 表示空列.

在无重复试验的情况下，可把 S_{e1} 看作是误差的偏差平方和，即 $S_e = S_{e1}$，$f_e = f_{e1}$.

在有重复试验的情况下，令

$$\bar{y}_i = \frac{1}{r}\sum_{t=1}^{r} y_{it}$$

$$S_{e2} = \sum_{i=1}^{a}\sum_{t=1}^{r}(y_{it} - \bar{y}_i)^2,\ f_{e2} = a(r-1)$$

即 S_{e2} 表示各处理组内随机误差的偏差平方和的总和．则在有重复实验时，总体试验误差的偏差平方和

$$S_e = S_{e1} + S_{e2},\ f_e = f_{e1} + f_{e2}$$

可见，当正交表无空列时，$S_e = S_{e2}$，$f_e = f_{e2}$，即直接计算各处理组内误差的偏差平方和，将其总和作为总体试验误差的偏差平方和．另外，也可以看出，若正交表无空列，且无重复试验，则方差分析无法开展，因此试验设计时必须保证两者有其一.

在计算出偏差平方和与自由度后，即可由各因素和交互作用的平均偏差平方和与误差的平均偏差平方和的比值计算 F 统计量，从而进行 F 检验.

小　结

本章的核心内容是回归分析与方差分析．重点是线性回归与方差分析．在现实世界中，许多随机变量之间存在着非确定性的关系，不能用普通函数关系式进行表达．通常将这种非确定性的关系称为相关关系．回归分析是研究相关关系的一种数学工具，是数理统计学中最常用的统计方法之一．本章重点介绍了一元线性回归方程的建立及显著性检验并给出了非线性回归的转化方式．多元回归分析作为阅读内容给出.

方差分析是一种假设检验方法，在医药、制造业、农业等领域有重要应用，多用于试验优化和效果分析中．因为分析是通过计算方差的估计值进行故而称为方差分析，其主要目标是检验均值间的差别是否在统计意义上显著，优点是可在一次分析中同时考察多个因素的显著性及多个因素的交互作用，缺点是需要满足以下要求：样本相互独立、数据来自正态总体、各处理组总体方差相等．如不满足要求，可考虑平方根变换、平方根反正弦变换、对数变换及倒数变换等进行处理．本章还对单因素方差分析和多因素方差分析进行了介绍.

习　题

6-1　外贸公司对过去一年某商品的出口量(单位：t)与盈利情况(单位：万元)进行统计，得数据如表 6-11 所示.

(1)求经验回归方程.

(2)检验一元线性回归的显著性.

(3)取 $x = 235$，求 y 的预测值及置信水平为 0.95 的置信区间.

表 6-11

出口量 x/t	150	160	170	180	190	200
盈利额 y/万元	56.9	58.3	61.6	64.6	68.1	71.3
出口量 x/t	210	220	230	240	250	260
盈利额 y/万元	74.1	77.4	80.2	82.5	86.4	89.7

6-2　水产公司对某种畅销鱼进行数据分析，经查询资料知鱼的体重 y(单位：g)与体长 x(单位：mm)有关系 $y = Ax^{\beta}$，该畅销鱼测量数据如表 6-12 所示，求 y 与 x 的经验公式(α=001).

表 6-12

y/g	0.5	34	75	122.5	170	192	195
x/mm	29	60	124	155	170	185	190

6-3　服装厂对目标人群进行抽样统计，得到身高 x(单位：cm)与裤长 y(单位：cm)的数据如表 6-13 所示.

(1)求线性回归方程.

(2)检验在显著性水平 $\alpha = 0.01$ 下的显著性.

表 6-13

x/cm	168	162	160	160	156	157	159	168	162	159	158	165	156	158	166
y/cm	107	103	103	102	100	100	101	107	102	110	100	105	99	101	105
x/cm	162	150	152	156	159	156	164	168	165	162	158	157	172	147	155
y/cm	97	98	101	103	99	107	107	108	106	103	101	101	110	95	99

6-4　某全国连锁餐饮企业在三个城市的连锁店中随机抽取一些，记录上年利润(单位：万元)如下：

城市一：73，89，82，43，80，73，66，60，45，93，36，77.

城市二：88，78，48，91，51，85，74，56，77，31，78，62，96，76，80.

城市三：68，79，56，91，71，71，87，41，59，68，53，79，15.

各城市利润服从正态分布，方差相等，在显著性水平($\alpha = 0.05$)下检验各城市平均利润有无明显差异.

6-5　某品牌方便面有 4 种主口味．为调研口味对销量是否有影响，从地理位置相似、规模相仿的 5 家店铺获取上月销量(单位：箱)如表 6-14 所示.

分析口味是否对销量有影响.

表 6-14

超市	酸辣肉丝味/箱	香辣牛肉味/箱	老坛酸菜味/箱	红烧牛肉味/箱
1	26.5	31.2	27.9	30.8
2	28.7	28.3	25.1	29.6
3	25.1	30.8	28.4	32.4

续表

超市	酸辣肉丝味/箱	香辣牛肉味/箱	老坛酸菜味/箱	红烧牛肉味/箱
4	27.9	24.2	29.1	31.7
5	27.2	29.6	26.5	32.8

6-6　运动鞋经销商要检验4种促销方案的效果是否相同，将每一种营销方式分别应用于4家业绩接近的店铺，选取6种相同在售款式参加活动2周，各店铺增加数据(单位：双)如下：

方案一：37，42，45，49，50，45.

方案二：49，30，40，39，50，41.

方案三：33，34，40，38，47，36.

方案四：41，48，40，42，38，41.

问：4种不同促销方案的效果是否相同?

课程文化16　费希尔(Fisher，1890—1962)

费希尔，英国统计学家、遗传学家，现代数理统计学的主要奠基人之一. 1909年入剑桥大学学习数学和物理，1913年毕业，后任教师. 1919年在罗萨姆斯泰德试验站做统计工作，1933年任伦敦大学优生学高尔顿讲座教授，1943—1957年任剑桥大学遗传学巴尔福尔讲座教授，1956年后任剑桥冈维尔-科尼斯学院院长. 1959年退休，后去澳大利亚. 他是使统计学成为一门有坚实理论基础并获得广泛应用的主要统计学家之一. 他对数理统计学有众多贡献，内容涉及估计理论、假设检验、实验设计和方差分析等重要领域.

费希尔除了是一位著名的统计学家之外，还是一位举世闻名的遗传学家、优生学家，他用统计方法对这些领域进行研究，作出了许多重要贡献. 由于他的成就，他曾多次获得英国和许多国家的荣誉. 1952年被授予爵士称号. 他发表的294篇学术论文，收集在《费希尔论文集》中. 他还发表了一些专著，如《研究人员用的统计学方法》(1925，初版)，《实验设计》(1935，初版)，《统计表》(1938，初版，与F. 耶茨合著)，《统计方法与科学推断》(1956)等，大都已成为有关学科的经典著作. 费希尔毕生创建了很多现代统计学的基础，他也是现代人类遗传学的创立者. 他创建了复杂实验的分析方法，即现在每天被科学家们使用成千上万次的"方差分析". 他证明了一个被称为似然的函数，可以用来研究几乎任一概率模型中的最优估计和检验程序. 受农业田间实验的启发，他建立并发展了实验设计的主要思想.

费希尔推广和完善了哥赛特提出的小样本理论，形成了自己的思想，认为统计学是应用数学的一支，是用于研究观察资料的数学。针对统计方法在社会经济现象中的运用问题，他认为社会经济分析只有借助统计的方法才能提高到科学的地位.

课程文化17　卡尔·弗里德里希·高斯(Carolus Fridericus Gauss，1777—1855)

高斯，德国著名数学家、物理学家、天文学家、几何学家、大地测量学家，毕业于Carolinum学院(现布伦瑞克工业大学). 高斯被认为是世界上最重要的数学家之一，享有"数学王子"的美誉. 高斯生于布伦瑞克. 1796年，高斯证明了可以尺规作正十七边形. 1807年高斯成为哥廷根大学教授和哥廷根天文台台长. 1818—1826年间，汉诺威公国的大地测量工作由高斯主导. 1840年高斯与韦伯一同画出世界上第一张地球磁场图.

高斯在众多领域均有十分突出的贡献，17 岁时高斯便发现了质数分布定理和最小二乘法. 通过对足够多的测量数据进行处理，可以得到一个新的、概率性质的测量结果. 在这些基础之上，高斯专注于曲面与曲线的计算，并成功得到高斯钟形曲线(正态分布曲线). 其函数被命名为标准正态分布(或高斯分布)，并在概率计算中大量使用.

下萨克森州和哥廷根大学图书馆已经将高斯的全部著作数位化，并放置于互联网上. 高斯的肖像曾被印刷在 1989—2001 年流通的 10 元德国马克纸币上.

附　录

附录 A　考研真题汇总

一、选择题

1. 设随机变量 $X \sim N(0, 4)$，随机变量 $Y \sim B\left(3, \dfrac{1}{3}\right)$，且 X 与 Y 不相关，则 $D(X-3Y+1)=$(　　).

(A)2　　(B)4　　(C)6　　(D)10

2. 设随机变量序列 $X_1, X_2, \cdots, X_n, \cdots$ 独立同分布，且 X_1 的概率密度为

$$f(x)=\begin{cases}1-|x|, & |x|<1 \\ 0, & \text{其他}\end{cases}$$

则当 $n \to \infty$ 时，$\dfrac{1}{n}\sum_{i=1}^{n} X_i^2$ 依概率收敛于(　　).

(A) $\dfrac{1}{8}$　　(B) $\dfrac{1}{6}$　　(C) $\dfrac{1}{3}$　　(D) $\dfrac{1}{2}$

3. 设 A，B 为随机时间，且 $0 < P(B) < 1$，下列命题中为假命题的是(　　).

(A)若 $P(A|B)=P(A)$，则 $P(A|\bar{B})=P(A)$

(B)若 $P(A|B) > P(A)$，则 $P(\bar{A}|\bar{B}) > P(\bar{A})$

(C)若 $P(A|B) > P(A|\bar{B})$，则 $P(A|B) > P(A)$

(D)若 $P(A|A\cup B) > P(\bar{A}|A\cup B)$，则 $P(A) > P(B)$

4. 设 (X_1, Y_2)，(X_2, Y_2)，$\cdots$，(X_n, Y_n) 为来自正态总体 $N(\mu_1, \mu_2, \sigma_1^2, \sigma_2^2, \rho)$ 的简单随机样本．令 $\theta=\mu_1+\mu_2$，$\bar{X}=\dfrac{1}{n}\sum_{i=1}^{n} X_i$，$\bar{Y}=\dfrac{1}{n}\sum_{i=1}^{n} Y_i$，$\bar{\theta}=\bar{X}-\bar{Y}$，则(　　).

(A) $E(\bar{\theta})=\theta$，$D(\bar{\theta})=\dfrac{\sigma_1^2+\sigma_2^2}{n}$

(B) $E(\bar{\theta})=\theta$，$D(\bar{\theta})=\dfrac{\sigma_1^2+\sigma_2^2-2\rho\sigma_1\sigma_2}{n}$

(C) $E(\bar{\theta})\neq\theta$，$D(\bar{\theta})=\dfrac{\sigma_1^2+\sigma_2^2}{n}$

(D) $E(\bar{\theta})\neq\theta$，$D(\bar{\theta})=\dfrac{\sigma_1^2+\sigma_2^2-2\rho\sigma_1\sigma_2}{n}$

5. 设总体 X 的分布律为 $P\{X=2\}=P\{X=3\}=\dfrac{1+\theta}{4}$，$P\{X=1\}=\dfrac{1-\theta}{2}$，利用来自总体

X 的样本观察值 1，3，2，2，1，3，1，2，可得 θ 的最大似然估计量为(　　).

(A) $\frac{1}{4}$　　(B) $\frac{3}{8}$　　(C) $\frac{1}{2}$　　(D) $\frac{5}{8}$

6. 设 A，B，C 为 3 个随机事件，且 $P(A)=P(B)=P(C)=\frac{1}{4}$，$P(A)P(B)=0$，$P(AC)=P(BC)=\frac{1}{12}$，则 A，B，C 恰好有一个事件发生的概率为(　　).

(A) $\frac{3}{4}$　　(B) $\frac{2}{3}$　　(C) $\frac{1}{2}$　　(D) $\frac{5}{12}$

7. 设随机变量 (X, Y) 服从二维正态分布 $N\left(0, 0, 1, 4, -\frac{1}{2}\right)$，则下列随机变量中服从标准正态分布且与 X 独立的是(　　).

(A) $\frac{\sqrt{5}}{5}(X+Y)$　　(B) $\frac{\sqrt{5}}{5}(X-Y)$

(C) $\frac{\sqrt{3}}{3}(X+Y)$　　(D) $\frac{\sqrt{3}}{3}(X-Y)$

8. 设 A，B 为随机事件，则 $P(A)=P(B)$ 的充分必要条件是(　　).

(A) $P(A\cup B)=P(A)+P(B)$　　(B) $P(AB)=P(A)P(B)$

(C) $P(A\overline{B})=P(B\overline{A})$　　(D) $P(AB)=P(\overline{A}\,\overline{B})$

9. 设随机变量 X 和 Y 相互独立，且都服从正态分布 $N(\mu, \sigma^2)$，则 $P\{|X-Y|<1\}$(　　).

(A)与 μ 无关，而与 σ^2 有关　　(B)与 μ 有关，而与 σ^2 无关

(C)与 μ，σ^2 都有关　　(D)与 μ，σ^2 都无关

10. 设随机变量 X 的概率密度 $f(x)$ 满足 $f(1+x)=f(1-x)$ 且 $\int_0^2 f(x)\,\mathrm{d}x=0.6$，则 $P\{X<0\}=$(　　).

(A)0.2　　(B)0.3　　(C)0.4　　(D)0.5

11. 设 X_1，X_2，…，$X_n(n\geqslant 2)$ 为来自总体 $N(\mu, \sigma^2)(\sigma>0)$ 的简单随机样本，令 $\overline{X}=\frac{1}{n}\sum_{i=1}^{n}X_i$，$S=\sqrt{\frac{1}{n-1}\sum_{i=1}^{n}(X_i-\overline{X})^2}$，$S^*=\sqrt{\frac{1}{n-1}\sum_{i=1}^{n}(X_i-\mu)^2}$，则(　　).

(A) $\frac{\sqrt{n}(\overline{X}-\mu)}{S}\sim t(n)$　　(B) $\frac{\sqrt{n}(\overline{X}-\mu)}{S}\sim t(n-1)$

(C) $\frac{\sqrt{n}(\overline{X}-\mu)}{S^*}\sim t(n)$　　(D) $\frac{\sqrt{n}(\overline{X}-\mu)}{S^*}\sim t(n-1)$

12. 设 A，B，C 是 3 个随机事件，且 A，C 相互独立，B，C 相互独立，则 $A\cup B$ 与 C 相互独立的充分必要条件是(　　).

(A) A，B 相互独立　　(B) A，B 互不相容

(C) AB，C 相互独立　　(D) AB，C 互不相容

13. 设 X_1, X_2, …, X_n ($n \geqslant 2$) 为来自正态总体 $N(\mu, 1)$ 的简单随机样本，若 $\overline{X} = \frac{1}{n}\sum_{i=1}^{n} X_i$，则下列结论中不正确的是(　　).

(A) $\sum_{i=1}^{n}(X_i - \mu)^2$ 服从 χ^2 分布　　(B) $2(X_n - X_1)^2$ 服从 χ^2 分布

(C) $\sum_{i=1}^{n}(X_i - \overline{X})^2$ 服从 χ^2 分布　　(D) $n(\overline{X} - \mu)^2$ 服从 χ^2 分布

14. 设 A, B 为随机事件, $0 < P(A) < 1$, $0 < P(B) < 1$, 若 $P(A \mid B) = 1$, 则下列选项正确的是(　　).

(A) $P(\overline{B} \mid \overline{A}) = 1$　　(B) $P(A \mid \overline{B}) = 0$

(C) $P(A + B) = 1$　　(D) $P(B \mid A) = 1$

15. 设随机变量 X, Y 相互独立, 且 $X \sim N(1, 2)$, $Y \sim N(1, 4)$, 则 $D(XY) =$ (　　).

(A)6　　(B)8　　(C)14　　(D)15

16. 若 A, B 为任意两个随机事件，则(　　).

(A) $P(AB) \leqslant P(A)P(B)$　　(B) $P(AB) \geqslant P(A)P(B)$

(C) $P(AB) \leqslant \frac{P(A) + P(B)}{2}$　　(D) $P(AB) \geqslant \frac{P(A) + P(B)}{2}$

17. 设总体 $X \sim B(m, \theta)$, X_1, X_2, …, X_n 为来自该总体的简单随机样本, $\overline{X}$ 为样本均值, 则 $E\left[\sum_{i=1}^{n}(X_i - \overline{X})^2\right] =$ (　　).

(A) $(m-1)n\theta(1-\theta)$　　(B) $m(n-1)\theta(1-\theta)$

(C) $(m-1)(n-1)\theta(1-\theta)$　　(D) $mn\theta(1-\theta)$

18. 设随机事件 A 与 B 相互独立, 且 $P(B) = 0.5$, $P(A - B) = 0.3$, 则 $P(B - A) =$ (　　).

(A)0.1　　(B)0.2　　(C)0.3　　(D)0.4

19. 设 X_1, X_2, X_3 为来自正态总体 $N(0, \sigma^2)$ 的简单随机样本, 则统计量 $S = \frac{X_1 - X_2}{\sqrt{2}\,|X_3|}$ 服从的分布为(　　).

(A) $F(1, 1)$　　(B) $F(2, 1)$　　(C) $t(1)$　　(D) $t(2)$

20. 设 x_1, x_2, x_3 是随机变量, 且 $x_1 \sim N(0, 1)$, $x_2 \sim N(0, 2^2)$, $x_3 \sim N(5, 3^2)$, $P_j = P\{-2 \leqslant x_j \leqslant 2\}(j = 1, 2, 3)$, 则(　　).

(A) $P_1 > P_2 > P_3$　　(B) $P_2 > P_1 > P_3$

(C) $P_3 > P_1 > P_2$　　(D) $P_1 > P_3 > P_2$

21. 设随机变量 X 与 Y 相互独立, 且 X 与 Y 的分布律分别如表 A-1 和表 A-2 所示.

A-1

X	0	1	2	3
P	$\frac{1}{2}$	$\frac{1}{4}$	$\frac{1}{8}$	$\frac{1}{8}$

A-2

Y	-1	0	1
P	$\frac{1}{3}$	$\frac{1}{3}$	$\frac{1}{3}$

则 $P\{X+Y=2\}=($　　$)$.

(A) $\frac{1}{12}$　　(B) $\frac{1}{8}$　　(C) $\frac{1}{6}$　　(D) $\frac{1}{2}$

22. 设随机变量 X 与 Y 相互独立，且都服从区间 $(0,1)$ 上的均匀分布，则 $P\{X^2+Y^2\leqslant 1\}=($　　$)$.

(A) $\frac{1}{4}$　　(B) $\frac{1}{2}$　　(C) $\frac{\pi}{8}$　　(D) $\frac{\pi}{4}$

23. 设 X_1，X_2，X_3，X_4 为来自总体 $N(1,\sigma^2)(\sigma>0)$ 的简单随机样本，则统计量 $\frac{X_1-X_2}{|X_3+X_4-2|}$ 的分布为(　　).

(A) $N(0,1)$　　(B) $t(1)$　　(C) $\chi^2(1)$　　(D) $F(1,1)$

二、填空题

1. 设 A，B，C 是随机事件，满足 A 与 B 互不相容，A 与 C 互不相容，B 与 C 相互独立，$P(A)=P(B)=P(C)=\frac{1}{3}$，则 $P[(B\cup C)\mid(A\cup B\cup C)]=$________.

2. 甲、乙两个盒子中有 2 个红球和 2 个白球，先从甲盒中任取一球，观察颜色后放入乙盒中，再从乙盒中任取一球，X，Y 分别表示从甲盒和乙盒中取到的红球个数，则 X，Y 的相关系数 $\rho_{XY}=$________.

3. 设随机变量 X 的分布律为 $P\{X=k\}=\frac{1}{2^k}$，$k=1,2,3,\cdots$. Y 表示 X 被 3 除的余数，则 $E(Y)=$________.

4. X 为连续型随机变量，概率密度为

$$f(x)=\begin{cases}\frac{x}{2}, & 0<x<2\\ 0, & \text{其他}\end{cases}$$

$F(x)$ 为 X 的分布函数，$E(X)$ 为 X 的期望，则 $P\{F(X)>E(X)-1\}=$________.

5. 随机事件 A，B，C 相互独立，且 $P(A)=P(B)=P(C)=0.5$. 则 $P(AC\mid A\cup B)=$________.

6. 设随机变量 X 的分布律为 $P\{X=-2\}=0.5$，$P\{X=1\}=a$，$P\{X=3\}=b$. 若 $E(X)=0$，则 $D(X)=$________.

7. 设袋中有红、白、黑球各一个，从中有放回地取球，每次取一个，直到 3 种颜色的球都取到时停止，则取球次数恰好为 4 的概率为________.

8. 设二维随机变量 (X,Y) 服从正态分布 $N(1,0,1,1,0)$，则 $P\{XY-Y<0\}=$________.

9. 设 A，B，C 是随机事件，A 与 C 互不相容，$P(AB)=\frac{1}{2}$，$P(C)=\frac{1}{3}$，则 $P(AB\mid\overline{C})=$________.

10. 设随机变量 X 服从正态分布 $N(0,1)$，则 $E(Xe^{2X})=$________.

11. 设总体 X 的概率密度为

$$f(x,\ \theta)=\begin{cases}\dfrac{2x}{3\theta^2}, & \theta < x < 2\theta \\ 0, & 其他\end{cases}$$

其中 θ 是未知参数 . X_1, X_2, …, X_n 为来自总体 X 的简单随机样本，若 $E\left(c\sum_{i=1}^{n}X_i^2\right)=\theta^2$，则 $c=$ ________ .

三、解答题

1. 设 X_1, X_2, …, X_n 是来自期望为 θ 的指数分布的简单随机样本，Y_1, Y_2, …, Y_m 是来自期望为 2θ 的指数分布的简单随机样本，且 X_1, X_2, …, X_n, Y_1, Y_2, …, Y_m 相互独立，求 θ 的最大似然估计量 $\widehat{\theta}$，以及 $D(\widehat{\theta})$.

2. 在区间 (0, 2) 上随机取一点，将该区间分成两段，较短一段的长度记为 X，较长一段的长度记为 Y，令 $Z=\dfrac{Y}{X}$.

(1)求 X 的概率密度；

(2)求 Z 的概率密度；

(3)求 $E\left(\dfrac{X}{Y}\right)$.

3. 设二维随机变量 $(X,\ Y)$ 在区间 $D=\{(x,\ y)\mid 0 < y < \sqrt{1-x^2}\}$ 上服从均匀分布，令

$$Z_1=\begin{cases}1, & X-Y>0 \\ 0, & X-Y\leqslant 0\end{cases} \text{和}\ Z_2=\begin{cases}1, & X+Y>0 \\ 0, & X+Y\leqslant 0\end{cases}$$

(1)求二维随机变量 $(Z_1,\ Z_2)$ 的分布律；

(2)求 Z_1, Z_2 的相关系数.

4. 设某种元件的使用寿命 T 的分布函数为

$$F(t)=\begin{cases}1-\mathrm{e}^{-\left(\frac{t}{\theta}\right)^m}, & t\geqslant 0 \\ 0, & 其他\end{cases}$$

其中 θ, m 为参数且大于 0.

(1)求 $P\{T>t\}$ 与 $P\{T>s+t\mid T>s\}$，其中 $s>0$, $t>0$;

(2)任取 n 个这种元件做寿命试验，测得它们的寿命分别是 t_1, t_2, …, t_n，若 m 已知，求 θ 的最大似然估计值 $\widehat{\theta}$.

5. 设随机变量 X 与 Y 相互独立，X 服从参数为 1 的指数分布，Y 的分布律为 $P\{Y=-1\}=p$, $P\{Y=1\}=1-p$. 令 $Z=XY$.

(1)求 Z 的概率密度；

(2)求 p 为何值时，X 与 Z 不相关；

(3) X 与 Z 是否相互独立？

6. 设总体 X 的概率密度为

$$f(x;\ \sigma^2)=\begin{cases}\dfrac{A}{\sigma}\mathrm{e}^{\frac{(x-\mu)^2}{2\sigma^2}}, & x\geqslant\mu \\ 0, & x<\mu\end{cases}$$

其中μ是已知参数，$\sigma > 0$是未知参数，A是常数．$X_1, X_2, \cdots, X_n$是来自总体X的简单随机样本.

(1)求A；

(2)求σ^2的最大似然估计量.

7. 已知随机变量X，Y相互独立且$P\{X=1\}=P\{X=-1\}=0.5$，Y服从参数为λ的泊松分布，$Z=XY$.

(1)求$\mathrm{Cov}(X, Z)$；

(2)求Z的分布律.

8. 已知总体X的概率密度为

$$f(x;\sigma)=\frac{1}{2\sigma}e^{-\frac{|x|}{\sigma}},\quad -\infty < x < +\infty$$

其中$\sigma \in (0, +\infty)$为未知参数，$X_1, X_2, \cdots, X_n$为来自总体X的简单随机样本，记σ的最大似然估计量为$\widehat{\sigma}$.

(1)求$\widehat{\sigma}$；

(2)求$E(\widehat{\sigma})$，$D(\widehat{\sigma})$.

9. 设随机变量X，Y相互独立，且X的分布律为$P\{X=0\}=P\{X=2\}=0.5$，Y的概率密度为

$$f(y)=\begin{cases}2y, & 0 < y < 1\\ 0, & \text{其他}\end{cases}$$

(1)求$P\{Y \leqslant E(Y)\}$；

(2)求$Z=X+Y$的概率密度.

10. 某工程师为了解一台天平的精度，用该天平对一物体的质量进行了n次测量，该物体的质量μ是已知的．设n次测量结果$X_1, X_2, \cdots, X_n$相互独立且均服从正态分布$N(\mu, \sigma^2)$．该工程师记录的是n次测量的绝对误差$Z_i=|X_i-\mu|$，$i=1, 2, \cdots, n$．利用$Z_1, Z_2, \cdots, Z_n$估计参数σ.

(1)求Z_i的概率密度；

(2)利用一阶矩求σ的矩估计量；

(3)求参数σ的最大似然估计量.

11. 设二维随机变量(X, Y)在区域$D=\{(x, y) \mid 0 < x < 1, x^2 < y < \sqrt{x}\}$上服从均匀分布，令

$$U=\begin{cases}1, & X \leqslant Y\\ 0, & X < Y\end{cases}$$

(1)写出(X, Y)的概率密度；

(2)问U与X是否相互独立？请说明理由；

(3)求$Z=U+X$的分布函数$F(z)$.

12. 设总体X的概率密度为

$$f(x;\theta)=\begin{cases}\dfrac{3x^2}{\theta^3}, & 0 < x < \theta\\ 0, & \text{其他}\end{cases}$$

其中 $\theta \in (0, +\infty)$ 为未知参数. X_1, X_2, X_3 为来自总体 X 的简单随机样本, 令 $T = \max\{X_1, X_2, X_3\}$.

(1)求 T 的概率密度;

(2)求当 a 为何值时, aT 的数学期望为 θ.

13. 设随机变量 X 的概率密度为

$$f(x) = \begin{cases} 2^{-x}\ln 2, & x > 0 \\ 0, & x \leqslant 0 \end{cases}$$

对 X 进行独立重复的观察, 直到第二个大于 3 的观察值出现时停止, 记 Y 为观察次数.

(1)求 Y 的分布律;

(2)求 $E(Y)$.

14. 设总体 X 的概率密度为

$$f(x; \theta) = \begin{cases} \dfrac{1}{1-\theta}, & \theta \leqslant x \leqslant 1 \\ 0, & \text{其他} \end{cases}$$

其中 θ 为未知参数. X_1, X_2, …, X_n 为来自总体 X 的简单随机样本.

(1)求 θ 的矩估计量;

(2)求 θ 的最大似然估计量.

15. 设随机变量 X 的分布律为 $P\{X=1\} = P\{X=2\} = 0.5$, 在给定 $X=i$ 的条件下, 随机变量 Y 服从均匀分布 $U(0, i)$, $i = 1, 2$.

(1)求 Y 的分布函数 $F_Y(y)$;

(2)求 $E(Y)$.

16. 设随机变量 X 与 Y 的分布律相同, X 的分布律为 $P\{X=0\} = \dfrac{1}{3}$, $P\{X=1\} = \dfrac{2}{3}$, 且 X 与 Y 的相关系数 $\rho_{XY} = \dfrac{1}{2}$.

(1)求 (X, Y) 的分布律;

(2)求 $P\{X+Y \leqslant 1\}$.

17. 设 (X, Y) 是二维随机变量, X 的边缘概率密度为

$$f_X(x) = \begin{cases} 3x^3, & 0 < x < 1 \\ 0, & \text{其他} \end{cases}$$

在给定 $X = x(0 < x < 1)$ 的条件下, Y 的条件概率密度为

$$f_{Y|X}(y \mid x) = \begin{cases} \dfrac{3y^2}{x^3}, & 0 < x < 1 \\ 0, & \text{其他} \end{cases}$$

(1)求 (X, Y) 的概率密度 $f(x, y)$;

(2)求 Y 的边缘概率密度 $f_Y(y)$;

(3)求 $P\{X > 2Y\}$.

18. 设总体 X 的概率密度为

$$f(x;\ \theta)=\begin{cases}\dfrac{\theta^2}{x^3}e^{-\frac{\theta}{x}}, & x>0\\ 0, & 其他\end{cases}$$

其中 θ 为未知参数且大于 0，X_1，X_2，…，X_n 为来自总体 X 的简单随机样本.

(1)求 θ 的矩估计量；

(2)求 θ 的最大似然估计量.

19. 设二维离散型随机变量 $(X,\ Y)$ 的分布律如表 A-3 所示.

表 A-3

		Y		
		0	1	2
X	0	1/4	0	1/4
	1	0	1/3	0
	2	1/12	0	1/12

(1)求 $P\{X=2Y\}$；

(2)求 $\mathrm{Cov}(X-Y,\ Y)$.

20. 设随机变量 X 与 Y 相互独立，且均服从参数为 1 的指数分布，$V=\min\{X,\ Y\}$，$U=\max\{X,\ Y\}$.

(1)求随机变量 V 的概率密度；

(2)求 $E(U+V)$.

附录B　排列与组合

一、计数原理

1. 加法原理

完成一件事有 n 类不同方案，在第一类方案中有 m_1 种不同方法，在第二类方案中有 m_2 种不同的方法，……，在第 n 类方案中有 m_n 种不同方法，那么完成这件事情共有 $N = m_1 + m_2 + \cdots + m_n$ 种不同的方法.

2. 乘法原理

完成一件事需要 n 个步骤，做第一步有 m_1 种不同方法，做第二步有 m_2 种不同的方法，……，做第 n 步有 m_n 种不同方法，那么完成这件事情共有 $N = m_1 \cdot m_2 \cdot \cdots \cdot m_n$ 种不同的方法.

注意：分类一定要做到全面无重复；分步一定要做到无遗漏.

例 1　书架的第一层放有 4 本不同的计算机书，第二层放有 3 本不同的文艺书，第三层放有 2 本不同的体育书.

(1) 从书架中任取一本书，有多少种不同取法？

(2) 从书架的第一、二、三层各取 1 本书，有多少种不同取法？

解　(1) 从书架中任取 1 本书有 3 类方法：第 1 类方法是从第一层取 1 本计算机书，有 4 种取法；第 2 类方法是从第二层取 1 本文艺书，有 3 种取法；第 3 类方法是从第三层取 1 本体育书，有 2 种取法．根据加法原理，不同取法的种数是 $N = 4 + 3 + 2 = 9$.

(2) 从书架的第一、二、三层各取 1 本书，可以分成 3 个步骤完成：第 1 步是从第一层取 1 本计算机书，有 4 种取法；第 2 步是从第二层取 1 本文艺书，有 3 种取法；第 3 步是从第三层取 1 本体育书，有 2 种取法．根据乘法原理，不同取法的种数是 $N = 4 \times 3 \times 2 = 24$.

二、排列与排列数

1. 定义

从 n 个不同的元素中取出 $m(m \leqslant n)$ 个元素，按照一定的顺序排成一列，叫作从 n 个不同元素中取出 m 个元素的一个排列.

从 n 个不同的元素中取出 $m(m \leqslant n)$ 个元素的所有不同排列的个数，叫作从 n 个不同元素中取出 m 个元素的排列数，用符号 A_n^m 表示.

2. 公式

(1) $\mathrm{A}_n^m = \dfrac{n!}{(n-m)!} = n \times (n-1) \times \cdots \times (n-m+1)$.

例如，$\mathrm{A}_5^3 = \dfrac{5!}{(5-3)!} = \dfrac{5 \times 4 \times 3 \times 2 \times 1}{2 \times 1} = 5 \times 4 \times 3 = 60$.

(2) $n! = n \times (n-1) \times \cdots \times 3 \times 2 \times 1$，如 $6! = 6 \times 5 \times 4 \times 3 \times 2 \times 1 = 720$.

(3) $0! = 1$.

排列数巧算：A_n^m = 从下角标 n 开始往下乘，连续乘上角标 m 个数，例如：$A_8^5 = \underbrace{8 \times 7 \times 6 \times 5 \times 4}_{\text{连乘上角标的个数}=5}$.

从 n 个不同的元素中任取 m 个元素(有放回地取)的排列数是 n^m (取第一个元素有 n 种取法，取第二个元素有 n 种取法，……，取第 m 个元素有 n 种取法，所以取 m 个元素的取法 $= \underbrace{n \cdot n \cdot n \cdot \cdots \cdot n}_{m\text{个}} = n^m$).

例 2 某年全国足球甲级(A 组)联赛共有 14 个队参加，每队要与其余各队在主、客场分别比赛一次，共进行多少场比赛?

解 任意两队间进行 1 次主场比赛和 1 次客场比赛，相当于从 14 个元素中任取 2 个元素，且顺序有影响，因此，比赛的总场次是 $A_{14}^2 = 14 \times 13 = 182$.

三、组合与组合数

1. 定义

从 n 个不同的元素中取出 $m(m \leqslant n)$ 个元素合成一组，叫作从 n 个不同的元素中取出 m 个元素的一个组合.

从 n 个不同的元素中取出 $m(m \leqslant n)$ 个元素所有不同组合的个数，叫作从 n 个不同的元素中取出 m 个元素的组合数，用符号 C_n^m 表示.

2. 公式

$$C_n^m = \frac{A_n^m}{A_m^m} = \frac{n!}{m!\ (n-m)!} = \frac{n \times (n-1) \times \cdots \times (n-m+1)}{m!}$$

$$C_5^3 = \frac{A_5^3}{A_3^3} = \frac{5!}{3!\ (5-3)!} = \frac{5 \times 4 \times 3}{3 \times 2 \times 1} = 10$$

3. 性质

$$C_n^m = C_n^{n-m}$$

$$C_{n+1}^m = C_n^m + C_n^{m-1}$$

$$C_n^{m+1} = \frac{n-m}{m+1} C_n^m$$

$$C_n^0 = 1$$

例 3 一位拓展老师所带班级共有 17 个学员，按照学校的要求，要选出 11 名学员组成攀岩小组参加市区的户外生存比赛，问：

(1)可以形成多少种参赛方案?

(2)如果在选出 11 名参赛队员时，还要确定其中的组长，那么有多少种参赛方案?

解 (1)据题意，17 名学员没有角色差异，地位完全一样，因此这是一个从 17 个不同元素中选出 11 个元素的组合问题，可以形成的学员参赛方案有 $C_{17}^{11} = 12\ 376$ 种.

(2)组长的位置是特殊的，其余参赛学员的地位没有差异，因此这是一个分步完成的组合问题. 第 1 步，从 17 个学员中选出 11 人组成参赛小组，共有 C_{17}^{11} 种选法；第 2 步，从选出的 11 人中选出 1 名组长，共 C_{11}^1 种选法，所以老师共有 $C_{17}^{11}\times C_{11}^1=136\ 136$ 种参赛方案.

四、排列与组合的联系与区别

1. 联系

都是从 n 个不同的元素中取出 m 个元素.

2. 本质区别

排列是要"按照一定的顺序排成一列"，顺序对结果有影响；而组合却是"将取出的元素组成一组"，顺序对结果没影响.

五、8 种解题方法

1. 分类分步法

分类分步法是最基本的解题方法，解题时，首先需要明确完成题干的要求应该用哪几类方法，要求找全，保证无重复无遗漏；其次具体地找出每类方法需要多少步才能完成. 前者用加法原理，后者用乘法原理.

例 4　某海港有 4 盏不同颜色的灯，每次使用 1 盏、2 盏、3 盏或 4 盏，并按一定的顺序挂在灯杆上表示信号，共可表示的信号种数是多少种?

解　$A_4^1+A_4^2+A_4^3+A_4^4=64$

2. 特殊元素优选法

在有些排列组合的问题中，有些元素有特殊的位置要求. 如某人必须在中间或某人不能在两端，这种情况下，应该优先考虑安排特殊元素或特殊位置.

例 5　某班级在安排 4×100 接力赛时，4 名种子选手中小明不能跑第一棒，那么不同的上场方案共多少种?

解　优先考虑小明的位置，小明在 2、3、4 棒中选一棒有 3 种选法，其余 3 名选手在 3 个位置全排列有 $A_3^3=6$ 种排法，所以共有 $C_3^1A_3^3=18$ 种上场方案.

3. 捆绑法

在做排列的题目时，经常会遇到题干要求两个或多个元素必须相邻. 针对这类题型可以把这几个相邻元素捆绑在一起，作为一个整体来考虑. 这类题目基本都是排列问题，需注意捆绑后内部元素之间的排列.

例 6　某领导小组共 7 人合影留念，要求甲领导和乙领导必须站在一起，求不同的排法共有多少种?

解　甲与乙必须站在一起，将甲和乙"捆绑"在一起，看作一个人，与剩下的 5 个人组成 6 的全排列 A_6^6，但还要注意的是甲和乙之间的顺序，即甲在乙左边和甲在乙右边是不同的排法，所以甲乙内部有 A_2^2 种排法，所以共有 $A_6^6\cdot A_2^2=1\ 440$ 种不同的排法.

4. 插空法

在排列题目中，如果要求两个或多个元素不相邻，可以先将其他的没有限制的元素进行排列，再将不相邻的元素插到无限制元素之间或两端间所形成的"空位"中.

例 7　某领导小组共 7 人合影留念，要求丙领导和丁领导不能站在一起，求不同的排法共有多少种？

解　先将除了丙、丁外其他5人全排列，有 $A_5^5 = 120$ 种，再将丙、丁插到5人所形成的6个空(包括首尾两端)中，有 $A_6^2 = 30$ 种．根据乘法原理，不同的排法共有 $A_5^5 \cdot A_6^2 = 120 \times 30 = 3\ 600$ 种．

5. 对立面考虑法

有的问题如果从正面考虑，情况种数比较多，比较麻烦，但是所问问题的对立面却只有一种或者两种情况．针对这种类型的题目，我们可以先求对立面的方法数，再用总方法数减去对立面方法数得到所问的方法数．

例8　从10名学生里面选出6名参加数学建模竞赛，其中小明和小刚不能同时参加此次竞赛，求不同的组队方法？

解　"小刚和小明不能同时参加此次竞赛"按照正面考虑，可以分成以下3类：

(1)小明参加，小刚不参加，从剩下的8名学生中选出5名；

(2)小刚参加，小明不参加，从剩下的8名学生中选出5名；

(3)小明、小刚都不参加，从剩下的8名学生中选出6名；

求出每一类中不同方法数，最后将3类不同方法数相加，即可得出答案．在这个解题过程中，分类种数比较多，考虑其对立面的情况，发现只有"小明、小刚都参加"这一类，所以可用对立面考虑．

总的情况数：从10名学生中任意选6名学生，则有 C_{10}^6 种方法．

对立面情况数：小明、小刚都参加，再从剩下的8名学生中任选4名，则有 C_8^4 种方法数．所以本题共有 $C_{10}^6 - C_8^4 = 140$ 种方法．

6. 隔板法

如果题干要求将相同元素进行分组，并且要求每组至少1个元素时，可以用比组数少1个的"挡板"插入这些元素之间形成的"空"中，将元素进行分组．比如把5个相同的球分组放入3个不同的盒子，每组至少1个球，问有多少种分法？具体见图B-1．

图B-1

因为是将5个球分成3组，所以需要两个挡板，放在球与球之间的空位间，5个球有4个位置可以放挡板，所以从4个位置选出两个放挡板，即可实现题干中要求的分组．因此不同的分组数有 $C_4^2 = 6$ 种．

例9　圣诞节分苹果，将10个相同的苹果分给5个小朋友，每个小朋友至少有1个苹果，求不同的分配方法？

解　10个苹果排成一排，内部形成9个空，因为要分给5个小朋友，其实就是要分成5堆，只需要在这9个空中选出4个，放入4个隔板，就能把10个苹果分给5堆．每种插法就对应一种分配方法，所以共有 $C_9^4 = 126$ 种分配方法．

7. 归一法

如果问题中给出某几个元素的位置相对确定，如甲必须在乙后面．遇到这种问题，我们只需要将这些元素与其他元素正常排列，然后除以这几个元素的全排列数即可．这里面的“归一法”是指，位置相对确定的元素排列以后，我们只取其中的一种．

例 10 a、b、c、d、e、f、g 7 个字母排成一列，现在要求 d 只能在 e 后面且在 b 前面，不同的排列方法有多少种？

解 首先将 7 个字母全排列，有 A_7^7 种排法，根据题干要求 b、d、e 三者之间的排序已经确定为 e、d、b，而它们三者间的全排列有 A_3^3 种排法，只能取这 6 种排法中的一种，因此，满足题干要求的排法共有 $\frac{A_7^7}{A_3^3}=\frac{7\times6\times5\times4\times3\times2\times1}{3\times2\times1}=840$ 种．

8. 线摊法

排列问题一般考察的是直线上的顺序问题，偶尔会遇到一些在环形上的顺序排列．直线上的顺序排列与环形上的顺序排列的区别是：直线上有前后和首尾之分，而环线上没有．具体区别如图 B-2 和图 B-3 所示．

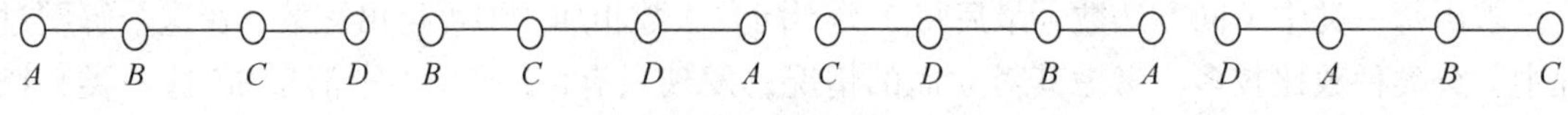

图 B-2

图 B-2 是 4 个不同的排列，虽然循环是 $A\to B\to C\to D\to A$，但若首字母不同则排列不同．

环形排列见图 B-3．

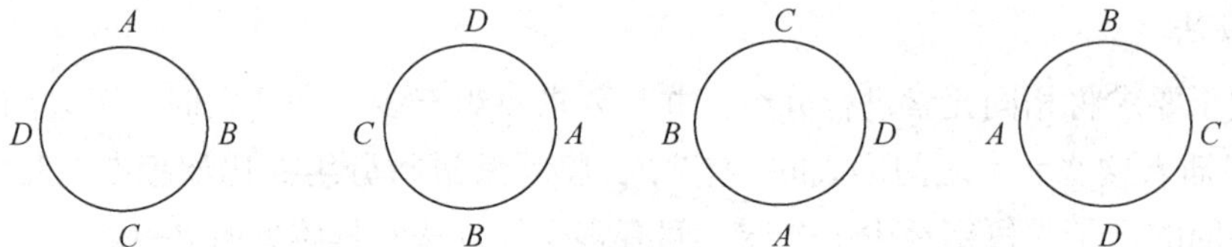

图 B-3

所以遇到环形上的排列问题时，只需将其中的一个元素列为队首，这样就可以把环形转变成线形问题，若求 n 个元素的环形排列方法数，则有 A_{n-1}^{n-1} 种．

例 11 某旅行团共 7 人去内蒙古游玩，夜晚 7 个人围绕篝火跳舞，不同的排序方法有多少种？

解 7 个人围着篝火跳舞属于环形排列，因此把其中一个人设为队首，则变成 6 个人的线形排列，所以不同的排法有 $A_6^6=720$ 种．

附录C　软件体验

一、随机数发生器(Excel 2016)

随机数发生器：应用 Excel 的随机数发生器进行随机实验的数值模拟.

模拟抛一枚均匀硬币，观察正反面的随机试验 . 用 0 代表反面，1 代表正面 . 15 次试验为一组，进行三组试验.

(1)在一新的工作表单元格 A1，A2，B1，B2 中分别输入“0”“1”“0. 5”“0. 5”如图 C-1 所示.

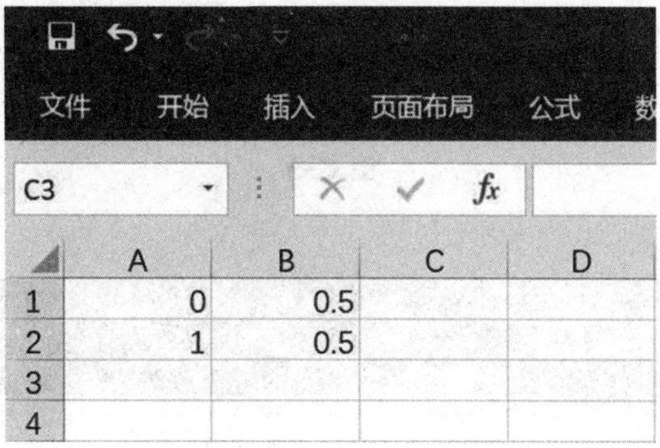

文件　开始　插入　页面布局　公式　数

C3　×　✓　fx

	A	B	C	D
1	0	0.5		
2	1	0.5		
3				
4				

图 C-1

(2)首先加载“分析工作库”，然后单击“数据”菜单中的“数据分析”选项，弹出“数据分析”对话框，在对话框中单击“随机数发生器”选项，然后单击“确定”按钮，如图 C-2 所示.

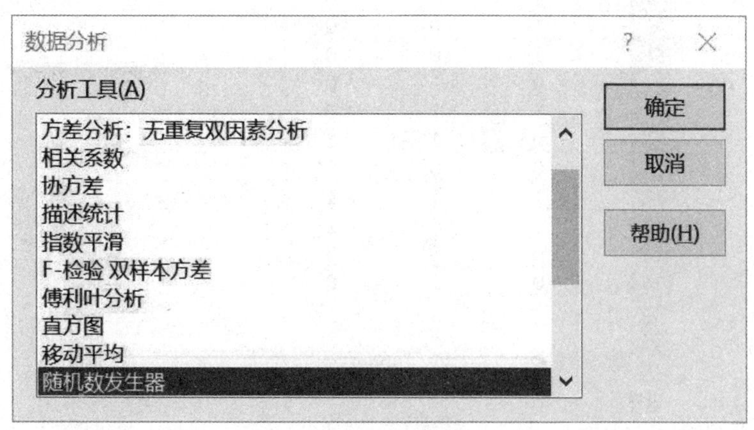

图 C-2

(3)在“随机数发生器”的对话框中，设置“变量个数”为“3”(实验组数)，“随机数个数”为“15”，“分布”为“离散”，“数值与概率输入区域”为“ $A $1：$B $2”(对应设定数值和概率的左上右下位置)，在“输出选项”栏选中“新工作表组”单选按钮，并命名为“离散分布数据”，如图 C-3 所示.

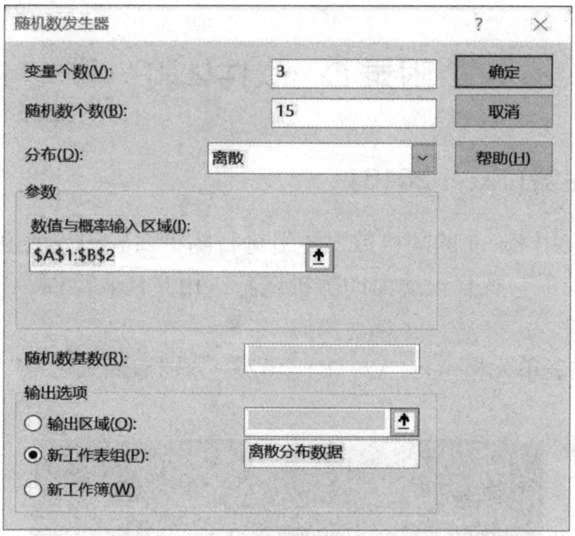

随机数发生器	
变量个数(V):	3
随机数个数(B):	15
分布(D):	离散
参数	
数值与概率输入区域(I):	$A$1:$B$2
随机数基数(R):	
输出选项	
○ 输出区域(O):	
◉ 新工作表组(P):	离散分布数据
○ 新工作簿(W)	

确定 取消 帮助(H)

图 C-3

得到图 C-4 所示结果.

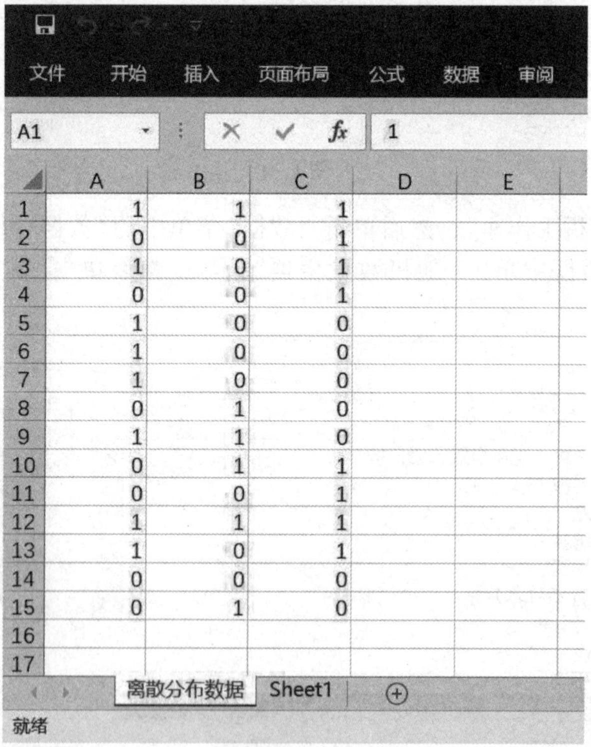

文件 开始 插入 页面布局 公式 数据 审阅

A1 1

	A	B	C	D	E
1	1	1	1		
2	0	0	1		
3	1	0	1		
4	0	0	1		
5	1	0	0		
6	1	0	0		
7	1	0	0		
8	0	1	0		
9	1	1	0		
10	0	1	1		
11	0	0	1		
12	1	1	1		
13	1	0	1		
14	0	0	0		
15	0	1	0		
16					
17					

离散分布数据 Sheet1

就绪

图 C-4

频率的稳定性 用 Excel 模拟抛一枚均匀硬币，观察正反面的试验，可用 0 代表反面，1 代表正面. 分别抛硬币 20 次，200 次，2 000 次，20 000 次，各进行 10 组试验，计算各组正面出现的频率，理解频率的随机波动性和当试验次数增加时，频率呈现的稳定性，这种稳定性是在概率意义下的.

利用概率计算　用蒙特卡罗方法计算圆周率 π.

蒙特卡罗模拟是依据概率估计圆周率的一种方法．假如在一个边长为 2 的正方形中有一个内切圆，现在向其分别扔 100、1 000、10 000 次飞镖．如果飞镖落在内切圆内的次数为 X，落在内切圆外的次数为 Y，那么内切圆的面积与正方形的面积之比可以近似为 $\frac{X}{X+Y}$，即近似为 $\frac{\pi}{4}$.

操作步骤：

(1) 在一新的工作表单元格 A1 内输入"=IF(SQRT((RAND(　　)*2-1)^2+(RAND(　　)*2-1)^2)<1，1，0)"；

(2) 选中单元格 A1 拖拽到 An，选中单元格 A(n+1)，输入"=SUM(A1：An)/n*4"可得 π 的近似值，其中 n=100，1 000，10 000.

二、二项分布与正态分布

二项分布律计算　利用 Excel 的 BINOMDIST 函数计算二项分布 $X \sim B(19, 0.2)$ 的分布律，并绘制分布律柱状图.

操作步骤：

(1) 选择一新工作表并命名为"二项分布"，在 A1 单元格里输入"0"，单击"开始"→"填充"→"序列"命令，在弹出的"序列"对话框中，设"序列产生在"为"列"，"类型"为"等差序列"，"步长值"为"1"，"终止值"为"19"，如图 C-5 所示．这样就可得到 0~19，步长为 1 的等差数列.

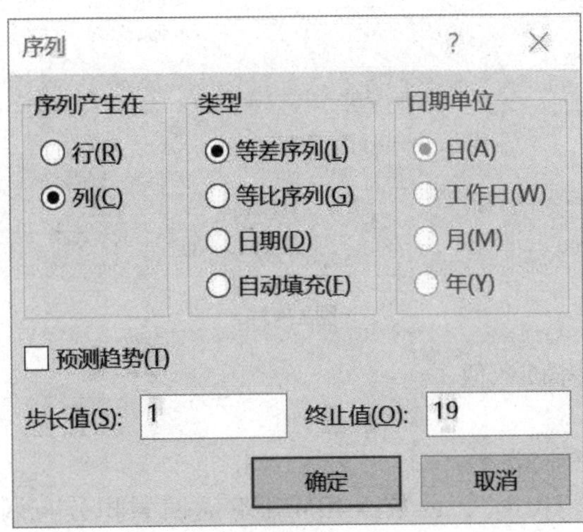

图 C-5

(2) 在 B1 单元格中输入"=BINOMDIST(A1，19，0.2，0)"，然后用填充柄填充 B2~B20 单元格.

(3) 选中数据 $B $1：$B $20，在"插入"菜单中单击"推荐的图表"选项，弹出"插入图表"对话框，选择"簇状柱形图"，然后单击"完成"按钮，得到图 C-6 所示柱状图.

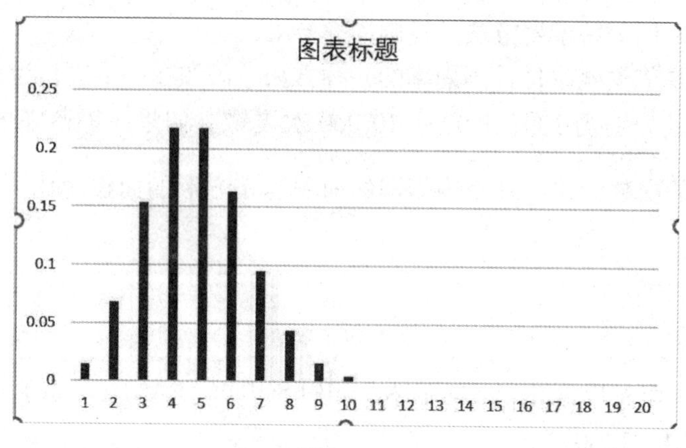

图 C-6

正态分布的概率计算 设随机变量 $X \sim N(2,\ 16)$. 求 $P\{1 \leqslant X \leqslant 3\}$.

操作步骤：

(1)选中要存放结果的单元格 A1，单击 f_x 图标，弹出“插入函数”对话框，选择“NORMDIST”函数，在弹出的“函数参数”对话框中依次输入参数“3”“2”“4”“TRUE”，如图 C-7 所示.

(2)单击“确定”按钮，Excel 计算的 $P\{X \leqslant 3\}$ 为 0. 598 706 326.

函数参数

NORM.DIST

X 3 = 3

Mean 2 = 2

Standard_dev 4 = 4

Cumulative TRUE = TRUE

= 0.598706326

返回正态分布函数值

X 用于计算正态分布函数值的区间点

计算结果 = 0.598706326

有关该函数的帮助(H)

确定 取消

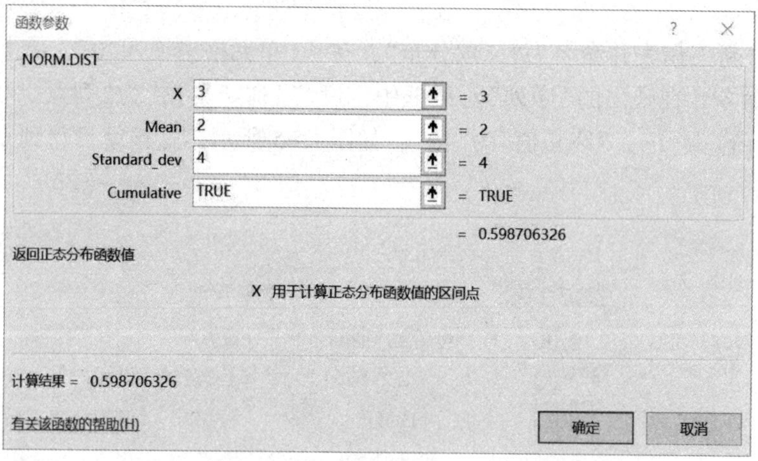

图 C-7

X：输入需要计算概率的数值.

Mean：分布的期望.

Standard_dev：分布的标准差.

Cumulative：如果为“TRUE”，函数 NORMDIST 返回累积分布函数；如果为“FALSE”，函数 NORMDIST 返回概率密度函数.

按上述操作用 Excel 算出 $P\{X \leqslant 1\}$ 为 0. 401 293 674，所以得出 $P\{1 \leqslant X \leqslant 3\}$ =0. 598 706 326-0. 401 293 674=0. 197 412 652.

三、抽样分布分位点

应用 Excel 中的公式，计算 $z_{0.15}$，$\chi^2_{0.025}(9)$，$t_{0.05}(8)$，$F_{0.025}(5,\ 8)$.

操作步骤：

(1)计算 $z_{0.15}$. 选择 A1 单元格，输入“=NORMSINV(0.85)”后按〈Enter〉键，得到1.036 433 389(也可以插入函数 NORM. S. INV，然后输入参数).

(2)计算$\chi^2_{0.025}(9)$. 选择 A2 单元格，输入“=CHIINV(0.025，9)”后按〈Enter〉键，得到19.022 767 8(也可以插入相应函数，然后输入参数).

(3)计算 $t_{0.05}(8)$. 选择 A3 单元格，输入“=TINV(0.1，8)”后按〈Enter〉键，得到1.859 548 038.

(4)计算 $F_{0.025}(5, 8)$. 选择 A4 单元格，输入“=FINV(0.025，5，8)”后按〈Enter〉键，得到4.817 275 555.

注：单个正态总体的区间估计和假设检验计算相对简单，用统计函数自行完成.

四、假设检验

两个等方差正态总体均值差的检验 为检验饮酒对某项工作完成时间的影响，任选 19 个人分成饮酒和未饮酒两组，让他们做同样的工作，记录完工时间(min)，结果如表 C-1 所示.

表 C-1

饮酒者	30	46	51	34	48	45	39	61	58	67
未饮酒者	28	22	55	45	39	35	42	38	20	—

检验饮酒是否影响完工时间(显著性水平 $\alpha=0.05$). 设两组工人完工时间分别来自总体 $X \sim N(\mu_1, \sigma^2)$，$Y \sim N(\mu_2, \sigma^2)$，$\mu_1$，$\mu_2$，$\sigma^2$ 均未知，两样本独立.

分析：本问题相当于检验：H_0：$\mu_1=\mu_2$；H_1：$\mu_1 \neq \mu_2$.

操作步骤：

(1)打开一个 Excel 工作表，将表格数据输入单元格 B1：K1 和 B2：J2 中，在 A1 中输入“变量 1”，在 B1 中输入“变量 2”；

(2)单击“数据”→“数据分析”→“t-检验：双样本等方差假设”→“确定”按钮；

(3)在弹出的对话框中输入变量 1 的范围 A1：J1 和变量 2 的范围 A2：I2，在“假设平均差”后的文本框中输入“0”，在“ $\alpha(A)$ ”后的文本框中输入“0.05”，然后单击“确定”按钮后弹出一个新的工作表，如图 C-8 所示.

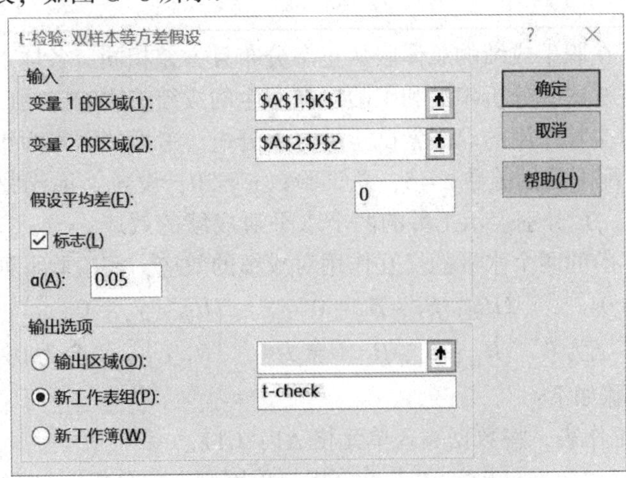

图 C-8

我们可以得到图 C-9 所示结论.

t-检验: 双样本等方差假设		
	变量1	变量2
平均	47.9	36
方差	139.2111	126
观测值	10	9
合并方差	132.9941	
假设平均差	0	
df	17	
t Stat	2.245821	
P(T<=t) 单尾	0.019149	
t 单尾临界	1.739607	
P(T<=t) 双尾	0.038299	
t 双尾临界	2.109816	

图 C-9

注：这是双边 t 检验问题，比较图中 t 统计量的观测值“t Stat”与“t 双尾临界值”. 现在 t 统计量的观测值 2. 245 821 大于 t 双尾临界值 2. 109 816，所以在显著性水平 0. 05 下接受备则假设：饮酒影响工作时间.

五、方差分析

对年龄、工龄两因素与学习成绩的关系进行重复有交叉试验. 取各因素的等级(水平)如下：

A_1：年龄不超过 25 岁；A_2：年龄超过 25 岁；

B_1：工龄不到 5 年；B_2：工龄至少 5 年. 具体数据如表 C-2 所示.

表 C-2

A	B	
	B_1	B_2
A_1	86 87 76 79 85	82 93 82 88 91
A_2	77 82 84 90 76	82 82 80 75 79

设各水平搭配下在职生成绩的总体服从正态分布且方差相同，各样本独立. 试用有交互作用的双因素方差分析法，分析年龄和工龄对在职生的成绩的影响问题($\alpha = 0.05$).

分析：本题考虑交互作用的双因素试验的方差分析. 考虑的因素为年龄和工龄，水平数 $p = q = 2$，各水平搭配下的试验数 $r = 5$，总试验数 $n = 20$，设 α_1，α_2 分别表示年龄的两个水平对成绩的效应，β_1，β_2 分别表示工龄的两个水平对成绩的效应，$\gamma_{ij}(i, j = 1, 2)$ 分别表示工龄的两个水平和年龄的两个水平的交互作用对成绩的效应，需检验下列假设：

$$\begin{cases} H_{01}: \alpha_1 = \alpha_2 = 0 \\ H_{11}: \alpha_1, \alpha_2 \text{ 不全为 } 0 \end{cases}; \quad \begin{cases} H_{02}: \beta_1 = \beta_2 = 0 \\ H_{12}: \beta_1, \beta_2 \text{ 不全为 } 0 \end{cases}; \quad \begin{cases} H_{03}: \gamma_{ij} = 0 \\ H_{13}: \gamma_{ij} \text{ 不全为 } 0 \end{cases}; \quad i, j = 1, 2.$$

用 Excel 求解步骤如下：

(1)打开 Excel 工作表，将数据输入单元格 A1：C11；

(2)单击“数据”→“数据分析”→“方差分析：单因素方差分析”→“确定”按钮；

(3)在弹出的对话框中输入变量的范围 A1：C11，在“每一行的样本行数”中输入“5”，

设定 $\alpha=0.05$，即可显示本题的方差分析表，如表 C-3 所示.

表 C-3

差异源	SS	df	MS	F	P-value	F crit
样本	88. 2	1	88. 2	3. 941 899	0. 064 512	4. 493 998
列	7. 2	1	7. 2	0. 321 788	0. 578 408	4. 493 998
交互	57. 8	1	57. 8	2. 583 24	0. 127 553	4. 493 998
内部	358	16	22. 375			
总计	511. 2	19				

结果分析：检验问题 H_{01} 的 F=3. 941 899，H_{02} 的 F=0. 321 788，H_{03} 的 F=2. 583 24，由于各个 F 均小于 F crit=4. 493 998，因此接受 H_{01}，H_{02}，H_{03}，认为年龄和工龄对学习成绩无影响；而年龄与工龄交互作用也不显著.

六、一元线性回归分析

炼铝厂测得所产铸模用的铝的硬度 X 与抗张强度 Y 的数据如表 C-4 所示.

表 C-4

铝的硬度 X	68	53	70	84	60	72	51	83	70	64
抗张强度 Y	288	293	349	343	290	354	283	324	340	286

(1) 画出散点图；

(2) 求 Y 对 X 的回归方程，并在显著水平 $\alpha=0.05$ 下检验回归方程的显著性；

(3) 试预测当铝的硬度 $X=65$ 时的抗张强度 Y.

打开 Excel 工作表，将 X 数据输入单元格 A1：A10，将 Y 数据输入单元格 B1：B10.

画散点图的步骤如下：

(1) 选中数据 A1：B10；

(2) 单击"插入"→"推荐的图表"→"XY 散点图"→"散点图"(第二个)→"确定"按钮. 显示出图 C-10 所示的散点图.

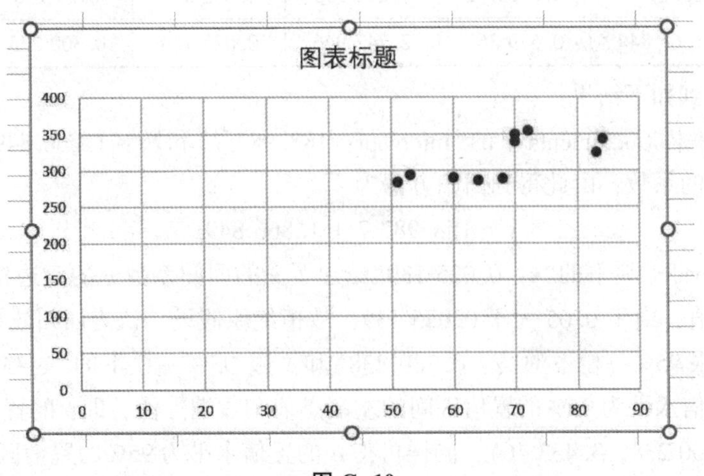

图 C-10

求 Y 对 X 的回归方程的步骤如下：

(1)单击“数据”→“数据分析”→“回归”→“确定”按钮；

(2)在弹出的对话框中的“Y 值输入区域”输入“ \$B \$1：\$B \$10”，“X 值输入区域”输入“ \$A \$1：\$A \$10”，设定“置信度”为“95%”，选中“新工作表组”单选按钮，单击“确定”按钮，如图 C-11 所示，即得到计算表格.

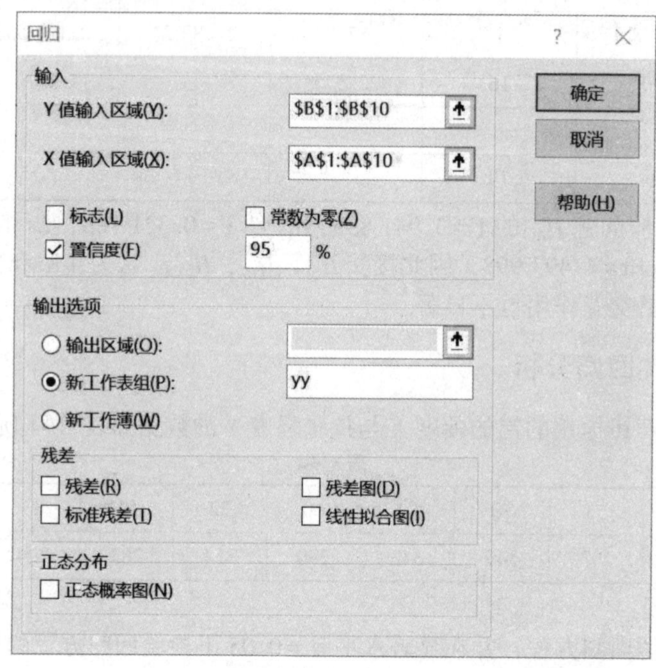

图 C-11

输出的表格共 3 张，最后一张表的信息最重要，如表 C-5 所示.

表 C-5

Coefficients		标准误差	t Stat	P-value	下限 95%	上限 95%
Intercept	188.987 7	46.405 42	4.072 535	0.003 571	81.976 6	295.998 8
x	1.866 849	0.679 362	2.747 946	0.025 139	0.300 238	3.433 46

从表中可得到如下结果：

(1)表中第一栏 Coefficients 下的“Intercept：188.987 7”和“x：1.866 849”分别是回归方程中常数项和 x 的系数，由此得到回归方程为

$$y = 188.9877 + 1.866849x$$

(2)表中 P-value 栏下的“x：0.025 139”给出了 x 的回归系数 b 的双边检验 H_0：$b = 0$，H_0：$b \neq 0$ 的 p 值，由于 0.05 大于 0.025 139，故拒绝原假设，认为回归效果是显著的.

(3)表中下限 95%一栏下的“x：0.300 238”和上限 95%一栏下的“x：3.433 46”分别为回归系数 b 的置信水平为 95%的置信区间的左端点值和右端点值，即 b 的置信水平为 95%的置信区间为(0.300 238，3.433 46)，同样可得 a 的置信水平为 95%的置信区间为(81.976 6，295.998 8).

利用 FORECAST 计算预测值，将计算结果放在单元格 A12 中：

在单元格 A12 中输入“=FORECAST(65，A1：A10，B1：B10)”，按〈Enter〉键，可以看到单元格 A12 中显示的值为 310.332 9，所以，当铝的硬度 $X=65$ 时，抗张强度 $Y=310.332\ 9$.

P-value 为 P 值：是由检验统计量的样本观察值得出的原假设可被拒绝的最小显著性水平. 如果 P 值很小，说明这种情况的发生的概率很小，而如果出现了，根据小概率原理，我们就有理由拒绝原假设，P 值越小，我们拒绝原假设的理由越充分.

附录D　常用分布表

表 D-1　泊松分布表

$$P\{X \leqslant x\} = \sum_{k=0}^{x} \frac{\lambda^k}{k!} e^{-\lambda}$$

x	λ							
	0. 1	0. 2	0. 3	0. 4	0. 5	0. 6	0. 7	0. 8
0	0. 904 837	0. 818 731	0. 740 818	0. 670 320	0. 606 531	0. 548 812	0. 496 585	0. 449 329
1	0. 995 321	0. 982 477	0. 963 064	0. 938 448	0. 909 796	0. 878 099	0. 844 195	0. 808 792
2	0. 999 845	0. 998 852	0. 996 401	0. 992 074	0. 985 612	0. 976 885	0. 965 858	0. 952 577
3	0. 999 996	0. 999 943	0. 999 734	0. 999 224	0. 998 248	0. 996 642	0. 994 247	0. 990 920
4	1. 000 000	0. 999 998	0. 999 984	0. 999 939	0. 999 828	0. 999 606	0. 999 214	0. 998 589
5		1. 000 000	0. 999 999	0. 999 996	0. 999 986	0. 999 961	0. 999 910	0. 999 816
6			1. 000 000	1. 000 000	0. 999 999	0. 999 997	0. 999 991	0. 999 979
7					1. 000 000	1. 000 000	0. 999 999	0. 999 998
8							1. 000 000	1. 000 000

x	λ							
	0. 9	1. 0	1. 5	2. 0	2. 5	3. 0	3. 5	4. 0
0	0. 406 570	0. 367 879	0. 223 130	0. 135 335	0. 082 085	0. 049 787	0. 030 197	0. 018 316
1	0. 772 482	0. 735 759	0. 557 825	0. 406 006	0. 287 297	0. 199 148	0. 135 888	0. 091 578
2	0. 937 143	0. 919 699	0. 808 847	0. 676 676	0. 543 813	0. 423 190	0. 320 847	0. 238 103
3	0. 986 541	0. 981 012	0. 934 358	0. 857 123	0. 757 576	0. 647 232	0. 536 633	0. 433 470
4	0. 997 656	0. 996 340	0. 981 424	0. 947 347	0. 891 178	0. 815 263	0. 725 445	0. 628 837
5	0. 999 657	0. 999 406	0. 995 544	0. 983 436	0. 957 979	0. 916 082	0. 857 614	0. 785 130
6	0. 999 957	0. 999 917	0. 999 074	0. 995 466	0. 985 813	0. 966 491	0. 934 712	0. 889 326
7	0. 999 995	0. 999 990	0. 999 830	0. 998 903	0. 995 753	0. 988 095	0. 973 261	0. 948 866
8	1. 000 000	0. 999 999	0. 999 972	0. 999 763	0. 998 860	0. 996 197	0. 990 126	0. 978 637
9		1. 000 000	0. 999 996	0. 999 954	0. 999 723	0. 998 898	0. 996 685	0. 991 868
10			0. 999 999	0. 999 992	0. 999 938	0. 999 708	0. 998 981	0. 997 160
11			1. 000 000	0. 999 999	0. 999 987	0. 999 929	0. 999 711	0. 999 085
12				1. 000 000	0. 999 998	0. 999 984	0. 999 924	0. 999 726
13					1. 000 000	0. 999 997	0. 999 981	0. 999 924
14						0. 999 999	0. 999 996	0. 999 980
15						1. 000 000	0. 999 999	0. 999 995

续表

x	λ							
	0.9	1.0	1.5	2.0	2.5	3.0	3.5	4.0
16							1.000 000	0.999 999
17								1.000 000

x	λ							
	4.5	5.0	5.5	6.0	6.5	7.0	7.5	8.0
0	0.011 109	0.006 738	0.004 087	0.002 479	0.001 503	0.000 912	0.000 553	0.000 335
1	0.061 099	0.040 428	0.026 564	0.017 351	0.011 276	0.007 295	0.004 701	0.003 019
2	0.173 578	0.124 652	0.088 376	0.061 969	0.043 036	0.029 636	0.020 257	0.013 754
3	0.342 296	0.265 026	0.201 699	0.151 204	0.111 850	0.081 765	0.059 145	0.042 380
4	0.532 104	0.440 493	0.357 518	0.285 057	0.223 672	0.172 992	0.132 062	0.099 632
5	0.702 930	0.615 961	0.528 919	0.445 680	0.369 041	0.300 708	0.241 436	0.191 236
6	0.831 051	0.762 183	0.686 036	0.606 303	0.526 524	0.449 711	0.378 155	0.313 374
7	0.913 414	0.866 628	0.809 485	0.743 980	0.672 758	0.598 714	0.524 639	0.452 961
8	0.959 743	0.931 906	0.894 357	0.847 237	0.791 573	0.729 091	0.661 967	0.592 547
9	0.982 907	0.968 172	0.946 223	0.916 076	0.877 384	0.830 496	0.776 408	0.716 624
10	0.993 331	0.986 305	0.974 749	0.957 379	0.933 161	0.901 479	0.862 238	0.815 886
11	0.997 596	0.994 547	0.989 012	0.979 908	0.966 120	0.946 650	0.920 759	0.888 076
12	0.999 195	0.997 981	0.995 549	0.991 173	0.983 973	0.973 000	0.957 334	0.936 203
13	0.999 748	0.999 302	0.998 315	0.996 372	0.992 900	0.987 189	0.978 435	0.965 819
14	0.999 926	0.999 774	0.999 401	0.998 600	0.997 044	0.994 283	0.989 740	0.982 743

x	λ							
	8.5	9.0	9.5	10	11	12	13	14
0	0.000 203	0.000 123	0.000 075	0.000 045	0.000 017	0.000 006	0.000 002	0.000 001
1	0.001 933	0.001 234	0.000 786	0.000 499	0.000 200	0.000 080	0.000 032	0.000 012
2	0.009 283	0.006 232	0.004 164	0.002 769	0.001 211	0.000 522	0.000 223	0.000 094
3	0.030 109	0.021 226	0.014 860	0.010 336	0.004 916	0.002 292	0.001 050	0.000 474
4	0.074 364	0.054 964	0.040 263	0.029 253	0.015 105	0.007 600	0.003 740	0.001 805
5	0.149 597	0.115 691	0.088 528	0.067 086	0.037 520	0.020 341	0.010 734	0.005 532
6	0.256 178	0.206 781	0.164 949	0.130 141	0.078 614	0.045 822	0.025 887	0.014 228
7	0.385 597	0.323 897	0.268 663	0.220 221	0.143 192	0.089 504	0.054 028	0.031 620
8	0.523 105	0.455 653	0.391 823	0.332 820	0.231 985	0.155 028	0.099 758	0.062 055
9	0.652 974	0.587 408	0.521 826	0.457 930	0.340 511	0.242 392	0.165 812	0.109 399

续表

x	λ							
	8.5	9.0	9.5	10	11	12	13	14
10	0.763 362	0.705 988	0.645 328	0.583 040	0.459 889	0.347 229	0.251 682	0.175 681
11	0.848 662	0.803 008	0.751 990	0.696 776	0.579 267	0.461 597	0.353 165	0.260 040
12	0.909 083	0.875 773	0.836 430	0.791 556	0.688 697	0.575 965	0.463 105	0.358 458
13	0.948 589	0.926 149	0.898 136	0.864 464	0.781 291	0.681 536	0.573 045	0.464 448
14	0.972 575	0.958 534	0.940 008	0.916 542	0.854 044	0.772 025	0.675 132	0.570 437
15	0.986 167	0.977 964	0.966 527	0.951 260	0.907 396	0.844 416	0.763 607	0.669 360
16	0.993 387	0.988 894	0.982 273	0.972 958	0.944 076	0.898 709	0.835 493	0.755 918
17	0.996 998	0.994 680	0.991 072	0.985 722	0.967 809	0.937 034	0.890 465	0.827 201
18	0.998 703	0.997 574	0.995 716	0.992 813	0.982 313	0.962 584	0.930 167	0.882 643
19	0.999 465	0.998 944	0.998 038	0.996 546	0.990 711	0.978 720	0.957 331	0.923 495
20	0.999 789	0.999 561	0.999 141	0.998 412	0.995 329	0.988 402	0.974 988	0.952 092
21	0.999 921	0.999 825	0.999 639	0.999 300	0.997 748	0.993 935	0.985 919	0.971 156

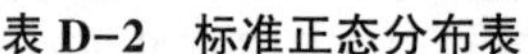

表 D-2 标准正态分布表

$$\Phi(x) = \int_{-\infty}^{x} \frac{1}{\sqrt{2\pi}} e^{-t^2/2} dt$$

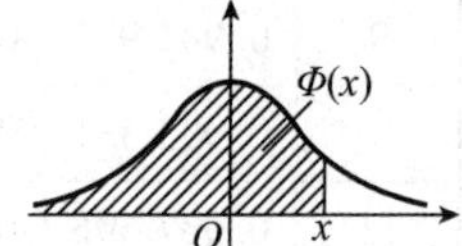

x	0	1	2	3	4	5	6	7	8	9
0.0	0.500 0	0.504 0	0.508 0	0.512 0	0.516 0	0.519 9	0.523 9	0.527 9	0.531 9	0.535 9
0.1	0.539 8	0.543 8	0.547 8	0.551 7	0.555 7	0.559 6	0.563 6	0.567 5	0.571 4	0.575 3
0.2	0.579 3	0.583 2	0.587 1	0.591 0	0.594 8	0.598 7	0.602 6	0.606 4	0.610 3	0.614 1
0.3	0.617 9	0.621 7	0.625 5	0.629 3	0.633 1	0.636 8	0.640 6	0.644 3	0.648 0	0.651 7
0.4	0.655 4	0.659 1	0.662 8	0.666 4	0.670 0	0.673 6	0.677 2	0.680 8	0.684 4	0.687 9
0.5	0.691 5	0.695 0	0.698 5	0.701 9	0.705 4	0.708 8	0.712 3	0.715 7	0.719 0	0.722 4
0.6	0.725 7	0.729 1	0.732 4	0.735 7	0.738 9	0.742 2	0.745 4	0.748 6	0.751 7	0.754 9
0.7	0.758 0	0.761 1	0.764 2	0.767 3	0.770 4	0.773 4	0.776 4	0.779 4	0.782 3	0.785 2
0.8	0.788 1	0.791 0	0.793 9	0.796 7	0.799 5	0.802 3	0.805 1	0.807 8	0.810 6	0.813 3
0.9	0.815 9	0.818 6	0.821 2	0.823 8	0.826 4	0.828 9	0.831 5	0.834 0	0.836 5	0.838 9
1.0	0.841 3	0.843 8	0.846 1	0.848 5	0.850 8	0.853 1	0.855 4	0.857 7	0.859 9	0.862 1
1.1	0.864 3	0.866 5	0.868 6	0.870 8	0.872 9	0.874 9	0.877 0	0.879 0	0.881 0	0.883 0
1.2	0.884 9	0.886 9	0.888 8	0.890 7	0.892 5	0.894 4	0.896 2	0.898 0	0.899 7	0.901 5
1.3	0.903 2	0.904 9	0.906 6	0.908 2	0.909 9	0.911 5	0.913 1	0.914 7	0.916 2	0.917 7

续表

x	0	1	2	3	4	5	6	7	8	9
1.4	0.919 2	0.920 7	0.922 2	0.923 6	0.925 1	0.926 5	0.927 9	0.929 2	0.930 6	0.931 9
1.5	0.933 2	0.934 5	0.935 7	0.937 0	0.938 2	0.939 4	0.940 6	0.941 8	0.942 9	0.944 1
1.6	0.945 2	0.946 3	0.947 4	0.948 4	0.949 5	0.950 5	0.951 5	0.952 5	0.953 5	0.954 5
1.7	0.955 4	0.956 4	0.957 3	0.958 2	0.959 1	0.959 9	0.960 8	0.961 6	0.962 5	0.963 3
1.8	0.964 1	0.964 9	0.965 6	0.966 4	0.967 1	0.967 8	0.968 6	0.969 3	0.969 9	0.970 6
1.9	0.971 3	0.971 9	0.972 6	0.973 2	0.973 8	0.974 4	0.975 0	0.975 6	0.976 1	0.976 7
2.0	0.977 2	0.977 8	0.978 3	0.978 8	0.979 3	0.979 8	0.980 3	0.980 8	0.981 2	0.981 7
2.1	0.982 1	0.982 6	0.983 0	0.983 4	0.983 8	0.984 2	0.984 6	0.985 0	0.985 4	0.985 7
2.2	0.986 1	0.986 4	0.986 8	0.987 1	0.987 5	0.987 8	0.988 1	0.988 4	0.988 7	0.989 0
2.3	0.989 3	0.989 6	0.989 8	0.990 1	0.990 4	0.990 6	0.990 9	0.991 1	0.991 3	0.991 6
2.4	0.991 8	0.992 0	0.992 2	0.992 5	0.992 7	0.992 9	0.993 1	0.993 2	0.993 4	0.993 6
2.5	0.993 8	0.994 0	0.994 1	0.994 3	0.994 5	0.994 6	0.994 8	0.994 9	0.995 1	0.995 2
2.6	0.995 3	0.995 5	0.995 6	0.995 7	0.995 9	0.996 0	0.996 1	0.996 2	0.996 3	0.996 4
2.7	0.996 5	0.996 6	0.996 7	0.996 8	0.996 9	0.997 0	0.997 1	0.997 2	0.997 3	0.997 4
2.8	0.997 4	0.997 5	0.997 6	0.997 7	0.997 7	0.997 8	0.997 9	0.997 9	0.998 0	0.998 1
2.9	0.998 1	0.998 2	0.998 2	0.998 3	0.998 4	0.998 4	0.998 5	0.998 5	0.998 6	0.998 6
3.0	0.998 7	0.999 0	0.999 3	0.999 5	0.999 7	0.999 8	0.999 8	0.999 9	0.999 9	1.000 0

注：表中末行系函数值 $\Phi(3.0)$，$\Phi(3.1)$，…，$\Phi(3.9)$.

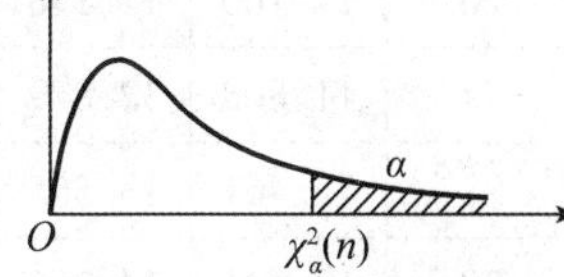

表 D-3 χ^2 分布表

$$P\{\chi^2(n) > \chi^2_\alpha(n)\} = \alpha$$

n	α									
	0.995	0.99	0.975	0.95	0.9	0.1	0.05	0.025	0.01	0.005
1	0.000	0.000	0.001	0.004	0.016	2.706	3.841	5.024	6.635	7.879
2	0.010	0.020	0.051	0.103	0.211	4.605	5.991	7.378	9.210	10.597
3	0.072	0.115	0.216	0.352	0.584	6.251	7.815	9.348	11.345	12.838
4	0.207	0.297	0.484	0.711	1.064	7.779	9.488	11.143	13.277	14.860
5	0.412	0.554	0.831	1.145	1.610	9.236	11.070	12.833	15.086	16.750
6	0.676	0.872	1.237	1.635	2.204	10.645	12.592	14.449	16.812	18.548
7	0.989	1.239	1.690	2.167	2.833	12.017	14.067	16.013	18.475	20.278
8	1.344	1.646	2.180	2.733	3.490	13.362	15.507	17.535	20.090	21.955
9	1.735	2.088	2.700	3.325	4.168	14.684	16.919	19.023	21.666	23.589

续表

n	α									
	0.995	0.99	0.975	0.95	0.9	0.1	0.05	0.025	0.01	0.005
10	2.156	2.558	3.247	3.940	4.865	15.987	18.307	20.483	23.209	25.188
11	2.603	3.053	3.816	4.575	5.578	17.275	19.675	21.920	24.725	26.757
12	3.074	3.571	4.404	5.226	6.304	18.549	21.026	23.337	26.217	28.300
13	3.565	4.107	5.009	5.892	7.042	19.812	22.362	24.736	27.688	29.819
14	4.075	4.660	5.629	6.571	7.790	21.064	23.685	26.119	29.141	31.319
15	4.601	5.229	6.262	7.261	8.547	22.307	24.996	27.488	30.578	32.801
16	5.142	5.812	6.908	7.962	9.312	23.542	26.296	28.845	32.000	34.267
17	5.697	6.408	7.564	8.672	10.085	24.769	27.587	30.191	33.409	35.718
18	6.265	7.015	8.231	9.390	10.865	25.989	28.869	31.526	34.805	37.156
19	6.844	7.633	8.907	10.117	11.651	27.204	30.144	32.852	36.191	38.582
20	7.434	8.260	9.591	10.851	12.443	28.412	31.410	34.170	37.566	39.997
21	8.034	8.897	10.283	11.591	13.240	29.615	32.671	35.479	38.932	41.401
22	8.643	9.542	10.982	12.338	14.041	30.813	33.924	36.781	40.289	42.796
23	9.260	10.196	11.689	13.091	14.848	32.007	35.172	38.076	41.638	44.181
24	9.886	10.856	12.401	13.848	15.659	33.196	36.415	39.364	42.980	45.559
25	10.520	11.524	13.120	14.611	16.473	34.382	37.652	40.646	44.314	46.928
26	11.160	12.198	13.844	15.379	17.292	35.563	38.885	41.923	45.642	48.290
27	11.808	12.879	14.573	16.151	18.114	36.741	40.113	43.195	46.963	49.645
28	12.461	13.565	15.308	16.928	18.939	37.916	41.337	44.461	48.278	50.993
29	13.121	14.256	16.047	17.708	19.768	39.087	42.557	45.722	49.588	52.336
30	13.787	14.953	16.791	18.493	20.599	40.256	43.773	46.979	50.892	53.672
31	14.458	15.655	17.539	19.281	21.434	41.422	44.985	48.232	52.191	55.003
32	15.134	16.362	18.291	20.072	22.271	42.585	46.194	49.480	53.486	56.328
33	15.815	17.074	19.047	20.867	23.110	43.745	47.400	50.725	54.776	57.648
34	16.501	17.789	19.806	21.664	23.952	44.903	48.602	51.966	56.061	58.964
35	17.192	18.509	20.569	22.465	24.797	46.059	49.802	53.203	57.342	60.275
36	17.887	19.233	21.336	23.269	25.643	47.212	50.998	54.437	58.619	61.581
37	18.586	19.960	22.106	24.075	26.492	48.363	52.192	55.668	59.893	62.883
38	19.289	20.691	22.878	24.884	27.343	49.513	53.384	56.896	61.162	64.181
39	19.996	21.426	23.654	25.695	28.196	50.660	54.572	58.120	62.428	65.476
40	20.707	22.164	24.433	26.509	29.051	51.805	55.758	59.342	63.691	66.766

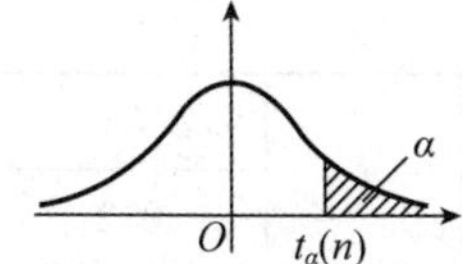

表 D-4 t 分布表

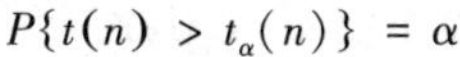

$$P\{t(n) > t_\alpha(n)\} = \alpha$$

n	α						
	0.2	0.15	0.1	0.05	0.025	0.01	0.005
1	1.376 4	1.962 6	3.077 7	6.313 8	12.706 2	31.820 5	63.656 7
2	1.060 7	1.386 2	1.885 6	2.920 0	4.302 7	6.964 6	9.924 8
3	0.978 5	1.249 8	1.637 7	2.353 4	3.182 4	4.540 7	5.840 9
4	0.941 0	1.189 6	1.533 2	2.131 8	2.776 4	3.746 9	4.604 1
5	0.919 5	1.155 8	1.475 9	2.015 0	2.570 6	3.364 9	4.032 1
6	0.905 7	1.134 2	1.439 8	1.943 2	2.446 9	3.142 7	3.707 4
7	0.896 0	1.119 2	1.414 9	1.894 6	2.364 6	2.998 0	3.499 5
8	0.888 9	1.108 1	1.396 8	1.859 5	2.306 0	2.896 5	3.355 4
9	0.883 4	1.099 7	1.383 0	1.833 1	2.262 2	2.821 4	3.249 8
10	0.879 1	1.093 1	1.372 2	1.812 5	2.228 1	2.763 8	3.169 3
11	0.875 5	1.087 7	1.363 4	1.795 9	2.201 0	2.718 1	3.105 8
12	0.872 6	1.083 2	1.356 2	1.782 3	2.178 8	2.681 0	3.054 5
13	0.870 2	1.079 5	1.350 2	1.770 9	2.160 4	2.650 3	3.012 3
14	0.868 1	1.076 3	1.345 0	1.761 3	2.144 8	2.624 5	2.976 8
15	0.866 2	1.073 5	1.340 6	1.753 1	2.131 4	2.602 5	2.946 7
16	0.864 7	1.071 1	1.336 8	1.745 9	2.119 9	2.583 5	2.920 8
17	0.863 3	1.069 0	1.333 4	1.739 6	2.109 8	2.566 9	2.898 2
18	0.862 0	1.067 2	1.330 4	1.734 1	2.100 9	2.552 4	2.878 4
19	0.861 0	1.065 5	1.327 7	1.729 1	2.093 0	2.539 5	2.860 9
20	0.860 0	1.064 0	1.325 3	1.724 7	2.086 0	2.528 0	2.845 3
21	0.859 1	1.062 7	1.323 2	1.720 7	2.079 6	2.517 6	2.831 4
22	0.858 3	1.061 4	1.321 2	1.717 1	2.073 9	2.508 3	2.818 8
23	0.857 5	1.060 3	1.319 5	1.713 9	2.068 7	2.499 9	2.807 3
24	0.856 9	1.059 3	1.317 8	1.710 9	2.063 9	2.492 2	2.796 9
25	0.856 2	1.058 4	1.316 3	1.708 1	2.059 5	2.485 1	2.787 4
26	0.855 7	1.057 5	1.315 0	1.705 6	2.055 5	2.478 6	2.778 7
27	0.855 1	1.056 7	1.313 7	1.703 3	2.051 8	2.472 7	2.770 7
28	0.854 6	1.056 0	1.312 5	1.701 1	2.048 4	2.467 1	2.763 3

续表

n	α						
	0.2	0.15	0.1	0.05	0.025	0.01	0.005
29	0.854 2	1.055 3	1.311 4	1.699 1	2.045 2	2.462 0	2.756 4
30	0.853 8	1.054 7	1.310 4	1.697 3	2.042 3	2.457 3	2.750 0
31	0.853 4	1.054 1	1.309 5	1.695 5	2.039 5	2.452 8	2.744 0
32	0.853 0	1.053 5	1.308 6	1.693 9	2.036 9	2.448 7	2.738 5
33	0.852 6	1.053 0	1.307 7	1.692 4	2.034 5	2.444 8	2.733 3
34	0.852 3	1.052 5	1.307 0	1.690 9	2.032 2	2.441 1	2.728 4
35	0.852 0	1.052 0	1.306 2	1.689 6	2.030 1	2.437 7	2.723 8
36	0.851 7	1.051 6	1.305 5	1.688 3	2.028 1	2.434 5	2.719 5
37	0.851 4	1.051 2	1.304 9	1.687 1	2.026 2	2.431 4	2.715 4
38	0.851 2	1.050 8	1.304 2	1.686 0	2.024 4	2.428 6	2.711 6
39	0.850 9	1.050 4	1.303 6	1.684 9	2.022 7	2.425 8	2.707 9
40	0.850 7	1.050 0	1.303 1	1.683 9	2.021 1	2.423 3	2.704 5
41	0.850 5	1.049 7	1.302 5	1.682 9	2.019 5	2.420 8	2.701 2
42	0.850 3	1.049 4	1.302 0	1.682 0	2.018 1	2.418 5	2.698 1
43	0.850 1	1.049 1	1.301 6	1.681 1	2.016 7	2.416 3	2.695 1
44	0.849 9	1.048 8	1.301 1	1.680 2	2.015 4	2.414 1	2.692 3
45	0.849 7	1.048 5	1.300 6	1.679 4	2.014 1	2.412 1	2.689 6

表 D-5　F 分布表

$$P\{F(n_1, n_2) > F_\alpha(n_1, n_2)\} = \alpha$$

$$(\alpha = 0.1)$$

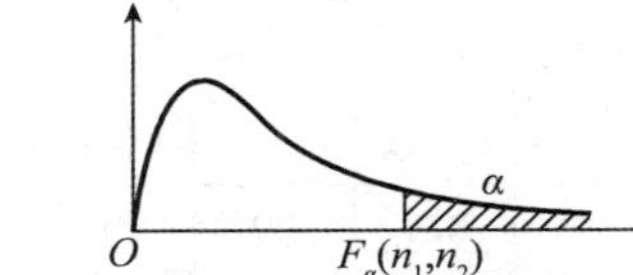

n_2	n_1																		
	1	2	3	4	5	6	7	8	9	10	12	15	20	24	30	40	60	120	∞
1	39.86	49.50	53.59	55.83	57.24	58.20	58.91	59.44	59.86	60.19	60.71	61.22	61.74	62.00	62.26	62.53	62.79	63.06	63.33
2	8.53	9.00	9.16	9.24	9.29	9.33	9.35	9.37	9.38	9.39	9.41	9.42	9.44	9.45	9.46	9.47	9.47	9.48	9.49
3	5.54	5.46	5.39	5.34	5.31	5.28	5.27	5.25	5.24	5.23	5.22	5.20	5.18	5.18	5.17	5.16	5.15	5.14	5.13
4	4.54	4.32	4.19	4.11	4.05	4.01	3.98	3.95	3.94	3.92	3.90	3.87	3.84	3.83	3.82	3.80	3.79	3.78	3.76
5	4.06	3.78	3.62	3.52	3.45	3.40	3.37	3.34	3.32	3.30	3.27	3.24	3.21	3.19	3.17	3.16	3.14	3.12	3.10
6	3.78	3.46	3.29	3.18	3.11	3.05	3.01	2.98	2.96	2.94	2.90	2.87	2.84	2.82	2.80	2.78	2.76	2.74	2.72
7	3.59	3.26	3.07	2.96	2.88	2.83	2.78	2.75	2.72	2.70	2.67	2.63	2.59	2.58	2.56	2.54	2.51	2.49	2.47
8	3.46	3.11	2.92	2.81	2.73	2.67	2.62	2.59	2.56	2.54	2.50	2.46	2.42	2.40	2.38	2.36	2.34	2.32	2.29
9	3.36	3.01	2.81	2.69	2.61	2.55	2.51	2.47	2.44	2.42	2.38	2.34	2.30	2.28	2.25	2.23	2.21	2.18	2.16
10	3.29	2.92	2.73	2.61	2.52	2.46	2.41	2.38	2.35	2.32	2.28	2.24	2.20	2.18	2.16	2.13	2.11	2.08	2.06
11	3.23	2.86	2.66	2.54	2.45	2.39	2.34	2.30	2.27	2.25	2.21	2.17	2.12	2.10	2.08	2.05	2.03	2.00	1.97
12	3.18	2.81	2.61	2.48	2.39	2.33	2.28	2.24	2.21	2.19	2.15	2.10	2.06	2.04	2.01	1.99	1.96	1.93	1.90
13	3.14	2.76	2.56	2.43	2.35	2.28	2.23	2.20	2.16	2.14	2.10	2.05	2.01	1.98	1.96	1.93	1.90	1.88	1.85
14	3.10	2.73	2.52	2.39	2.31	2.24	2.19	2.15	2.12	2.10	2.05	2.01	1.96	1.94	1.91	1.89	1.86	1.83	1.80
15	3.07	2.70	2.49	2.36	2.27	2.21	2.16	2.12	2.09	2.06	2.02	1.97	1.92	1.90	1.87	1.85	1.82	1.79	1.76
16	3.05	2.67	2.46	2.33	2.24	2.18	2.13	2.09	2.06	2.03	1.99	1.94	1.89	1.87	1.84	1.81	1.78	1.75	1.72
17	3.03	2.64	2.44	2.31	2.22	2.15	2.10	2.06	2.03	2.00	1.96	1.91	1.86	1.84	1.81	1.78	1.75	1.72	1.69
18	3.01	2.62	2.42	2.29	2.20	2.13	2.08	2.04	2.00	1.98	1.93	1.89	1.84	1.81	1.78	1.75	1.72	1.69	1.66

续表

n_2	n_1																		
	1	2	3	4	5	6	7	8	9	10	12	15	20	24	30	40	60	120	∞
19	2.99	2.61	2.40	2.27	2.18	2.11	2.06	2.02	1.98	1.96	1.91	1.86	1.81	1.79	1.76	1.73	1.70	1.67	1.63
20	2.97	2.59	2.38	2.25	2.16	2.09	2.04	2.00	1.96	1.94	1.89	1.84	1.79	1.77	1.74	1.71	1.68	1.64	1.61
21	2.96	2.57	2.36	2.23	2.14	2.08	2.02	1.98	1.95	1.92	1.87	1.83	1.78	1.75	1.72	1.69	1.66	1.62	1.59
22	2.95	2.56	2.35	2.22	2.13	2.06	2.01	1.97	1.93	1.90	1.86	1.81	1.76	1.73	1.70	1.67	1.64	1.60	1.57
23	2.94	2.55	2.34	2.21	2.11	2.05	1.99	1.95	1.92	1.89	1.84	1.80	1.74	1.72	1.69	1.66	1.62	1.59	1.55
24	2.93	2.54	2.33	2.19	2.10	2.04	1.98	1.94	1.91	1.88	1.83	1.78	1.73	1.70	1.67	1.64	1.61	1.57	1.53
25	2.92	2.53	2.32	2.18	2.09	2.02	1.97	1.93	1.89	1.87	1.82	1.77	1.72	1.69	1.66	1.63	1.59	1.56	1.52
26	2.91	2.52	2.31	2.17	2.08	2.01	1.96	1.92	1.88	1.86	1.81	1.76	1.71	1.68	1.65	1.61	1.58	1.54	1.50
27	2.90	2.51	2.30	2.17	2.07	2.00	1.95	1.91	1.87	1.85	1.80	1.75	1.70	1.67	1.64	1.60	1.57	1.53	1.49
28	2.89	2.50	2.29	2.16	2.06	2.00	1.94	1.90	1.87	1.84	1.79	1.74	1.69	1.66	1.63	1.59	1.56	1.52	1.48
29	2.89	2.50	2.28	2.15	2.06	1.99	1.93	1.89	1.86	1.83	1.78	1.73	1.68	1.65	1.62	1.58	1.55	1.51	1.47
30	2.88	2.49	2.28	2.14	2.05	1.98	1.93	1.88	1.85	1.82	1.77	1.72	1.67	1.64	1.61	1.57	1.54	1.50	1.46
40	2.84	2.44	2.23	2.09	2.00	1.93	1.87	1.83	1.79	1.76	1.71	1.66	1.61	1.57	1.54	1.51	1.47	1.42	1.38
60	2.79	2.39	2.18	2.04	1.95	1.87	1.82	1.77	1.74	1.71	1.66	1.60	1.54	1.51	1.48	1.44	1.40	1.35	1.29
120	2.75	2.35	2.13	1.99	1.90	1.82	1.77	1.72	1.68	1.65	1.60	1.55	1.48	1.45	1.41	1.37	1.32	1.26	1.19
∞	2.71	2.30	2.08	1.94	1.85	1.77	1.72	1.67	1.63	1.60	1.55	1.49	1.42	1.38	1.34	1.30	1.24	1.17	1.00

($\alpha = 0.05$)

n_2	n_1																		
	1	2	3	4	5	6	7	8	9	10	12	15	20	24	30	40	60	120	∞
1	161.5	199.5	215.7	224.6	230.2	234.0	236.8	238.9	240.5	241.9	243.9	246.0	248.0	249.1	250.1	251.1	252.2	253.3	254.3
2	18.51	19.00	19.16	19.25	19.30	19.33	19.35	19.37	19.38	19.40	19.41	19.43	19.45	19.45	19.46	19.47	19.48	19.49	19.50

续表

n_2	n_1																		
	1	2	3	4	5	6	7	8	9	10	12	15	20	24	30	40	60	120	∞
3	10. 13	9. 55	9. 28	9. 12	9. 01	8. 94	8. 89	8. 85	8. 81	8. 79	8. 74	8. 70	8. 66	8. 64	8. 62	8. 59	8. 57	8. 55	8. 53
4	7. 71	6. 94	6. 59	6. 39	6. 26	6. 16	6. 09	6. 04	6. 00	5. 96	5. 91	5. 86	5. 80	5. 77	5. 75	5. 72	5. 69	5. 66	5. 63
5	6. 61	5. 79	5. 41	5. 19	5. 05	4. 95	4. 88	4. 82	4. 77	4. 74	4. 68	4. 62	4. 56	4. 53	4. 50	4. 46	4. 43	4. 40	4. 36
6	5. 99	5. 14	4. 76	4. 53	4. 39	4. 28	4. 21	4. 15	4. 10	4. 06	4. 00	3. 94	3. 87	3. 84	3. 81	3. 77	3. 74	3. 70	3. 67
7	5. 59	4. 74	4. 35	4. 12	3. 97	3. 87	3. 79	3. 73	3. 68	3. 64	3. 57	3. 51	3. 44	3. 41	3. 38	3. 34	3. 30	3. 27	3. 23
8	5. 32	4. 46	4. 07	3. 84	3. 69	3. 58	3. 50	3. 44	3. 39	3. 35	3. 28	3. 22	3. 15	3. 12	3. 08	3. 04	3. 01	2. 97	2. 93
9	5. 12	4. 26	3. 86	3. 63	3. 48	3. 37	3. 29	3. 23	3. 18	3. 14	3. 07	3. 01	2. 94	2. 90	2. 86	2. 83	2. 79	2. 75	2. 71
10	4. 96	4. 10	3. 71	3. 48	3. 33	3. 22	3. 14	3. 07	3. 02	2. 98	2. 91	2. 85	2. 77	2. 74	2. 70	2. 66	2. 62	2. 58	2. 54
11	4. 84	3. 98	3. 59	3. 36	3. 20	3. 09	3. 01	2. 95	2. 90	2. 85	2. 79	2. 72	2. 65	2. 61	2. 57	2. 53	2. 49	2. 45	2. 40
12	4. 75	3. 89	3. 49	3. 26	3. 11	3. 00	2. 91	2. 85	2. 80	2. 75	2. 69	2. 62	2. 54	2. 51	2. 47	2. 43	2. 38	2. 34	2. 30
13	4. 67	3. 81	3. 41	3. 18	3. 03	2. 92	2. 83	2. 77	2. 71	2. 67	2. 60	2. 53	2. 46	2. 42	2. 38	2. 34	2. 30	2. 25	2. 21
14	4. 60	3. 74	3. 34	3. 11	2. 96	2. 85	2. 76	2. 70	2. 65	2. 60	2. 53	2. 46	2. 39	2. 35	2. 31	2. 27	2. 22	2. 18	2. 13
15	4. 54	3. 68	3. 29	3. 06	2. 90	2. 79	2. 71	2. 64	2. 59	2. 54	2. 48	2. 40	2. 33	2. 29	2. 25	2. 20	2. 16	2. 11	2. 07
16	4. 49	3. 63	3. 24	3. 01	2. 85	2. 74	2. 66	2. 59	2. 54	2. 49	2. 42	2. 35	2. 28	2. 24	2. 19	2. 15	2. 11	2. 06	2. 01
17	4. 45	3. 59	3. 20	2. 96	2. 81	2. 70	2. 61	2. 55	2. 49	2. 45	2. 38	2. 31	2. 23	2. 19	2. 15	2. 10	2. 06	2. 01	1. 96
18	4. 41	3. 55	3. 16	2. 93	2. 77	2. 66	2. 58	2. 51	2. 46	2. 41	2. 34	2. 27	2. 19	2. 15	2. 11	2. 06	2. 02	1. 97	1. 92
19	4. 38	3. 52	3. 13	2. 90	2. 74	2. 63	2. 54	2. 48	2. 42	2. 38	2. 31	2. 23	2. 16	2. 11	2. 07	2. 03	1. 98	1. 93	1. 88
20	4. 35	3. 49	3. 10	2. 87	2. 71	2. 60	2. 51	2. 45	2. 39	2. 35	2. 28	2. 20	2. 12	2. 08	2. 04	1. 99	1. 95	1. 90	1. 84
21	4. 32	3. 47	3. 07	2. 84	2. 68	2. 57	2. 49	2. 42	2. 37	2. 32	2. 25	2. 18	2. 10	2. 05	2. 01	1. 96	1. 92	1. 87	1. 81
22	4. 30	3. 44	3. 05	2. 82	2. 66	2. 55	2. 46	2. 40	2. 34	2. 30	2. 23	2. 15	2. 07	2. 03	1. 98	1. 94	1. 89	1. 84	1. 78
23	4. 28	3. 42	3. 03	2. 80	2. 64	2. 53	2. 44	2. 37	2. 32	2. 27	2. 20	2. 13	2. 05	2. 01	1. 96	1. 91	1. 86	1. 81	1. 76

续表

n_2	n_1																		
	1	2	3	4	5	6	7	8	9	10	12	15	20	24	30	40	60	120	∞
24	4. 26	3. 40	3. 01	2. 78	2. 62	2. 51	2. 42	2. 36	2. 30	2. 25	2. 18	2. 11	2. 03	1. 98	1. 94	1. 89	1. 84	1. 79	1. 73
25	4. 24	3. 39	2. 99	2. 76	2. 60	2. 49	2. 40	2. 34	2. 28	2. 24	2. 16	2. 09	2. 01	1. 96	1. 92	1. 87	1. 82	1. 77	1. 71
26	4. 23	3. 37	2. 98	2. 74	2. 59	2. 47	2. 39	2. 32	2. 27	2. 22	2. 15	2. 07	1. 99	1. 95	1. 90	1. 85	1. 80	1. 75	1. 69
27	4. 21	3. 35	2. 96	2. 73	2. 57	2. 46	2. 37	2. 31	2. 25	2. 20	2. 13	2. 06	1. 97	1. 93	1. 88	1. 84	1. 79	1. 73	1. 67
28	4. 20	3. 34	2. 95	2. 71	2. 56	2. 45	2. 36	2. 29	2. 24	2. 19	2. 12	2. 04	1. 96	1. 91	1. 87	1. 82	1. 77	1. 71	1. 65
29	4. 18	3. 33	2. 93	2. 70	2. 55	2. 43	2. 35	2. 28	2. 22	2. 18	2. 10	2. 03	1. 94	1. 90	1. 85	1. 81	1. 75	1. 70	1. 64
30	4. 17	3. 32	2. 92	2. 69	2. 53	2. 42	2. 33	2. 27	2. 21	2. 16	2. 09	2. 01	1. 93	1. 89	1. 84	1. 79	1. 74	1. 68	1. 62
40	4. 08	3. 23	2. 84	2. 61	2. 45	2. 34	2. 25	2. 18	2. 12	2. 08	2. 00	1. 92	1. 84	1. 79	1. 74	1. 69	1. 64	1. 58	1. 51
60	4. 00	3. 15	2. 76	2. 53	2. 37	2. 25	2. 17	2. 10	2. 04	1. 99	1. 92	1. 84	1. 75	1. 70	1. 65	1. 59	1. 53	1. 47	1. 39
120	3. 92	3. 07	2. 68	2. 45	2. 29	2. 18	2. 09	2. 02	1. 96	1. 91	1. 83	1. 75	1. 66	1. 61	1. 55	1. 50	1. 43	1. 35	1. 25
∞	3. 84	3. 00	2. 60	2. 37	2. 21	2. 10	2. 01	1. 94	1. 88	1. 83	1. 75	1. 67	1. 57	1. 52	1. 46	1. 39	1. 32	1. 22	1. 00

($\alpha = 0.025$)

n_2	n_1																		
	1	2	3	4	5	6	7	8	9	10	12	15	20	24	30	40	60	120	∞
1	647. 8	799. 5	864. 2	899. 6	921. 9	937. 1	948. 2	956. 7	963. 3	968. 6	976. 7	984. 9	993. 1	997. 3	1 001. 4	1 005. 6	1 009. 8	1 014. 0	1 018. 3
2	38. 51	39. 00	39. 17	39. 25	39. 30	39. 33	39. 36	39. 37	39. 39	39. 40	39. 41	39. 43	39. 45	39. 46	39. 46	39. 47	39. 48	39. 49	39. 50
3	17. 44	16. 04	15. 44	15. 10	14. 88	14. 73	14. 62	14. 54	14. 47	14. 42	14. 34	14. 25	14. 17	14. 12	14. 08	14. 04	13. 99	13. 95	13. 90
4	12. 22	10. 65	9. 98	9. 60	9. 36	9. 20	9. 07	8. 98	8. 90	8. 84	8. 75	8. 66	8. 56	8. 51	8. 46	8. 41	8. 36	8. 31	8. 26
5	10. 01	8. 43	7. 76	7. 39	7. 15	6. 98	6. 85	6. 76	6. 68	6. 62	6. 52	6. 43	6. 33	6. 28	6. 23	6. 18	6. 12	6. 07	6. 02
6	8. 81	7. 26	6. 60	6. 23	5. 99	5. 82	5. 70	5. 60	5. 52	5. 46	5. 37	5. 27	5. 17	5. 12	5. 07	5. 01	4. 96	4. 90	4. 85
7	8. 07	6. 54	5. 89	5. 52	5. 29	5. 12	4. 99	4. 90	4. 82	4. 76	4. 67	4. 57	4. 47	4. 41	4. 36	4. 31	4. 25	4. 20	4. 14

续表

n_2	n_1																		
	1	2	3	4	5	6	7	8	9	10	12	15	20	24	30	40	60	120	∞
8	7.57	6.06	5.42	5.05	4.82	4.65	4.53	4.43	4.36	4.30	4.20	4.10	4.00	3.95	3.89	3.84	3.78	3.73	3.67
9	7.21	5.71	5.08	4.72	4.48	4.32	4.20	4.10	4.03	3.96	3.87	3.77	3.67	3.61	3.56	3.51	3.45	3.39	3.33
10	6.94	5.46	4.83	4.47	4.24	4.07	3.95	3.85	3.78	3.72	3.62	3.52	3.42	3.37	3.31	3.26	3.20	3.14	3.08
11	6.72	5.26	4.63	4.28	4.04	3.88	3.76	3.66	3.59	3.53	3.43	3.33	3.23	3.17	3.12	3.06	3.00	2.94	2.88
12	6.55	5.10	4.47	4.12	3.89	3.73	3.61	3.51	3.44	3.37	3.28	3.18	3.07	3.02	2.96	2.91	2.85	2.79	2.72
13	6.41	4.97	4.35	4.00	3.77	3.60	3.48	3.39	3.31	3.25	3.15	3.05	2.95	2.89	2.84	2.78	2.72	2.66	2.60
14	6.30	4.86	4.24	3.89	3.66	3.50	3.38	3.29	3.21	3.15	3.05	2.95	2.84	2.79	2.73	2.67	2.61	2.55	2.49
15	6.20	4.77	4.15	3.80	3.58	3.41	3.29	3.20	3.12	3.06	2.96	2.86	2.76	2.70	2.64	2.59	2.52	2.46	2.40
16	6.12	4.69	4.08	3.73	3.50	3.34	3.22	3.12	3.05	2.99	2.89	2.79	2.68	2.63	2.57	2.51	2.45	2.38	2.32
17	6.04	4.62	4.01	3.66	3.44	3.28	3.16	3.06	2.98	2.92	2.82	2.72	2.62	2.56	2.50	2.44	2.38	2.32	2.25
18	5.98	4.56	3.95	3.61	3.38	3.22	3.10	3.01	2.93	2.87	2.77	2.67	2.56	2.50	2.44	2.38	2.32	2.26	2.19
19	5.92	4.51	3.90	3.56	3.33	3.17	3.05	2.96	2.88	2.82	2.72	2.62	2.51	2.45	2.39	2.33	2.27	2.20	2.13
20	5.87	4.46	3.86	3.51	3.29	3.13	3.01	2.91	2.84	2.77	2.68	2.57	2.46	2.41	2.35	2.29	2.22	2.16	2.09
21	5.83	4.42	3.82	3.48	3.25	3.09	2.97	2.87	2.80	2.73	2.64	2.53	2.42	2.37	2.31	2.25	2.18	2.11	2.04
22	5.79	4.38	3.78	3.44	3.22	3.05	2.93	2.84	2.76	2.70	2.60	2.50	2.39	2.33	2.27	2.21	2.14	2.08	2.00
23	5.75	4.35	3.75	3.41	3.18	3.02	2.90	2.81	2.73	2.67	2.57	2.47	2.36	2.30	2.24	2.18	2.11	2.04	1.97
24	5.72	4.32	3.72	3.38	3.15	2.99	2.87	2.78	2.70	2.64	2.54	2.44	2.33	2.27	2.21	2.15	2.08	2.01	1.94
25	5.69	4.29	3.69	3.35	3.13	2.97	2.85	2.75	2.68	2.61	2.51	2.41	2.30	2.24	2.18	2.12	2.05	1.98	1.91
26	5.66	4.27	3.67	3.33	3.10	2.94	2.82	2.73	2.65	2.59	2.49	2.39	2.28	2.22	2.16	2.09	2.03	1.95	1.88
27	5.63	4.24	3.65	3.31	3.08	2.92	2.80	2.71	2.63	2.57	2.47	2.36	2.25	2.19	2.13	2.07	2.00	1.93	1.85
28	5.61	4.22	3.63	3.29	3.06	2.90	2.78	2.69	2.61	2.55	2.45	2.34	2.23	2.17	2.11	2.05	1.98	1.91	1.83

续表

n_2	n_1																		
	1	2	3	4	5	6	7	8	9	10	12	15	20	24	30	40	60	120	∞
29	5.59	4.20	3.61	3.27	3.04	2.88	2.76	2.67	2.59	2.53	2.43	2.32	2.21	2.15	2.09	2.03	1.96	1.89	1.81
30	5.57	4.18	3.59	3.25	3.03	2.87	2.75	2.65	2.57	2.51	2.41	2.31	2.20	2.14	2.07	2.01	1.94	1.87	1.79
40	5.42	4.05	3.46	3.13	2.90	2.74	2.62	2.53	2.45	2.39	2.29	2.18	2.07	2.01	1.94	1.88	1.80	1.72	1.64
60	5.29	3.93	3.34	3.01	2.79	2.63	2.51	2.41	2.33	2.27	2.17	2.06	1.94	1.88	1.82	1.74	1.67	1.58	1.48
120	5.15	3.80	3.23	2.89	2.67	2.52	2.39	2.30	2.22	2.16	2.05	1.94	1.82	1.76	1.69	1.61	1.53	1.43	1.31
∞	5.02	3.69	3.12	2.79	2.57	2.41	2.29	2.19	2.11	2.05	1.94	1.83	1.71	1.64	1.57	1.48	1.39	1.27	1.00

$(\alpha = 0.01)$

n_2	n_1																		
	1	2	3	4	5	6	7	8	9	10	12	15	20	24	30	40	60	120	∞
1	4 052	5 000	5 403	5 625	5 764	5 859	5 928	5 981	6 022	6 056	6 106	6 157	6 209	6 235	6 261	6 287	6 313	6 339	6 366
2	98.50	99.00	99.17	99.25	99.30	99.33	99.36	99.37	99.39	99.40	99.42	99.43	99.45	99.46	99.47	99.47	99.48	99.49	99.50
3	34.12	30.82	29.46	28.71	28.24	27.91	27.67	27.49	27.35	27.23	27.05	26.87	26.69	26.60	26.50	26.41	26.32	26.22	26.13
4	21.20	18.00	16.69	15.98	15.52	15.21	14.98	14.80	14.66	14.55	14.37	14.20	14.02	13.93	13.84	13.75	13.65	13.56	13.46
5	16.26	13.27	12.06	11.39	10.97	10.67	10.46	10.29	10.16	10.05	9.89	9.72	9.55	9.47	9.38	9.29	9.20	9.11	9.02
6	13.75	10.92	9.78	9.15	8.75	8.47	8.26	8.10	7.98	7.87	7.72	7.56	7.40	7.31	7.23	7.14	7.06	6.97	6.88
7	12.25	9.55	8.45	7.85	7.46	7.19	6.99	6.84	6.72	6.62	6.47	6.31	6.16	6.07	5.99	5.91	5.82	5.74	5.65
8	11.26	8.65	7.59	7.01	6.63	6.37	6.18	6.03	5.91	5.81	5.67	5.52	5.36	5.28	5.20	5.12	5.03	4.95	4.86
9	10.56	8.02	6.99	6.42	6.06	5.80	5.61	5.47	5.35	5.26	5.11	4.96	4.81	4.73	4.65	4.57	4.48	4.40	4.31
10	10.04	7.56	6.55	5.99	5.64	5.39	5.20	5.06	4.94	4.85	4.71	4.56	4.41	4.33	4.25	4.17	4.08	4.00	3.91
11	9.65	7.21	6.22	5.67	5.32	5.07	4.89	4.74	4.63	4.54	4.40	4.25	4.10	4.02	3.94	3.86	3.78	3.69	3.60

续表

n_2	n_1																		
	1	2	3	4	5	6	7	8	9	10	12	15	20	24	30	40	60	120	∞
12	9. 33	6. 93	5. 95	5. 41	5. 06	4. 82	4. 64	4. 50	4. 39	4. 30	4. 16	4. 01	3. 86	3. 78	3. 70	3. 62	3. 54	3. 45	3. 36
13	9. 07	6. 70	5. 74	5. 21	4. 86	4. 62	4. 44	4. 30	4. 19	4. 10	3. 96	3. 82	3. 66	3. 59	3. 51	3. 43	3. 34	3. 25	3. 17
14	8. 86	6. 51	5. 56	5. 04	4. 69	4. 46	4. 28	4. 14	4. 03	3. 94	3. 80	3. 66	3. 51	3. 43	3. 35	3. 27	3. 18	3. 09	3. 00
15	8. 68	6. 36	5. 42	4. 89	4. 56	4. 32	4. 14	4. 00	3. 89	3. 80	3. 67	3. 52	3. 37	3. 29	3. 21	3. 13	3. 05	2. 96	2. 87
16	8. 53	6. 23	5. 29	4. 77	4. 44	4. 20	4. 03	3. 89	3. 78	3. 69	3. 55	3. 41	3. 26	3. 18	3. 10	3. 02	2. 93	2. 84	2. 75
17	8. 40	6. 11	5. 18	4. 67	4. 34	4. 10	3. 93	3. 79	3. 68	3. 59	3. 46	3. 31	3. 16	3. 08	3. 00	2. 92	2. 83	2. 75	2. 65
18	8. 29	6. 01	5. 09	4. 58	4. 25	4. 01	3. 84	3. 71	3. 60	3. 51	3. 37	3. 23	3. 08	3. 00	2. 92	2. 84	2. 75	2. 66	2. 57
19	8. 18	5. 93	5. 01	4. 50	4. 17	3. 94	3. 77	3. 63	3. 52	3. 43	3. 30	3. 15	3. 00	2. 92	2. 84	2. 76	2. 67	2. 58	2. 49
20	8. 10	5. 85	4. 94	4. 43	4. 10	3. 87	3. 70	3. 56	3. 46	3. 37	3. 23	3. 09	2. 94	2. 86	2. 78	2. 69	2. 61	2. 52	2. 42
21	8. 02	5. 78	4. 87	4. 37	4. 04	3. 81	3. 64	3. 51	3. 40	3. 31	3. 17	3. 03	2. 88	2. 80	2. 72	2. 64	2. 55	2. 46	2. 36
22	7. 95	5. 72	4. 82	4. 31	3. 99	3. 76	3. 59	3. 45	3. 35	3. 26	3. 12	2. 98	2. 83	2. 75	2. 67	2. 58	2. 50	2. 40	2. 31
23	7. 88	5. 66	4. 76	4. 26	3. 94	3. 71	3. 54	3. 41	3. 30	3. 21	3. 07	2. 93	2. 78	2. 70	2. 62	2. 54	2. 45	2. 35	2. 26
24	7. 82	5. 61	4. 72	4. 22	3. 90	3. 67	3. 50	3. 36	3. 26	3. 17	3. 03	2. 89	2. 74	2. 66	2. 58	2. 49	2. 40	2. 31	2. 21
25	7. 77	5. 57	4. 68	4. 18	3. 85	3. 63	3. 46	3. 32	3. 22	3. 13	2. 99	2. 85	2. 70	2. 62	2. 54	2. 45	2. 36	2. 27	2. 17
26	7. 72	5. 53	4. 64	4. 14	3. 82	3. 59	3. 42	3. 29	3. 18	3. 09	2. 96	2. 81	2. 66	2. 58	2. 50	2. 42	2. 33	2. 23	2. 13
27	7. 68	5. 49	4. 60	4. 11	3. 78	3. 56	3. 39	3. 26	3. 15	3. 06	2. 93	2. 78	2. 63	2. 55	2. 47	2. 38	2. 29	2. 20	2. 10
28	7. 64	5. 45	4. 57	4. 07	3. 75	3. 53	3. 36	3. 23	3. 12	3. 03	2. 90	2. 75	2. 60	2. 52	2. 44	2. 35	2. 26	2. 17	2. 06
29	7. 60	5. 42	4. 54	4. 04	3. 73	3. 50	3. 33	3. 20	3. 09	3. 00	2. 87	2. 73	2. 57	2. 49	2. 41	2. 33	2. 23	2. 14	2. 03
30	7. 56	5. 39	4. 51	4. 02	3. 70	3. 47	3. 30	3. 17	3. 07	2. 98	2. 84	2. 70	2. 55	2. 47	2. 39	2. 30	2. 21	2. 11	2. 01
40	7. 31	5. 18	4. 31	3. 83	3. 51	3. 29	3. 12	2. 99	2. 89	2. 80	2. 66	2. 52	2. 37	2. 29	2. 20	2. 11	2. 02	1. 92	1. 80
60	7. 08	4. 98	4. 13	3. 65	3. 34	3. 12	2. 95	2. 82	2. 72	2. 63	2. 50	2. 35	2. 20	2. 12	2. 03	1. 94	1. 84	1. 73	1. 60

续表

n_2	n_1																		
	1	2	3	4	5	6	7	8	9	10	12	15	20	24	30	40	60	120	∞
120	6.85	4.79	3.95	3.48	3.17	2.96	2.79	2.66	2.56	2.47	2.34	2.19	2.03	1.95	1.86	1.76	1.66	1.53	1.38
∞	6.63	4.61	3.78	3.32	3.02	2.80	2.64	2.51	2.41	2.32	2.18	2.04	1.88	1.79	1.70	1.59	1.47	1.32	1.00

($\alpha = 0.005$)

n_2	n_1																		
	1	2	3	4	5	6	7	8	9	10	12	15	20	24	30	40	60	120	∞
1	16 211	20 000	21 615	22 500	23 056	23 437	23 715	23 925	24 091	24 224	24 426	24 630	24 836	24 940	25 044	25 148	25 253	25 359	25 464
2	198.5	199.0	199.2	199.3	199.3	199.3	199.4	199.4	199.4	199.4	199.4	199.4	199.5	199.5	199.5	199.5	199.5	199.5	199.5
3	55.55	49.80	47.47	46.19	45.39	44.84	44.43	44.13	43.88	43.69	43.39	43.08	42.78	42.62	42.47	42.31	42.15	41.99	41.83
4	31.33	26.28	24.26	23.15	22.46	21.97	21.62	21.35	21.14	20.97	20.70	20.44	20.17	20.03	19.89	19.75	19.61	19.47	19.32
5	22.78	18.31	16.53	15.56	14.94	14.51	14.20	13.96	13.77	13.62	13.38	13.15	12.90	12.78	12.66	12.53	12.40	12.27	12.14
6	18.63	14.54	12.92	12.03	11.46	11.07	10.79	10.57	10.39	10.25	10.03	9.81	9.59	9.47	9.36	9.24	9.12	9.00	8.88
7	16.24	12.40	10.88	10.05	9.52	9.16	8.89	8.68	8.51	8.38	8.18	7.97	7.75	7.64	7.53	7.42	7.31	7.19	7.08
8	14.69	11.04	9.60	8.81	8.30	7.95	7.69	7.50	7.34	7.21	7.01	6.81	6.61	6.50	6.40	6.29	6.18	6.06	5.95
9	13.61	10.11	8.72	7.96	7.47	7.13	6.88	6.69	6.54	6.42	6.23	6.03	5.83	5.73	5.62	5.52	5.41	5.30	5.19
10	12.83	9.43	8.08	7.34	6.87	6.54	6.30	6.12	5.97	5.85	5.66	5.47	5.27	5.17	5.07	4.97	4.86	4.75	4.64
11	12.23	8.91	7.60	6.88	6.42	6.10	5.86	5.68	5.54	5.42	5.24	5.05	4.86	4.76	4.65	4.55	4.45	4.34	4.23
12	11.75	8.51	7.23	6.52	6.07	5.76	5.52	5.35	5.20	5.09	4.91	4.72	4.53	4.43	4.33	4.23	4.12	4.01	3.90
13	11.37	8.19	6.93	6.23	5.79	5.48	5.25	5.08	4.94	4.82	4.64	4.46	4.27	4.17	4.07	3.97	3.87	3.76	3.65
14	11.06	7.92	6.68	6.00	5.56	5.26	5.03	4.86	4.72	4.60	4.43	4.25	4.06	3.96	3.86	3.76	3.66	3.55	3.44
15	10.80	7.70	6.48	5.80	5.37	5.07	4.85	4.67	4.54	4.42	4.25	4.07	3.88	3.79	3.69	3.58	3.48	3.37	3.26

续表

n_2	n_1																		
	1	2	3	4	5	6	7	8	9	10	12	15	20	24	30	40	60	120	∞
16	10.58	7.51	6.30	5.64	5.21	4.91	4.69	4.52	4.38	4.27	4.10	3.92	3.73	3.64	3.54	3.44	3.33	3.22	3.11
17	10.38	7.35	6.16	5.50	5.07	4.78	4.56	4.39	4.25	4.14	3.97	3.79	3.61	3.51	3.41	3.31	3.21	3.10	2.98
18	10.22	7.21	6.03	5.37	4.96	4.66	4.44	4.28	4.14	4.03	3.86	3.68	3.50	3.40	3.30	3.20	3.10	2.99	2.87
19	10.07	7.09	5.92	5.27	4.85	4.56	4.34	4.18	4.04	3.93	3.76	3.59	3.40	3.31	3.21	3.11	3.00	2.89	2.78
20	9.94	6.99	5.82	5.17	4.76	4.47	4.26	4.09	3.96	3.85	3.68	3.50	3.32	3.22	3.12	3.02	2.92	2.81	2.69
21	9.83	6.89	5.73	5.09	4.68	4.39	4.18	4.01	3.88	3.77	3.60	3.43	3.24	3.15	3.05	2.95	2.84	2.73	2.61
22	9.73	6.81	5.65	5.02	4.61	4.32	4.11	3.94	3.81	3.70	3.54	3.36	3.18	3.08	2.98	2.88	2.77	2.66	2.55
23	9.63	6.73	5.58	4.95	4.54	4.26	4.05	3.88	3.75	3.64	3.47	3.30	3.12	3.02	2.92	2.82	2.71	2.60	2.48
24	9.55	6.66	5.52	4.89	4.49	4.20	3.99	3.83	3.69	3.59	3.42	3.25	3.06	2.97	2.87	2.77	2.66	2.55	2.43
25	9.48	6.60	5.46	4.84	4.43	4.15	3.94	3.78	3.64	3.54	3.37	3.20	3.01	2.92	2.82	2.72	2.61	2.50	2.38
26	9.41	6.54	5.41	4.79	4.38	4.10	3.89	3.73	3.60	3.49	3.33	3.15	2.97	2.87	2.77	2.67	2.56	2.45	2.33
27	9.34	6.49	5.36	4.74	4.34	4.06	3.85	3.69	3.56	3.45	3.28	3.11	2.93	2.83	2.73	2.63	2.52	2.41	2.29
28	9.28	6.44	5.32	4.70	4.30	4.02	3.81	3.65	3.52	3.41	3.25	3.07	2.89	2.79	2.69	2.59	2.48	2.37	2.25
29	9.23	6.40	5.28	4.66	4.26	3.98	3.77	3.61	3.48	3.38	3.21	3.04	2.86	2.76	2.66	2.56	2.45	2.33	2.21
30	9.18	6.35	5.24	4.62	4.23	3.95	3.74	3.58	3.45	3.34	3.18	3.01	2.82	2.73	2.63	2.52	2.42	2.30	2.18
40	8.83	6.07	4.98	4.37	3.99	3.71	3.51	3.35	3.22	3.12	2.95	2.78	2.60	2.50	2.40	2.30	2.18	2.06	1.93
60	8.49	5.79	4.73	4.14	3.76	3.49	3.29	3.13	3.01	2.90	2.74	2.57	2.39	2.29	2.19	2.08	1.96	1.83	1.69
120	8.18	5.54	4.50	3.92	3.55	3.28	3.09	2.93	2.81	2.71	2.54	2.37	2.19	2.09	1.98	1.87	1.75	1.61	1.43
∞	7.88	5.30	4.28	3.72	3.35	3.09	2.90	2.74	2.62	2.52	2.36	2.19	2.00	1.90	1.79	1.67	1.53	1.36	1.00

注：附表 1~附表 5 中所有数据均是利用 MATLAB 数值计算生成的 .

习题答案

第1章

1-1 (1) $\Omega=\left\{\dfrac{\sum\limits_{i=1}^{n}x_i}{n}\right\}$，其中 n 表示班级人数，x_i 表示第 i 位同学的成绩.

(2)略.

(3) $\Omega=\{10, 11, 12, \cdots\}$.

(4) $\Omega=\{(x, y) \mid 0<x<1, 0<y<1\}$.

(5) $\Omega=\{00, 100, 010, 0101, 0110, 1100, 1010, 1011, 0111, 1101, 1110, 1111\}$，其中0表示次品，1表示正品.

1-2 0.15，0.5，0.1，0.5.

1-3 0.7.

1-4 $\dfrac{5}{8}$.

1-5 $P(\bar{A}\,\bar{B}\,\bar{C})=P(\overline{A\cup B\cup C})=1-P(A\cup B\cup C)=\dfrac{3}{8}$.

1-6 0.76.

1-7 0.5.

1-8 $\dfrac{5}{8}$.

1-9 0.7.

1-10 0.3，0.5.

1-11 $P(\bar{A}\,\bar{B})=\dfrac{1}{9}=P(\bar{A})P(\bar{B})$，$P(A\bar{B})=P(\bar{A}B)$，因为事件 A、B 相互独立，设 $P(\bar{A})=x$，$P(\bar{B})=\dfrac{1}{9x}$，由 $P(A\bar{B})=P(\bar{A}B)\Rightarrow P(A)P(\bar{B})=P(\bar{A})P(B)\Rightarrow(1-x)\cdot\dfrac{1}{9x}=x\cdot\left(1-\dfrac{1}{9x}\right)$，$x=\dfrac{1}{3}$，故 $P(A)=\dfrac{2}{3}$.

1-12 (1)0.88；(2)0.06；(3)0.03；(4)0.05；(5)0.09；(6)0.99.

1-13 0.25.

1-14 $P(A)=\dfrac{C_8^5}{C_{10}^5}=\dfrac{2}{9}$，$P(B)=\dfrac{C_8^3}{C_{10}^5}=\dfrac{2}{9}$，$P(C)=\dfrac{C_1^1C_6^4}{C_{10}^5}=\dfrac{5}{84}$，$P(D)=\dfrac{C_4^2C_6^3}{C_{10}^5}=\dfrac{10}{21}$，$P(E)=\dfrac{C_6^4C_4^1}{C_{10}^5}=\dfrac{5}{21}$.

1-15　$P(A)=\dfrac{C_{300}^{90}C_{900}^{110}}{C_{1\,200}^{200}}$，$P(B)=1-\dfrac{C_{900}^{200}}{C_{1\,200}^{200}}-\dfrac{C_{300}^{1}C_{900}^{199}}{C_{1\,200}^{200}}$.

1-16　这是古典概型问题，设 A 表示这 n 个人中至少有两个人的生日相同，则 $\overline{A}$ 表示这 n 个人的生日各不相同，事件 $\overline{A}$ 等同于事件"将 n 个小球随机地放入 365 个盒中，每个盒中至多有一个球"，所以 $P(\overline{A})=\dfrac{A_{365}^{n}}{365^{n}}$，因而可以采用间接法，利用对立事件的概率公式，于是这 n 个人中至少有两个人的生日相同的概率为 $P(A)=1-P(\overline{A})=1-\dfrac{A_{365}^{n}}{365^{n}}$.

下表给出了 $n=10$，20，23，30，40，50，100 时，至少两人生日相同的概率.

n	10	20	23	30	40	50	100
$P(A)$	0.12	0.41	0.51	0.71	0.89	0.97	0.999 999 7

从表中结果可以看出，当 n 取到 50 时，至少两人生日相同的概率高达 97%，这一点可能出乎许多人的意料，所以时常发生推断错误，可见直觉不可靠.

1-17　A 表示取到的两个球都是白球，B 表示至少取得一个白球.

放回式抽样：

$$P(A)=\frac{3\times 3}{5\times 5}=\frac{9}{25},\ P(B)=\frac{3\times 3+2\times 3\times 2}{5\times 5}=\frac{21}{25}\text{ 或 }P(B)=1-\frac{2\times 2}{5\times 5}=\frac{21}{25}$$

不放回抽样：

$$P(A)=\frac{3\times 2}{5\times 4}=\frac{3}{10},\ P(B)=\frac{3\times 2+2\times 3\times 2}{5\times 4}=\frac{9}{10}\text{ 或 }P(B)=1-\frac{2\times 1}{5\times 4}=\frac{9}{10}$$

1-18　A 表示仅后两件是次品，B 表示有两件次品，则

$$P(A)=\frac{A_{75}^{2}A_{25}^{2}}{A_{100}^{4}}=\frac{5\,550}{156\,849}=0.035\,4,\ P(B)=\frac{C_{4}^{2}A_{75}^{2}A_{25}^{2}}{A_{100}^{4}}=\frac{C_{75}^{2}C_{25}^{2}}{C_{100}^{4}}=0.212\,3$$

1-19　$\dfrac{n+1-n}{n+1}=\dfrac{1}{n+1}$.

1-20　$\dfrac{60-40}{100}\cdot\dfrac{30-10}{40}=\dfrac{1}{10}$.

1-21　$\dfrac{1}{2}$，$\dfrac{1}{4}$.

1-22　$\dfrac{1}{3}$.

1-23　(1) A_k 表示第 $k(1\leqslant k\leqslant 4)$ 次才打开大门，B 表示在 3 次内打开大门.

由于 A_k 表示第 $k(1\leqslant k\leqslant 4)$ 次才打开大门，因此前 $(k-1)$ 次没有打开大门，记此事件为 B_k，由有限不放回抽样与 B_k 和顺序无关，可知 $P(B_k)=\dfrac{C_{6-3}^{k-1}}{C_{6}^{k-1}}$，再由乘法公式知，第 k 次打开大门的概率为 $P(A_k)=P(B_kA_k)=P(B_k)P(A_k\mid B_k)$，又因为在前 $(k-1)$ 次没有打开大

门的条件下，第 k 次才打开大门的条件概率为 $P(A_k \mid B_k)=\dfrac{C_3^1}{C_{6-k+1}^1}=\dfrac{3}{7-k}$，故 $P(A_k)=\dfrac{C_3^{k-1}}{C_6^{k-1}}\cdot\dfrac{3}{7-k}=\dfrac{(6-k)!}{40(4-k)!}$，$k=1, 2, 3, 4$.

即 $P(A_1)=\dfrac{1}{2}$，$P(A_2)=\dfrac{3}{10}$，$P(A_3)=\dfrac{3}{20}$，$P(A_4)=\dfrac{1}{20}$.

(2) B 表示在 3 次内打开大门，包含在第 1 次打开，第 2 次才打开和第 3 次才打开，故 $B=\bigcup\limits_{k=1}^{3} B_kA_k$，又因为 B_1，B_2，B_3 是两两互不相容事件，由全概率公式可得

$$P(B)=P(\sum_{k=1}^{3} B_kA_k)=\sum_{k=1}^{3} P(B_k)P(A_k \mid B_k)=\frac{1}{2}+\frac{3}{10}+\frac{3}{20}=\frac{19}{20}$$

1-24　A_i 表示第 i 次取得一等品，$i=1, 2, 3$，则

(1) $P(A_1A_2A_3)=P(A_1)P(A_2 \mid A_1)P(A_3 \mid A_1A_2)=\dfrac{7}{10}\cdot\dfrac{6}{9}\cdot\dfrac{5}{8}=\dfrac{7}{24}$;

$$(2)\ P(A_1 \cup A_2 \cup A_3)=1-P(\overline{A_1 \cup A_2 \cup A_3})=1-P(\overline{A_1})P(\overline{A_2} \mid \overline{A_1})P(\overline{A_3} \mid \overline{A_1}\,\overline{A_2})$$
$$=1-\frac{3}{10}\times\frac{2}{9}\times\frac{1}{8}=\frac{119}{120}$$

1-25　设 A_i 表示该产品是第 i 个车间生产的，$i=1, 2, 3, 4$；B 表示从该厂的产品中任取一件恰好取到次品．于是第 i 个车间所负责任的大小为条件概率 $P(A_i \mid B)$，$i=1, 2, 3, 4$，由贝叶斯公式得

$$P(A_i \mid B)=\frac{P(A_i)P(B \mid A_i)}{\sum\limits_{j=1}^{4} P(A_j)P(B \mid A_j)},\ i=1, 2, 3, 4$$

$P(A_1)=0.15$，$P(A_2)=0.2$，$P(A_3)=0.3$，$P(A_4)=0.35$，$P(B \mid A_1)=0.05$，$P(B \mid A_2)=0.04$，$P(B \mid A_3)=0.03$，$P(B \mid A_4)=0.02$，于是

$$P(B)=\sum_{j=1}^{4} P(A_i)P(B \mid A_j)=0.031\,5$$

$$P(A_1 \mid B)=\frac{P(A_1B)}{P(B)}=\frac{0.15\times 0.05}{0.031\,5}=0.238$$

$$P(A_2 \mid B)=\frac{P(A_2B)}{P(B)}=\frac{0.2\times 0.04}{0.031\,5}=0.254$$

$$P(A_3 \mid B)=\frac{P(A_3B)}{P(B)}=\frac{0.3\times 0.03}{0.031\,5}=0.286$$

$$P(A_4 \mid B)=\frac{P(A_4B)}{P(B)}=\frac{0.35\times 0.02}{0.031\,5}=0.222$$

1-26　设 B 表示该人患有该病，A 表示该人诊断患有该病，则所求概率为 $P(B \mid A)$，由贝叶斯公式得

$$P(B \mid A)=\frac{P(B)P(A \mid B)}{P(B)P(A \mid B)+P(\overline{B})P(A \mid \overline{B})}$$

这里 $P(B)=0.001$，$P(A\mid B)=0.95$，$P(\overline{B})=0.999$，$P(A\mid\overline{B})=0.002$，所以 $P(B\mid A)=0.32225$.

1-27 设 A 表示取出检测的 3 件中至少 1 件不合格；A_i 表示被检测的 3 件中有 i 件不合格，$i=0,1,2$；B 表示接收该批产品. A_0，A_1，A_2 两两互不相容，且 $A=A_1+A_2$，由有限不放回抽样与 A_i 和顺序无关，知 $P(A_i)=\dfrac{C_2^iC_{98}^{3-i}}{C_{100}^3}$，$i=0,1,2$，从而取出检测的 3 件中至少有 1 件不合格的概率为

第一种解法：$P(A)=\sum\limits_{i=1}^{2}P(A_i)=\sum\limits_{i=1}^{2}\dfrac{C_2^iC_{98}^{3-i}}{C_{100}^3}=\dfrac{49}{825}$；

第二种解法：因 $\overline{A}=A_0$，由逆事件的概率公式，知 $P(A)=1-P(\overline{A})=1-P(A_0)=1-\dfrac{C_2^0C_{98}^{3-0}}{C_{100}^3}=\dfrac{49}{825}$；由全概率公式求 $P(B)$，$P(B)=\sum\limits_{i=0}^{2}P(A_i)P(B\mid A_i)$，所以 $P(B)=\sum\limits_{i=0}^{2}\dfrac{C_2^iC_{98}^{3-i}}{C_{100}^3}(0.05)^i(0.99)^{3-i}=0.9156$.

1-28 $\dfrac{1}{3}$.

1-29 0.75.

1-30 设 A_i 表示第 i 个人破译出此密码，$i=1,2,3$，由加法公式和独立性得所求概率为

$$P(A_1\cup A_2\cup A_3)=1-P(\overline{A_1\cup A_2\cup A_3})=1-P(\overline{A_1}\,\overline{A_2}\,\overline{A_3})=1-P(\overline{A_1})P(\overline{A_2})P(\overline{A_3})$$
$$=1-\frac{2}{3}\cdot\frac{3}{4}\cdot\frac{4}{5}=\frac{3}{5}$$

或者

$$\begin{aligned}P(A_1\cup A_2\cup A_3)&=P(A_1)+P(A_2)+P(A_3)-P(A_1A_2)-P(A_2A_3)-P(A_1A_3)\\&=\frac{1}{3}+\frac{1}{4}+\frac{1}{5}-P(A_1)P(A_2)-P(A_2)P(A_3)-P(A_1)P(A_3)+\\&\quad P(A_1)P(A_2)P(A_3)\\&=\frac{1}{3}+\frac{1}{4}+\frac{1}{5}-\frac{1}{3}\cdot\frac{1}{4}-\frac{1}{4}\cdot\frac{1}{5}-\frac{1}{3}\cdot\frac{1}{5}+\frac{1}{3}\cdot\frac{1}{4}\cdot\frac{1}{5}=\frac{3}{5}\end{aligned}$$

1-31 设 A_i 表示第 i 个人的血清中含有该病毒，$i=1,2,3,\cdots,100$，且 A_i 相互独立，则 100 人中只要有一个人的血清中含有该病毒，混合血清中就有该病毒，所以所求概率为

$$P\left(\bigcup_{i=1}^{100}A_i\right)=1-P\left(\overline{\bigcup_{i=1}^{100}A_i}\right)=1-P\left(\bigcap_{i=1}^{100}\overline{A_i}\right)=1-\prod_{i=1}^{100}P(\overline{A_i})=1-(1-0.004)^{100}=0.3302$$

1-32 设 A_i 表示第 i 个原件正常工作，$i=1,2,3,4,5$，A 表示系统正常工作，于是

$$A=A_1A_2\cup A_3A_4\cup A_1A_5A_4\cup A_3A_5A_2$$
$$P(A)=P(A_1A_2\cup A_3A_4\cup A_1A_5A_4\cup A_3A_5A_2)$$
$$=2p^2+2p^3-5p^4+2p^5$$

第2章

2-1

X	3	4	5
P	$\frac{1}{10}$	$\frac{3}{10}$	$\frac{6}{10}$

2-2

X	0	1	2
P	$\frac{22}{35}$	$\frac{12}{35}$	$\frac{1}{35}$

2-3

X	0	1	2	3	4
P	$\frac{1}{2}$	$\frac{1}{4}$	$\frac{1}{8}$	$\frac{1}{16}$	$\frac{1}{16}$

2-4 (1)1/70;

(2)$P=C_{10}^{3}\left(\frac{1}{70}\right)^{3}\left(\frac{69}{70}\right)^{7}=\frac{3}{10\,000}$，此概率太小，按实际推断原理，认为他确有区分能力.

2-5 $C_{20}^{k}\cdot 0.2^{k}\cdot 0.8^{2-k}$.

2-6 约等于0.997 2.

2-7 (1)0.072 9；(2)0.008 56；(3)0.999 54；(4)0.409 51.

2-8 约为0.862 2.

2-9 一等品率约为0.557 8；二等品率约为0.423 6；三等品率约为0.018 6.

2-10 $$F(x)=\begin{cases}0, & x<-1\\ \frac{1}{4}, & -1\leqslant x<0\\ \frac{1}{2}, & 0\leqslant x<1\\ 1, & x\geqslant 1\end{cases}.$$

2-11 $$F(x)=\begin{cases}0, & x<-1\\ \frac{1}{4}, & -1\leqslant x<2\\ \frac{3}{4}, & 2\leqslant x<3\\ 1, & x\geqslant 3\end{cases};\ P\left\{X\leqslant\frac{1}{2}\right\}=\frac{1}{4}.$$

2-12 $$F(x)=\begin{cases}0, & x<0\\ \frac{x^2}{2}, & 0\leqslant x<1\\ 2x-\frac{x^2}{2}-1, & 1\leqslant x\leqslant 2\\ 1, & x>2\end{cases}.$$

2-13 $F(x)=\begin{cases}0, & x<1\\ \frac{1}{4}x^2-\frac{1}{2}x+\frac{1}{2}, & 1\leqslant x<3\\ 1, & x\geqslant 3\end{cases}$.

2-14 (1) $1-e^{-1.2}$; (2) $e^{-1.6}$; (3) $e^{-1.2}-e^{-1.6}$; (4) $1-e^{-1.2}+e^{-1.6}$; (5)0.

2-15 (1) $\ln 2$, 1, $\ln\frac{5}{4}$; (2) $f(x)=\begin{cases}\frac{1}{x}, & 1<x<e\\ 0, & 其他\end{cases}$.

2-16 (1) $f(x)=\begin{cases}\frac{1}{5}, & 0\leqslant x<5\\ 0, & 其他\end{cases}$;

(2) $P\{X>3\}=0.4$.

2-17 $\frac{3}{5}$.

2-18 0.977 2, 0.890 4.

2-19 (1)0.532 8, 0.999 6, 0.697 7, 0.5; (2) $c=3$.

2-20 0.682.

2-21 (1)0.338 3, 0.595 2; (2)129.74.

2-22 $f_Y(y)=\begin{cases}\frac{y-6}{32}, & 6<y<14\\ 0, & 其他\end{cases}$.

2-23 $f(y)=\begin{cases}\frac{1}{2y}, & e^2<y<e^4\\ 0, & 其他\end{cases}$.

2-24 (1) $f_Y(y)=\begin{cases}\frac{1}{y}, & 1<y<e\\ 0, & 其他\end{cases}$.

(2) $f_Y(y)=\begin{cases}\frac{1}{2}e^{-\frac{y}{2}}, & 0<y<+\infty\\ 0, & 其他\end{cases}$.

2-25 (1) $c=3/8$;

(2) $F(x)=\begin{cases}0, & x<0\\ \frac{3}{4}x^2-\frac{1}{4}x^3, & 0\leqslant x<2\\ 1, & x\geqslant 2\end{cases}$;

(3) $F_Y(y)=\begin{cases}0, & y<1\\ \frac{3}{16}(y-1)^2-\frac{1}{32}(y-1)^3, & 1\leqslant y<5\\ 1, & y\geqslant 5\end{cases}$.

2-26 (1) $f_Y(y)=\begin{cases}f(y^{\frac{1}{3}})\cdot\frac{1}{3}y^{-\frac{2}{3}}, & y\neq 0\\ 0, & y=0\end{cases}$;

(2) $f_Y(y)=\begin{cases}\dfrac{1}{2\sqrt{y}}e^{-\sqrt{y}}, & y>0\\ 0, & y\leqslant 0\end{cases}.$

2-27 $f_Y(y)=\begin{cases}\dfrac{2}{\pi\sqrt{1-y^2}}, & 0<y<1\\ 0, & \text{其他}\end{cases}.$

2-28 (1) $f_Y(y)=\begin{cases}f(y)+f(-y), & y>0\\ 0, & y\leqslant 0\end{cases}$;

(2) $f_Y(y)=\begin{cases}\dfrac{1}{2\sqrt{y}}(f(y)+f(-y)), & y>0\\ 0, & y\leqslant 0\end{cases}.$

2-29 $E(X)=0.3$.

2-30 1.055 6.

2-31 (1) $P\{X=k\}=\dfrac{C_5^kC_{15}^{8-k}}{C_{20}^8}$, $k=0, 1, 2, 3, 4, 5$;

(2) $E(X)=2$.

2-32 $E(X)=0$, $D(X)=2$.

2-33 (1) $k=0.1$;

(2) $F(x)=\begin{cases}0, & x<-1\\ 0.1, & -1\leqslant x<0\\ 0.3, & 0\leqslant x<1\\ 0.6, & 1\leqslant x<2\\ 1, & x\geqslant 2\end{cases}$;

(3) $E(X)=1$.

2-34 $a=\dfrac{2}{3}$, $b=\dfrac{2}{3}$.

2-35 $E(X)=-0.2$, $D(X)=2.76$, $E(3X^2+5)=13.4$, $D(2X+1)=11.04$.

2-36 $\dfrac{\pi}{12}(a^2+ab+b^2)$.

2-37 (1) 2; (2) $\dfrac{1}{3}$.

2-38 $E(Y)=300e^{-\frac{1}{4}}-200\approx 33.64$.

2-39 $\dfrac{na+mb}{a+b}$.

2-40 $\dfrac{8}{9}$.

第3章

3-1 (1)

X_1	X_2		
	0	1	2
0	1/56	5/28	5/28
1	5/56	5/14	5/28

(2) $\frac{5}{14}$, $\frac{21}{56}$, $\frac{13}{28}$.

3-2

X	Y	
	0	1
0	0.045 5	0.271 9
1	0	0.682 6

3-3 (1) $C_n^m p^m (1-p)^{n-m}$;

(2) $\frac{\lambda^n}{n!}e^{-\lambda}C_n^m p^m (1-p)^{n-m}$.

3-4 (1) $A=6$;

(2) $F(x, y)=\begin{cases}6e^{-(2x+3y)}, & x, y>0 \\ 0, & \text{其他}\end{cases}$.

3-5 (1) $A=\frac{1}{8}$;

(2) $P\{X>1, Y<3\}=\frac{1}{4}$;

(3) $P\{X<1.5\}=\frac{27}{32}$.

3-6 (1) $f(x, y)=\begin{cases}\frac{1}{4\pi}, & (x, y)\in G \\ 0, & \text{其他}\end{cases}$;

(2) $P\{Y\leqslant |X|\}=\frac{3}{4}$.

3-7

Z	0	1
P	$\frac{\mu}{\lambda+\mu}$	$\frac{\lambda}{\lambda+\mu}$

3-8 (X, Y) 的分布律为

X	Y				
	1	2	3	4	$P_{i\cdot}$
1	1/27	3/27	3/27	1/27	8/27
2	3/27	6/27	3/27	0	12/27
3	3/27	3/27	0	0	6/27
4	1/27	0	0	0	1/27
$P_{\cdot j}$	8/27	12/27	6/27	1/27	1

3-9 $a=\dfrac{1}{18}$, $b=\dfrac{2}{9}$, $c=\dfrac{1}{6}$.

3-10 $F_X(x)=F(x, +\infty)=\begin{cases}1-\mathrm{e}^{-x}, & x>0\\ 0, & x\leqslant 0\end{cases}$, $F_Y(y)=F(+\infty, y)=\begin{cases}1-\mathrm{e}^{-y}, & y>0\\ 0, & y\leqslant 0\end{cases}$,

X 和 Y 不相互独立.

3-11 (1) $f_X(x)=\begin{cases}3x^2, & 0<x<1\\ 0, & \text{其他}\end{cases}$, $f_Y(y)=\begin{cases}\dfrac{3}{2}(1-y^2), & 0<y<1\\ 0, & \text{其他}\end{cases}$;

(2) X 与 Y 不相互独立.

3-12 (1) $k=\dfrac{1}{3}$;

(2) $f_X(x)=\begin{cases}\dfrac{2}{3}(3x^2+x), & 0<x<1\\ 0, & \text{其他}\end{cases}$, $f_Y(y)=\begin{cases}\dfrac{1}{6}(y+2), & 0<y<2\\ 0, & \text{其他}\end{cases}$;

(3) X 与 Y 不相互独立;

(4) $P\{X+Y<1\}=\dfrac{7}{72}$.

3-13 $f_{X\mid Y}(x\mid y)=\dfrac{f(x, y)}{f_Y(y)}=\begin{cases}\dfrac{2}{2-y}, & 0<y<2,\ 0<x<1-\dfrac{y}{2}\\ 0, & \text{其他}\end{cases}$;

$f_{Y\mid X}(y\mid x)=\dfrac{f(x, y)}{f_X(x)}=\begin{cases}\dfrac{1}{2(1-x)}, & 0<x<1,\ 0<y<2(1-x)\\ 0 & \text{其他}\end{cases}$.

3-14 $f_{X\mid Y}(x\mid y)=\begin{cases}\dfrac{2x}{1-y^2}, & 0<y<x<1\\ 0, & \text{其他}\end{cases}$;

$P\{X\leqslant 0.5\mid Y=0.3\}=\dfrac{16}{91}$.

3-15 (1)

$Z=X+Y$	−2	−1	0	1	2
P	1/5	1/10	1/5	2/5	1/10

(2)

$Z=\min(X, Y)$	−1	0	1
P	1/2	2/5	1/10

3-16

N	M		
	1	2	3
1	1/9	2/9	2/9
2	0	1/9	2/9
3	0	0	1/9

3-17

(1) $F(x, y)=\begin{cases} x(1-\mathrm{e}^{-y}), & 0<x<1, y>0 \\ 1-\mathrm{e}^{-y}, & x>1, y>0 \\ 0, & 其他 \end{cases}$;

(2) $f_Z(z)=\begin{cases} (\mathrm{e}-1)\mathrm{e}^{-z}, & z>1 \\ 1-\mathrm{e}^{-z}, & 0<z<1 \\ 0, & 其他 \end{cases}$.

3-18 (1) X 与 Y 不相互独立;

(2) $f_Z(z)=\begin{cases} \dfrac{1}{2}z^2\mathrm{e}^{-z}, & z>0 \\ 0, & z\leqslant 0 \end{cases}$.

3-19 $T=\min(T_1, T_2, T_3)$ 的概率密度为 $f_T(t)=\begin{cases} 3\lambda\mathrm{e}^{-3\lambda t}, & t>0 \\ 0, & t\leqslant 0 \end{cases}$.

3-20 (1) $E(X)=0$, $E(Y)=2$, $D(X)=0.6$, $D(Y)=0.8$;

(2) $E\left(\dfrac{X}{Y}\right)=-\dfrac{1}{15}$.

3-21 5/3.

3-22 $E(X)=\dfrac{4}{5}$, $E(Y)=\dfrac{3}{5}$, $E(XY)=\dfrac{1}{2}$, $E(X^2+Y^2)=\dfrac{16}{15}$.

3-23 若 $\rho_{AB}=1$，且 $\sigma_A\neq\sigma_B$，则取 $x_A=\dfrac{\sigma_B}{\sigma_B-\sigma_A}$ 时, P 无风险；若 $\rho_{AB}=-1$，则取 $x_A=\dfrac{\sigma_B}{\sigma_B+\sigma_A}$ 时, P 无风险. $\rho_{AB}<\dfrac{\min(\sigma_A, \sigma_B)}{\max(\sigma_A, \sigma_B)}$.

3-24　(1)2.755%；(2)3%.

3-25　$E(2X^2Y)=\frac{1}{9}$.

3-26　略.

3-27　(1)

Y	X		
	−1	0	1
0	0	1/3	0
1	1/3	0	1/3

(2)

$Z=XY$	−1	0	1
P	1/3	1/3	1/3

(3) $\rho_{XY}=0$.

3-28　$\rho=0$，X 与 Y 不相互独立.

3-29　$\mathrm{Cov}(X,\ Y)=-\frac{1}{36}$，$\rho=-\frac{1}{11}$，$D(X+Y)=\frac{5}{9}$.

3-30　$D(X+Y+Z)=3$.

3-31　$\rho_{UV}=\frac{\alpha^2\sigma_1^2-\beta^2\sigma_2^2}{\alpha^2\sigma_1^1+\beta^2\sigma_2^2}$.

3-32　$N(0,\ 1)$.

3-33　略.

3-34　14 条.

3-35　0.000 3，0.5.

3-36　0.952 5.

第4章

4-1　$P\{X_1=i_1,\ X_2=i_2,\ \cdots,\ X_n=i_n\}=p^{\sum\limits_{k=1}^{n}i_k}(1-p)^{n-\sum\limits_{k=1}^{n}i_k}$，$i_k$ 取 0 或 1.

4-2　$\bar{u}=\frac{\bar{x}-a}{b}$，$s_x^2=b^2s_u^2$.

4-3　$\frac{1}{2\sigma^2}$，$\frac{1}{3\sigma^2}$，2.

4-4　$N(0,\ 14\sigma^2)$，$\chi^2(2)$，$t(2)$，$F(1,\ 2)$.

4-5　0.1.

4-6~4-9　略.

4-10　2.

第5章

5-1 (1)估计问题，假设检验问题.

(2)点估计，区间估计.

(3)无偏性，有效性，相合性.

(4)最大似然估计法，矩估计法.

(5)仅含一个未知参数，分布已知.

(6) $\overline{X}$，$\frac{1}{n}\sum_{i=1}^{n}(X_i-\overline{X})^2$.

(7)99.925，1.132.

(8)(5.675，32.199).

(9)小概率原理.

(10) $\frac{\overline{X}}{Q}\sqrt{n(n-1)}$.

5-2 (1)D. (2)B. (3)C. (4)D. (5)B.

5-3 (1) $n\sqrt{\frac{2}{\pi}}$；(2) $2(n-1)$.

5-4 $\hat{\mu}_2$ 的最为有效.

5-5 提示：利用大数定律.

5-6 (1) $\frac{1}{4}$；(2) $\frac{7-\sqrt{13}}{12}$.

5-7 $\sqrt{\frac{1}{2n}\sum_{i=1}^{n}X_i^2}$.

5-8 (1) $\frac{2\overline{X}-1}{1-\overline{X}}$；(2) $-1-\frac{1}{\frac{1}{n}\sum_{i=1}^{n}\ln X_i}$.

5-9 $\bar{x}\pm\sqrt{3}s$；$\min\{x_1, x_2, \cdots, x_n\}$，$\max\{x_1, x_2, \cdots, x_n\}$.

5-10 略.

5-11 (1)(49.92，51.88)；(2)(50.06，51.74).

5-12 (35.54，250.4).

5-13 25，60.

5-14 (1)1.65，1.96；(2)44，62.

5-15 (5.297，5.503)，(0.293，0.631).

5-16 略.

5-17 可认为均值为1 600.

5-18 可以认为总体方差 $\sigma^2=12^2$.

5-19 不能认为这批零件的平均尺寸是32.50.

5-20 能以 95%的概率判断犯罪青少年的平均年龄不是 18 岁.

5-21 这一天的生产是不正常的.

5-22 操场面积已达到 1.25 km^2.

5-23 合格.

5-24 提示：先后进行双边检验和右边检验，认为机器工作不正常.

5-25 可以认为自动生产线工作正常.

5-26 提示：独立同方差，对均值差进行检验．可以认为由两种原料生产的商品，其平均质量没有显著差异.

第 6 章

6-1 $y = 10.2 + 0.3x$，回归效果显著，78.68.

6-2 $\widehat{y} = 7.16 \times 10^{-5} x^{2.8679}$.

6-3 $y = 5.4 + 0.61x$，显然.

6-4 无显著差异.

6-5 有显著影响.

6-6 无显著差异.

考研真题汇总答案

一、选择题

1-5：DBDBA；6-10：DCCAA；11-15：BCBAC；16-20：CBBCA；21-23：CDB.

二、填空题

1. $\frac{5}{8}$. 2. $\frac{1}{5}$. 3. $\frac{8}{7}$. 4. $\frac{2}{3}$. 5. $\frac{1}{3}$. 6. $\frac{9}{2}$. 7. $\frac{2}{9}$. 8. $\frac{1}{2}$. 9. $\frac{3}{4}$. 10. $2e^2$.
11. $\frac{2}{5n}$.

三、解答题

1. $\hat{\theta}=\frac{2\sum\limits_{i=1}^{n}X_i+\sum\limits_{j=1}^{m}Y_j}{2(n+m)}$；$D(\hat{\theta})=\frac{\theta^2}{n+m}$.

2. (1) $f_X(x)=\begin{cases}1,\ 0<x<1\\ 0,\text{其他}\end{cases}$；(2) $f_Z(z)=\begin{cases}\frac{2}{(z+1)^2},\ z\geqslant 1\\ 0,\text{其他}\end{cases}$；(3) $2\ln 2-1$.

3. (1)略；(2) $\frac{1}{3}$.

4. (1) $P\{T>t\}=e^{-\left(\frac{t}{\theta}\right)^m}$，$P\{T>s+t\mid T>s\}=e^{\left(\frac{s}{\theta}\right)^m-\left(\frac{s+t}{\theta}\right)^m}$；(2) $\hat{\theta}=\sqrt[m]{\frac{1}{n}\sum\limits_{i=1}^{n}t_i^m}$

5. (1) $f_Z(z)=\begin{cases}(1-p)e^{-z}, & z>0\\ pe^{z}, & z\leqslant 0\end{cases}$；(2) $\frac{1}{2}$；(3)不独立.

6. (1) $A=\sqrt{\frac{2}{\pi}}$；(2) $\widehat{\sigma^2}=\frac{\sum\limits_{i=1}^{n}(X_i-\mu)^2}{n}$.

7. (1) λ；(2) $P\{Z=0\}=e^{-\lambda}$；$P\{Z=k\}=\frac{1}{2}\frac{\lambda^{|k|}e^{-\lambda}}{|k|!}$，$k=\pm 1,\ \pm 2,\cdots$.

8. (1) $\hat{\sigma}=\frac{\sum\limits_{i=1}^{n}|X_n|}{n}$；(2) $E(\hat{\sigma})=\sigma$；$D(\hat{\sigma})=\frac{\sigma^2}{n}$.

9. (1) $\frac{4}{9}$；(2) $f_Z(z)=\begin{cases}z, & 0<z<1\\ z-2, & 2<z<3\\ 0, & \text{其他}\end{cases}$.

10. (1) $f(z)=\begin{cases}\frac{2}{\sqrt{2\pi}\sigma}e^{-\frac{z^2}{2\sigma^2}}, & z>0\\ 0, & z\leqslant 0\end{cases}$；(2) $\hat{\sigma}=\sqrt{\frac{\pi}{2}}\bar{Z}$；(3) $\hat{\sigma}=\sqrt{\frac{1}{n}\sum\limits_{i=1}^{n}Z_i^2}$.

11. (1) $f(x, y)=\begin{cases}3, & (x, y)\in D\\ 0, & \text{其他}\end{cases}$；(2)不相互独立；

(3) $F(z)=\begin{cases}0, & z<0\\ \frac{3}{2}z^2-z^3, & 0\leqslant z<1\\ \frac{1}{2}+2(z-1)^{\frac{3}{2}}-\frac{3}{2}(z-1)^2, & 1\leqslant z<2\\ 1, & z\geqslant 2\end{cases}$.

12. (1) $f_T(t)=\begin{cases}\frac{9t^8}{\theta^9}, & 0<t<\theta\\ 0, & \text{其他}\end{cases}$；(2) $\frac{10}{9}$.

13. (1) $P\{Y=n\}=(n-1)\left(\frac{1}{8}\right)^2\left(\frac{7}{8}\right)^{n-2}$，$n=2, 3, \cdots$；(2)16.

14. (1) $\hat{\theta}=2\overline{X}-1$，其中 $\overline{X}=\sum_{i=1}^{n}X_i$；(2) $\hat{\theta}=\min\{X_1, X_2, \cdots, X_n\}$.

15. (1) $f_Y(y)=\begin{cases}0, & y<0\\ \frac{3}{4}y, & 0\leqslant y<1\\ \frac{1}{2}+\frac{1}{4}y, & 1\leqslant y<2\\ 1, & y\geqslant 2.\end{cases}$；(2)3/4.

16. (1)略；(2)4/9.

17. (1) $f(x, y)=\begin{cases}\frac{9y^2}{x}, & 0<x<1, 0<y<x\\ 0, & \text{其他}\end{cases}$；

(2) $f_Y(y)=\begin{cases}-9y^2\ln y, & 0<y<1\\ 0, & \text{其他}\end{cases}$；(3) $\frac{1}{8}$.

18. (1) $\hat{\theta}=\frac{1}{n}\sum_{i=1}^{n}X_i$；　(2) $\hat{\theta}=\frac{2n}{\sum_{i=1}^{n}\frac{1}{X_i}}$.

19. (1)1/4；(2) $-\frac{2}{3}$.

20. (1) $f_V(v)=\begin{cases}2e^{-2v}, & v>0\\ 0, & \text{其他}\end{cases}$；(2)2.

参考文献

[1]梁之舜，邓集贤，杨维权，等. 概率论与数理统计[M]. 2版. 北京：高等教育出版社，1988.
[2]盛骤，谢式千，潘承毅，等. 概率论与数理统计[M]. 4版. 北京：高等教育出版社，2006.
[3]龙永红. 概率论与数理统计[M]. 3版. 北京：高等教育出版社，2009.
[4]李大卫. 概率论与数理统计同步测试[M]. 沈阳：东北大学出版社，2002.
[5]王丽燕，张金利. 概率统计与数学统计全程学习指导[M]. 大连：大连理工大学出版社，2001.
[6]陆璇. 数理统计基础[M]. 北京：清华大学出版社，1998.
[7]范培华，龚德恩，胡显佑，等. 经济数学基础(第3分册)：概率统计[M]. 成都：四川人民出版社，1998.
[8]华东师范大学. 概率论与数理统计习题集[M]. 北京：高等教育出版社，1982.
[9]茆诗松. 高等数理统计[M]. 北京：高等教育出版社，1998.
[10]华东师范大学. 概率论与数理统计教程[M]. 北京：高等教育出版社，1983.
[11]洪永淼. 概率论与统计学[M]. 2版. 北京：中国统计出版社，2021.
[12]张熙，孙硕. 高数与概率统计入门[M]. 北京：石油工业出版社，2019.
[13]茆诗松. 概率论与数理统计教程[M]. 北京：高等教育出版社，1983.
[14]同济大学数学系. 概率论与数理统计教程[M]. 北京：人民邮电出版社，2017.
[15]李冬红，谢安. 概率论与数理统计学习辅导[M]. 北京：清华大学出版社，2013.
[16]胡敏. 概率论与数理统计[M]. 上海：上海交通大学出版社，2016.
[17]陈江彬. 概率论与数理统计学习指导与习题集[M]. 上海：上海交通大学出版社，2019.
[18]李昌兴. 考研概率论与数理统计[M]. 哈尔滨：哈尔滨工业大学出版社，2022.
[19]林谦，陈传明. 经济数学(二)：线性代数、概率论与数理统计[M]. 北京：科学出版社，2015.
[20]王慧敏，曹忠威. 应用数学——概率论与数理统计[M]. 北京：中国商业出版社，2013.
[21]李昂. 机器学习数学基础：概率论与数理统计[M]. 北京：北京大学出版社，2021.